今すぐ使えるかんたんmini

Imasugu Tsukaeru Kantan mini Series

Excel グラフ 基本&便利技

2019/2016/2013/Office 365 対応版

技術評論社

本書の使い方

How to use

- 画面の手順解説だけを読めば、操作できるようになる！
- もっと詳しく知りたい人は、補足説明を読んで納得！
- これだけは覚えておきたい機能を厳選して紹介！

Section
19
第3章 » グラフを編集する
グラフ要素の
位置やサイズを変更する
また、サイズを変更するには、グラフ要素をクリックする
に表示されるサイズ変更ハンドルをドラッグします。
特 長 1
機能ごとに
まとまっているので、
「やりたいこと」が
すぐに見つかる！
グラフ要素を任意の場所に移動させる
は、グラフタイトルを任意の場所に移動させます。
グラフ要素にポインターを合わせ、に変わった状態で、
情報関連製品別売上額
目的の位置までドラッグすると、
● 基本操作
赤い矢印の部分だけを読んで、
パソコンを操作すれば、
難しいことはわからなくても、
あっという間に操作できる！
要素が移動します。
情報関連製品別売上額
74

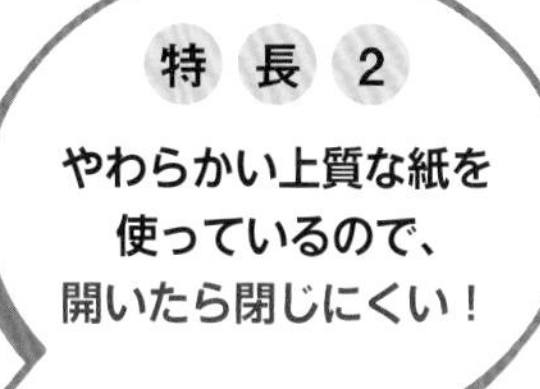
特 長 2
やわらかい上質な紙を
使っているので、
開いたら閉じにくい！

補足説明
操作の補足的な内容を
適宜配置!
Memo
補足説明
Keyword
用語の解説
Hint
便利な機能
StepUp
応用操作解説

2 グラフ要素を任意のサイズに変更する

ここでは、プロットエリアのサイズを変更します。

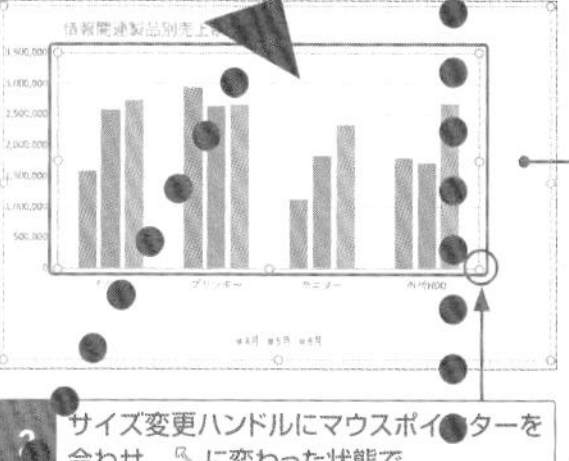

1 プロットエリアをクリックします。

2 サイズ変更ハンドルにマウスポインターを合わせ、↘に変わった状態で、

3 変更したいサイズになるまで外側（あるいは内側）にドラッグすると、

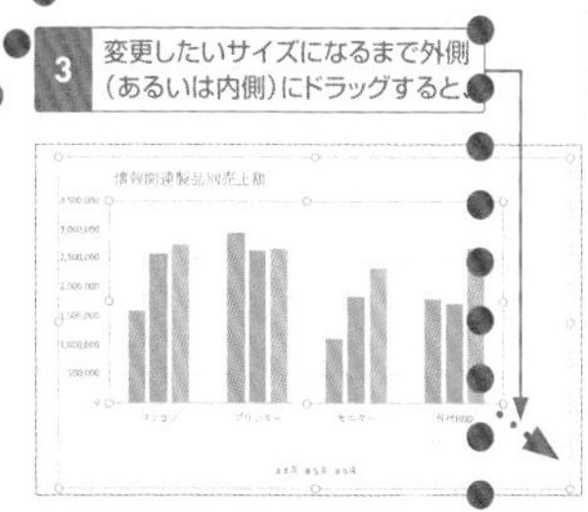

4 グラフ要素のサイズが変更されます。

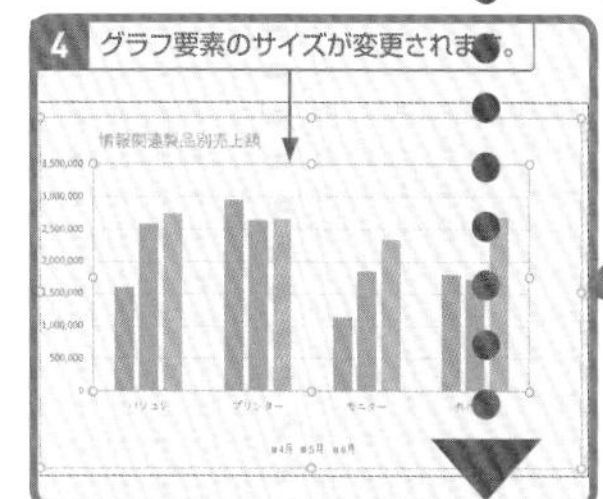

Hint

サイズの変更ができないグラフ要素

グラフタイトルや軸ラベルなど、文字が入力されているグラフ要素はサイズの変更ができません。かわりに文字サイズを変更します（P.106参照）。

Hint

縦横比を維持したままサイズを変更する

グラフ要素の縦横比を維持したままでサイズを変更したい場合は、…変更ハン…ます。グラフ全体…ズを変更する場合も同様です。

第 章 グラフを編集する

75

特 長 3
大きな操作画面で
該当箇所を
囲んでいるので
よくわかる！

パソコンの基本操作

- 本書の解説は、基本的にマウスを使って操作することを前提としています。
- お使いのパソコンのタッチパッド、タッチ対応モニターを使って操作する場合は、各操作を次のように読み替えてください。

1 マウス操作

▼ クリック（左クリック）

クリック（左クリック）の操作は、画面上にある要素やメニューの項目を選択したり、ボタンを押したりする際に使います。

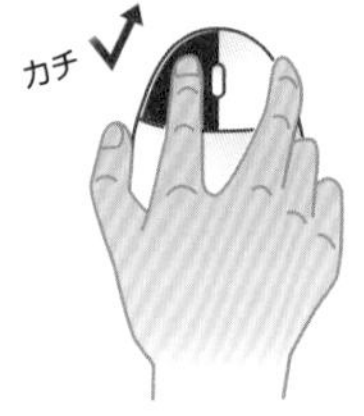

マウスの左ボタンを1回押します。

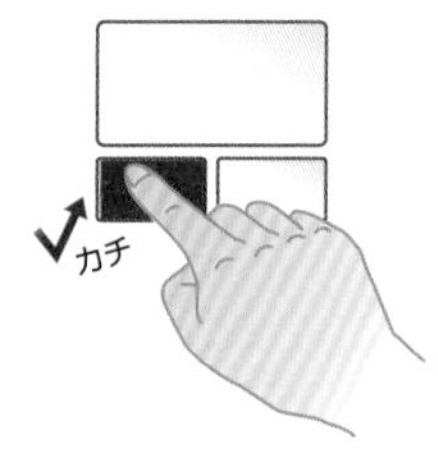

タッチパッドの左ボタン（機種によっては左下の領域）を1回押します。

▼ 右クリック

右クリックの操作は、操作対象に関する特別なメニューを表示する場合などに使います。

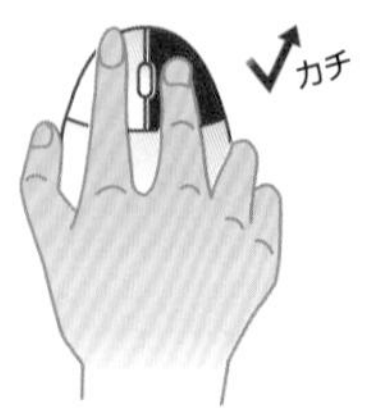

マウスの右ボタンを1回押します。

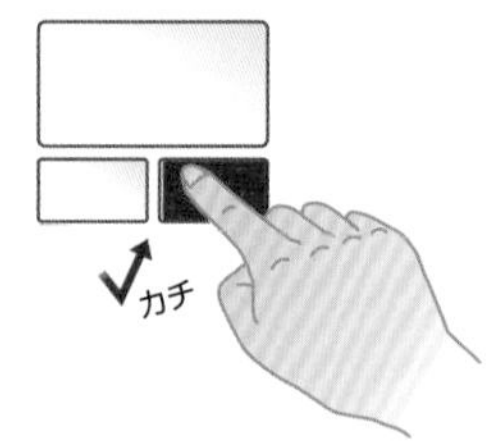

タッチパッドの右ボタン（機種によっては右下の領域）を1回押します。

▼ダブルクリック

ダブルクリックの操作は、各種アプリを起動したり、ファイルやフォルダーなどを開く際に使います。

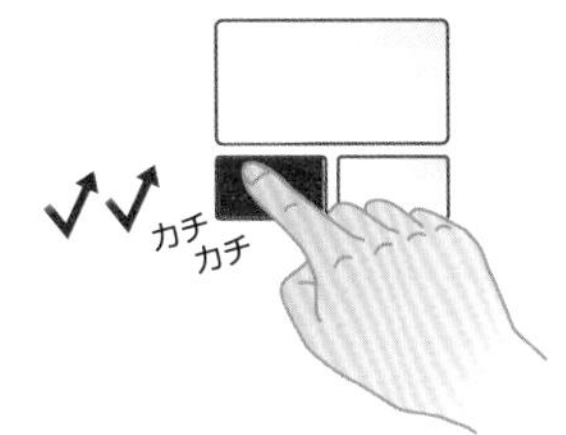

マウスの左ボタンをすばやく2回押します。

タッチパッドの左ボタン（機種によっては左下の領域）をすばやく2回押します。

▼ドラッグ

ドラッグの操作は、画面上の操作対象を別の場所に移動したり、操作対象のサイズを変更する際などに使います。

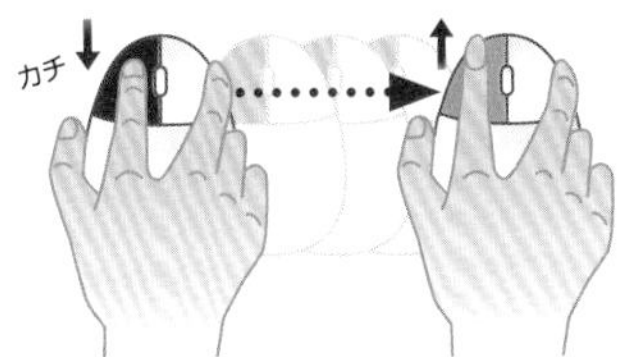

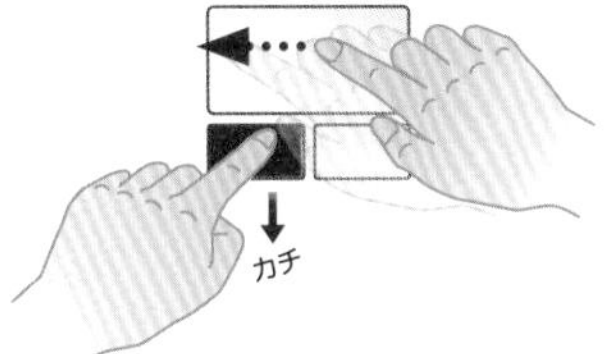

マウスの左ボタンを押したまま、マウスを動かします。目的の操作が完了したら、左ボタンから指を離します。

タッチパッドの左ボタン（機種によっては左下の領域）を押したまま、タッチパッドを指でなぞります。目的の操作が完了したら、左ボタンから指を離します。

Memo

ホイールの使い方

ほとんどのマウスには、左ボタンと右ボタンの間にホイールが付いています。ホイールを上下に回転させると、Webページなどの画面を上下にスクロールすることができます。そのほかにも、Ctrlを押しながらホイールを回転させると、画面を拡大／縮小したり、フォルダーのアイコンの大きさを変えたりできます。

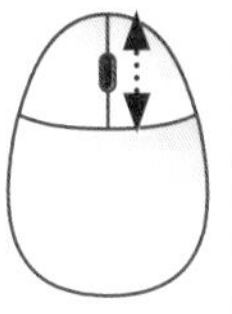

2 利用する主なキー

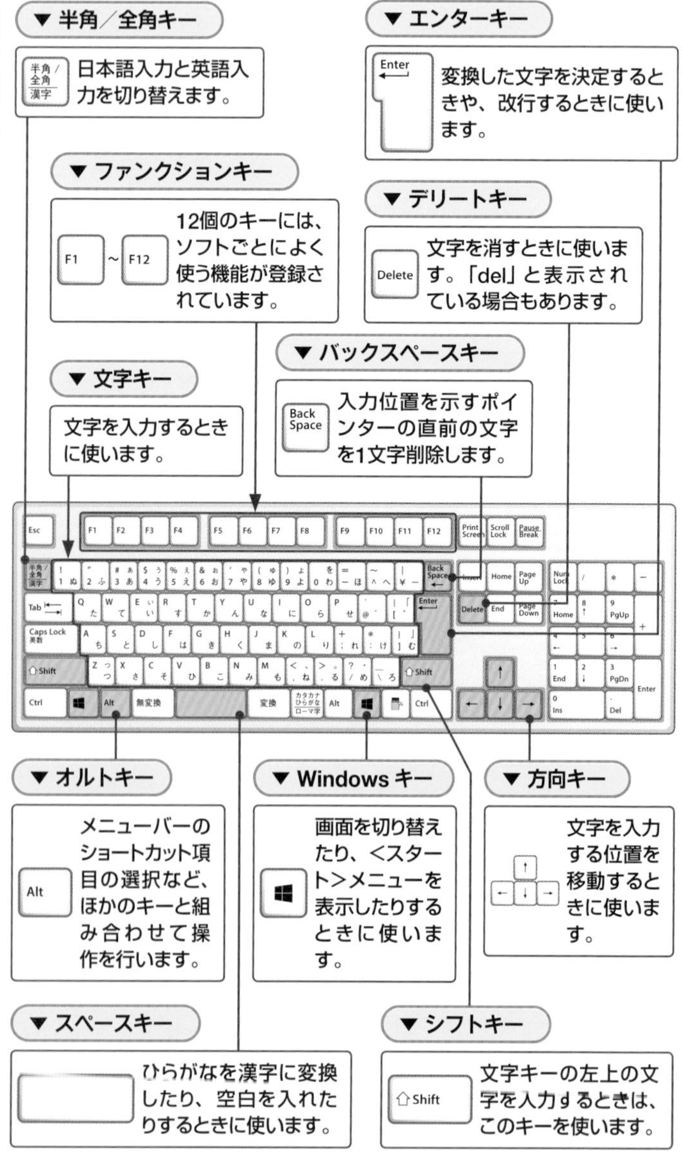
▼ 半角／全角キー
日本語入力と英語入力を切り替えます。
▼ エンターキー
変換した文字を決定するときや、改行するときに使います。
▼ ファンクションキー
12個のキーには、ソフトごとによく使う機能が登録されています。
▼ デリートキー
文字を消すときに使います。「del」と表示されている場合もあります。
▼ 文字キー
文字を入力するときに使います。
▼ バックスペースキー
入力位置を示すポインターの直前の文字を1文字削除します。
▼ オルトキー
メニューバーのショートカット項目の選択など、ほかのキーと組み合わせて操作を行います。
▼ Windows キー
画面を切り替えたり、<スタート>メニューを表示したりするときに使います。
▼ 方向キー
文字を入力する位置を移動するときに使います。
▼ スペースキー
ひらがなを漢字に変換したり、空白を入れたりするときに使います。
▼ シフトキー
文字キーの左上の文字を入力するときは、このキーを使います。

3 タッチ操作

▼タップ

画面に触れてすぐ離す操作です。ファイルなど何かを選択するときや、決定を行う場合に使用します。マウスでのクリックに当たります。

▼ダブルタップ

タップを2回繰り返す操作です。各種アプリを起動したり、ファイルやフォルダーなどを開く際に使用します。マウスでのダブルクリックに当たります。

▼ホールド

画面に触れたまま長押しする操作です。詳細情報を表示するほか、状況に応じたメニューが開きます。マウスでの右クリックに当たります。

▼ドラッグ

操作対象をホールドしたまま、画面の上を指でなぞり上下左右に移動します。目的の操作が完了したら、画面から指を離します。

▼スワイプ/スライド

画面の上を指でなぞる操作です。ページのスクロールなどで使用します。

▼フリック

画面を指で軽く払う操作です。スワイプと混同しやすいので注意しましょう。

▼ピンチ

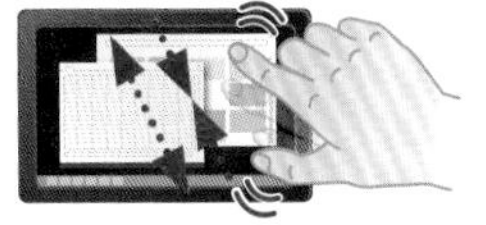

2本の指で対象に触れたまま指を広げたり狭めたりする操作です。拡大(ピンチアウト)/縮小(ピンチイン)が行えます。

▼回転

2本の指先を対象の上に置き、そのまま両方の指で同時に右または左方向に回転させる操作です。

Download

サンプルファイルのダウンロード

●本書第2章以降で使用しているサンプルファイルは、以下のURLのサポートページからダウンロードできます。ダウンロードしたときは圧縮ファイルの状態なので、展開してから使用してください。

https://gihyo.jp/book/2020/978-4-297-10989-9/support

▼ サンプルファイルをダウンロードする

1 ブラウザー（ここではMicrosoft Edge）を起動します。

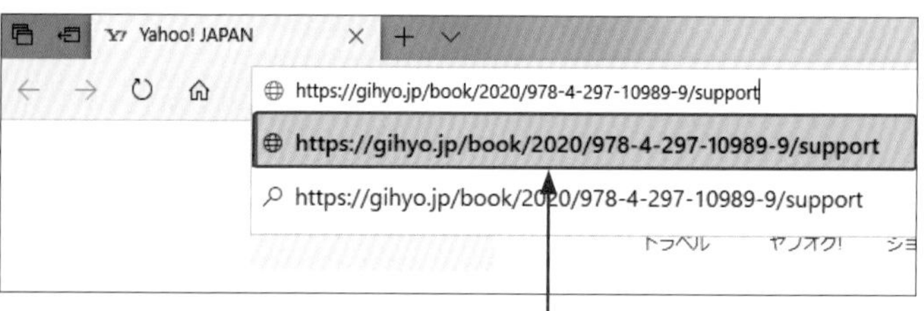

2 ここをクリックしてURLを入力し、Enterを押します。

3 画面をスクロールし、<サンプルファイル>→<保存>します。

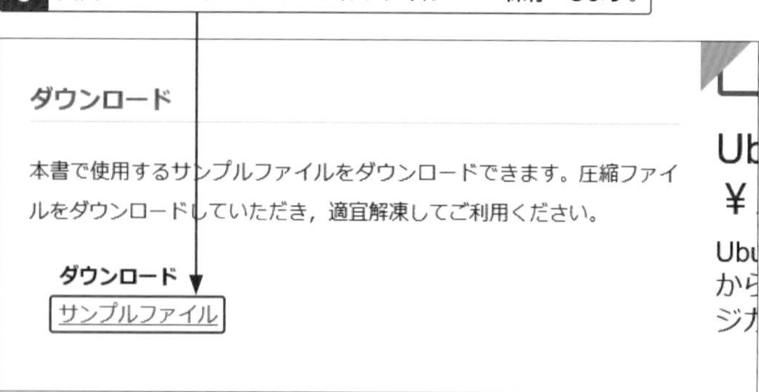

4 ダウンロードが終了したら、<開く>をクリックします。

▼ ダウンロードした圧縮ファイルを展開する

1 エクスプローラーの画面が開くので、

2 表示されたフォルダーをクリックし、デスクトップにドラッグします。

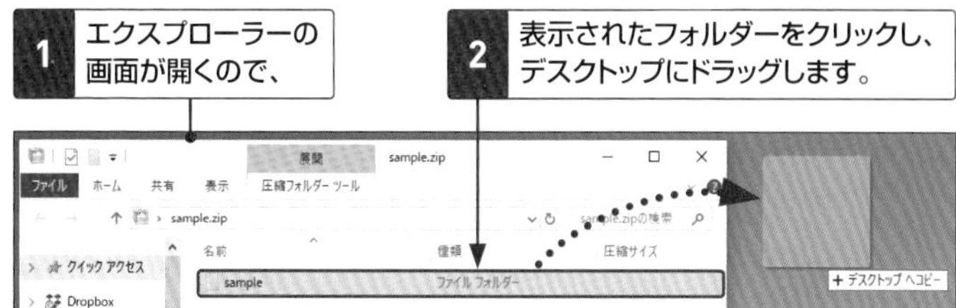

3 展開されたフォルダーがデスクトップに表示されます。

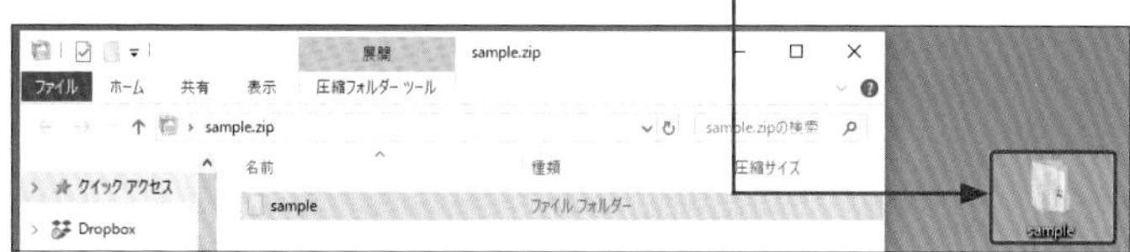

4 展開されたフォルダーをダブルクリックすると、

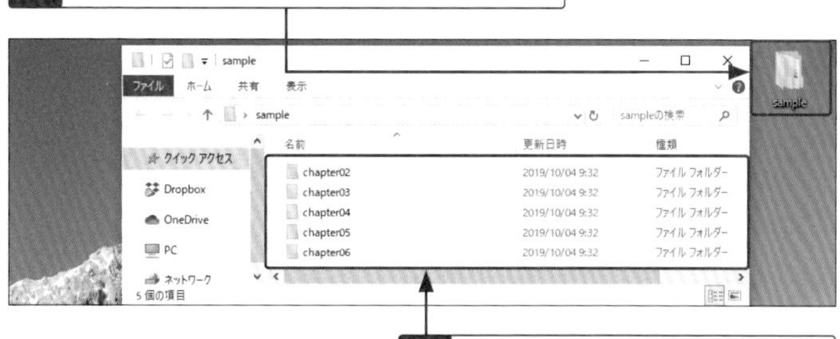

5 各章のフォルダーが表示されます。

Memo

保護ビューが表示された場合

サンプルファイルを開くと、図のようなメッセージが表示されることがあります。その場合は<編集を有効にする>をクリックすると、本書と同様の画面表示になり、操作を行うことができます。

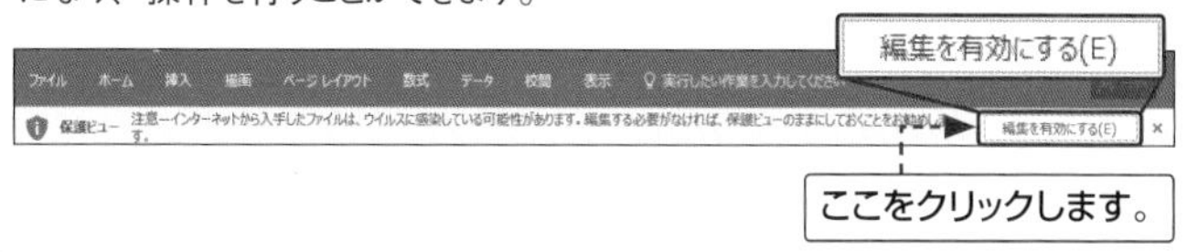

CONTENTS 目次

第1章 グラフを作成する前に

第2章 グラフ作成の基本を確認する

第3章 グラフを編集する

第4章 グラフをきれいに見せる

第5章 情報をわかりやすく伝える

第6章 応用的なグラフを作成する

第7章 グラフを資料作成で活用する

ご注意：ご購入・ご利用の前に必ずお読みください

- 本書に記載された内容は、情報の提供のみを目的としています。したがって、本書を用いた運用は、必ずお客様自身の責任と判断によって行ってください。これらの情報の運用の結果について、技術評論社および著者はいかなる責任も負いません。
- ソフトウェアに関する記述は、特に断りのないかぎり、2019年12月末日時点での最新バージョンをもとにしています。ソフトウェアはバージョンアップされる場合があり、本書での説明とは機能内容や画面図などが異なってしまうこともあり得ます。あらかじめご了承ください。
- 本書の内容は、以下の環境で制作し、動作を検証しています。使用しているパソコンやアプリのバージョンによって、機能内容や画面図が異なる場合があります。

  ・Windows 10 Pro
  ・Excel 2019
  ・Microsoft Office 365 ProPlus

- インターネットの情報についてはURLや画面等が変更されている可能性があります。ご注意ください。

以上の注意事項をご承諾いただいた上で、本書をご利用願います。これらの注意事項をお読みいただかずに、お問い合わせいただいても、技術評論社は対処しかねます。あらかじめ、ご承知おきください。

第1章

グラフを作成する前に

01 Excelのグラフ機能とは

Excelには、作成した表を元にグラフを作成する機能があります。この機能を使用すると、さまざまな形式のグラフをかんたんに作成して、データを数字ではなく視覚的に表現できます。

1 データを元にグラフを作成する

元になるデータ

	A	B	C	D	E	F
1	材料試験データ					
2	素材番号	試験1	試験2	試験3		
3	S001	61	85	96		
4	S002	92	61	68		
5	S003	72	50	65		
6	S004	88	99	74		
7	S005	53	70	96		
8						

データを元にして折れ線グラフを作成できます。

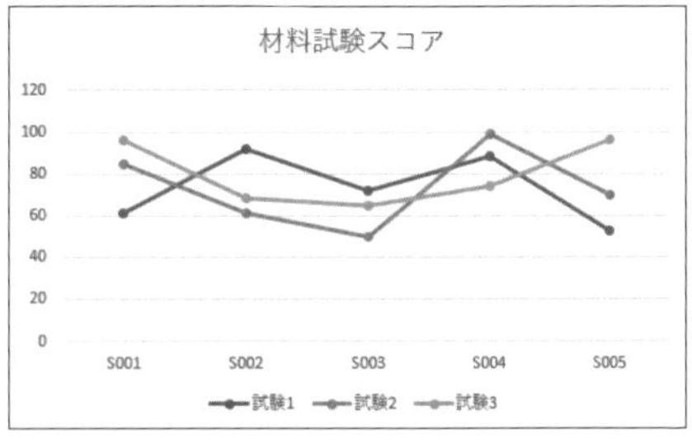

グラフの配色を変更できます。

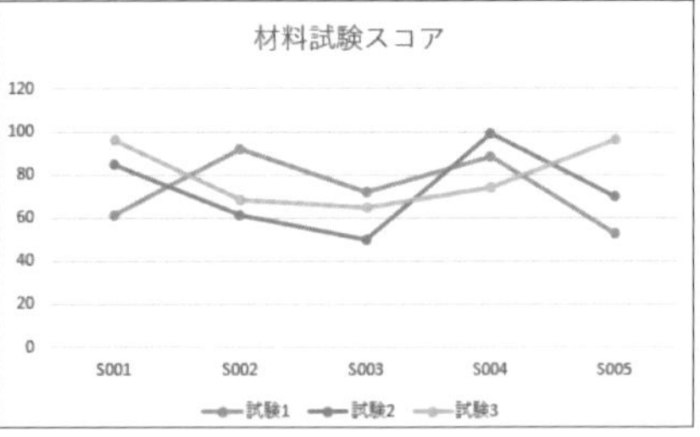

Memo

グラフの作成

Excelでグラフを作成する場合は、元になるデータ（数値が入力されたデータベース形式の表）が必要になります。データの内容によって、作成可能なグラフの種類は異なります。また、同じデータから異なる種類のグラフを作成することもできます。

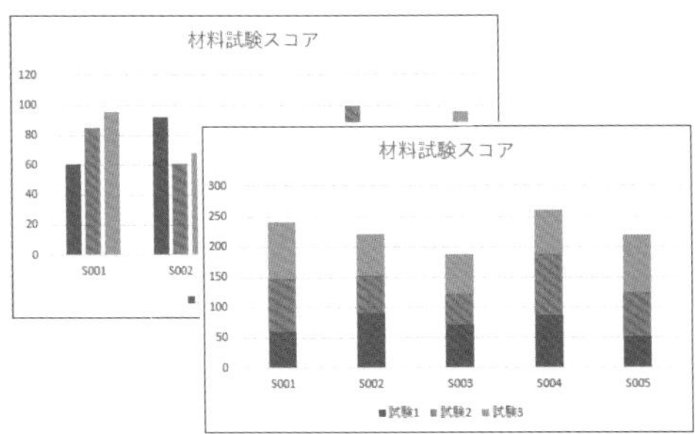

同じデータから、異なる縦棒グラフを作成できます。

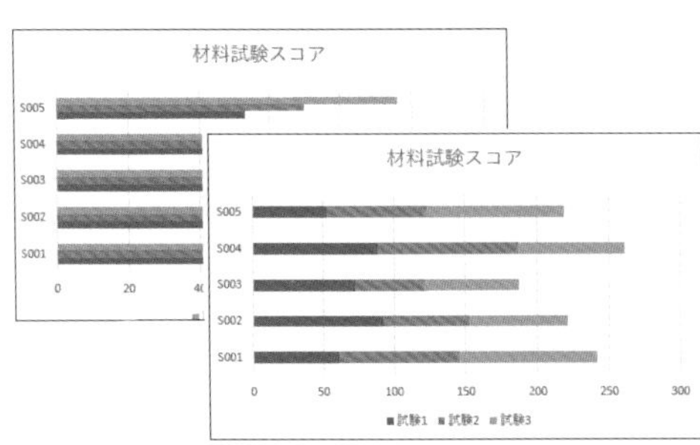

横棒グラフにすることもできます。データの内容や作成するグラフの用途によって、グラフの種類やデザインを変更できます。

2 グラフはシンプルなほうがよい

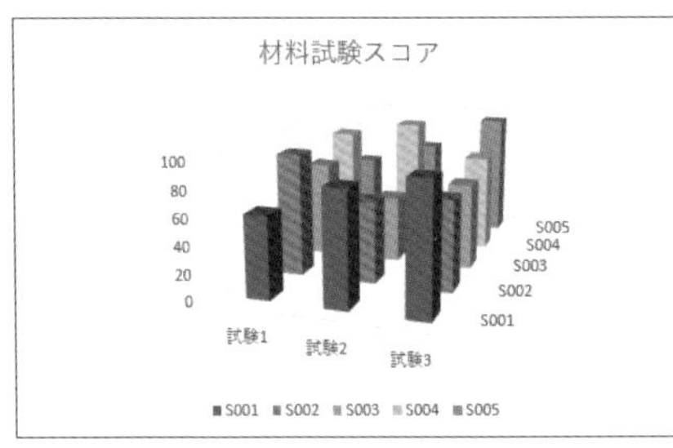

左の3-D縦棒グラフは、デザイン重視のグラフです。見栄えがよい反面、グラフからデータを読み取ったり、傾向を分析したりするのには不向きです。

Memo

見やすいグラフの作成

Excelでグラフを作成するときは、あらかじめ用意されているグラフの種類やグラフスタイル、クイックレイアウトを使用します。これらの中には、見た目には華やかで見栄えのよいグラフもありますが、グラフが持つメリットを活かすためには、シンプルで見やすいグラフのほうが効果的です。

02 グラフの活用方法を確認する

グラフにすることで、データの比較や傾向の把握などを視覚的に行えます。また、グラフは資料やプレゼンテーション用にOfficeアプリなどに貼り付けたり、Webに掲載するなどして活用できます。

1 Excelでグラフを活用する

	A	B	C	D	E	F	G	H	I	J	K
1		横浜港：地域別輸出入金額								単位：億円	
2			アジア	中東	西欧	中東欧ロシア	北米	中南米	アフリカ	大洋州	
3		輸出額	3,853,698	503,888	697,658	116,402	1,249,697	531,326	208,266	370,069	
4		輸入額	2,601,282	327,823	551,291	64,568	507,329	250,346	60,875	259,408	
5											

元データを縦棒グラフ化しています。地域ごとの輸出金額と輸入金額の比較ができます。

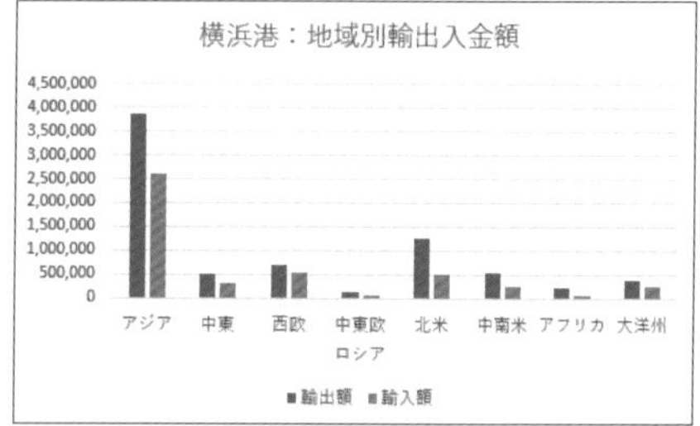

元データを円グラフ化しています。地域別の輸出金額と輸入金額の構成比率が、ひと目でわかります。

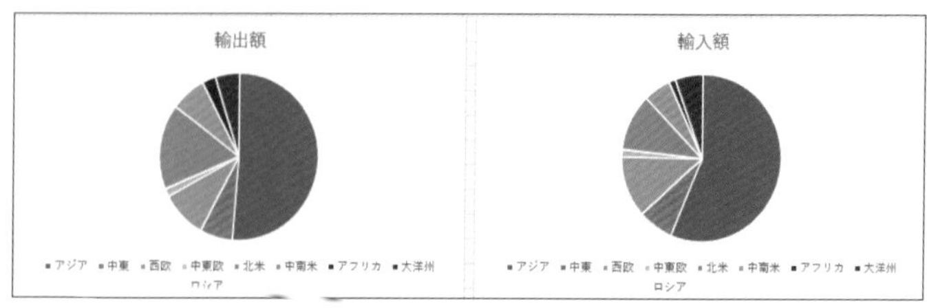

2 Wordでグラフを活用する

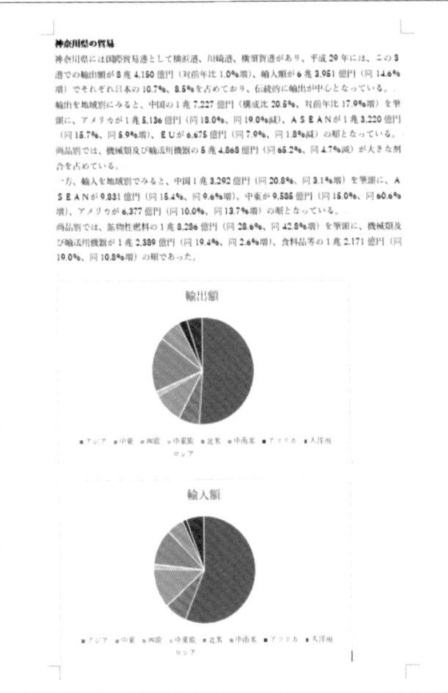

神奈川県の貿易

神奈川県には国際貿易港として横浜港、川崎港、横須賀港があり、平成29年には、この3港での輸出額が8兆4,150億円（対前年比1.0%増）、輸入額が6兆3,951億円（同14.6%増）でそれぞれ日本の10.7%、8.5%を占めており、伝統的に輸出が中心となっている。

輸出を地域別にみると、中国の1兆7,227億円（構成比20.5%、対前年比17.9%増）を筆頭に、アメリカが1兆5,136億円（同18.0%、同19.0%減）、ＡＳＥＡＮが1兆3,220億円（同15.7%、同5.9%増）、ＥＵが6,675億円（同7.9%、同1.8%減）の順となっている。

商品別では、機械類及び輸送用機器の5兆4,868億円（同65.2%、同4.7%減）が大きな割合を占めている。

一方、輸入を地域別でみると、中国1兆3,292億円（同20.8%、同3.1%増）を筆頭に、ＡＳＥＡＮが9,831億円（同15.4%、同9.6%増）、中東が9,585億円（同15.0%、同60.6%増）、アメリカが6,377億円（同10.0%、同13.7%増）の順となっている。

商品別では、鉱物性燃料の1兆8,286億円（同28.6%、同42.8%増）を筆頭に、機械類及び輸送用機器が1兆2,389億円（同19.4%、同2.6%増）、食料品等の1兆2,171億円（同19.0%、同10.8%増）の順であった。

Word文書を作成して、グラフを貼り付けることができます。
文章だけの説明では理解しにくい数値データも、グラフ化することで視覚情報として理解しやすくなります。

第1章 グラフを作成する前に

3 グラフを画像として掲載する

作成したグラフを画像データとして掲載することで、Webページに表示させたり、プレゼンテーション用のスライドにしたりするなど、さまざまな用途に使用できます。

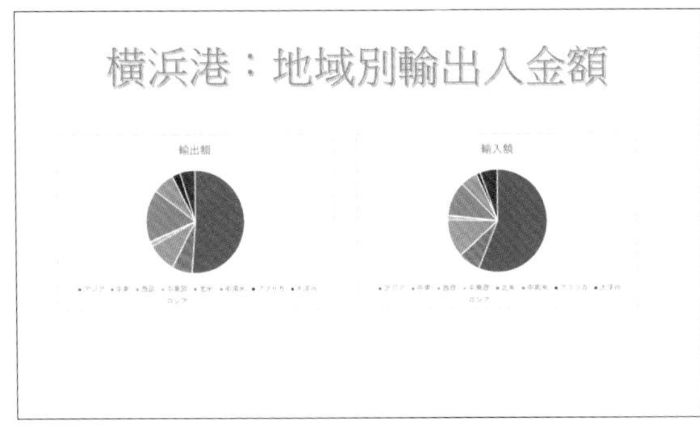

03 グラフを構成するものを確認する

グラフは、折れ線や縦棒などのデータ系列のほかに、タイトルや軸ラベル、凡例などさまざまなグラフ要素で構成されています。各グラフ要素は、表のデータと関連しています。

1 元データとの関係

元データと作成したグラフ

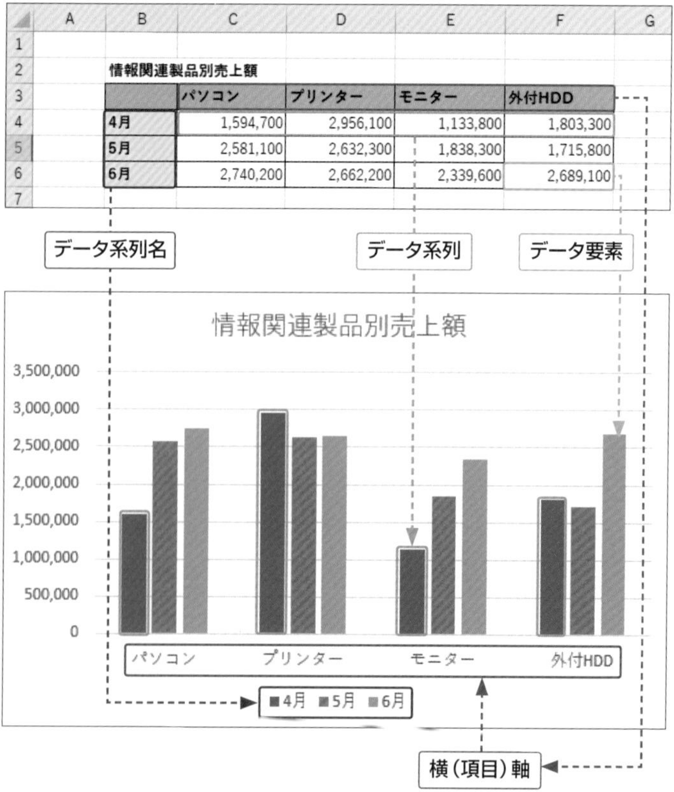

	A	B	C	D	E	F	G
1							
2		情報関連製品別売上額					
3			パソコン	プリンター	モニター	外付HDD	
4		4月	1,594,700	2,956,100	1,133,800	1,803,300	
5		5月	2,581,100	2,632,300	1,838,300	1,715,800	
6		6月	2,740,200	2,662,200	2,339,600	2,689,100	
7							

2 グラフ要素の名称と役割

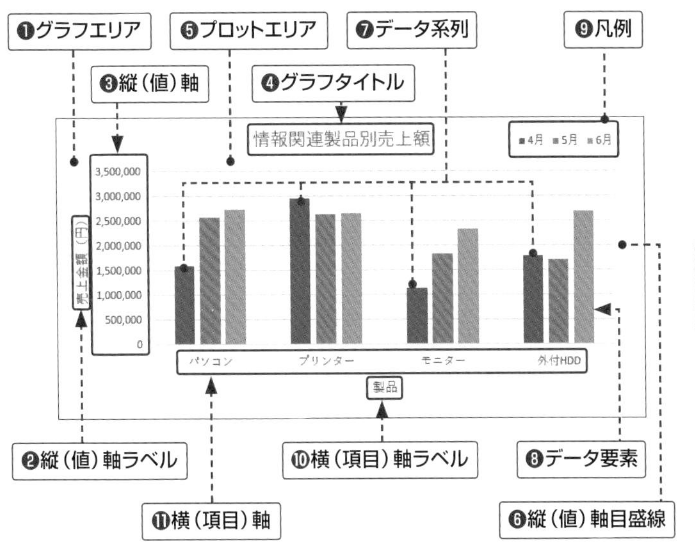

グラフ要素の役割

要素の名称	概　要
❶グラフエリア	すべてのグラフ要素を含むエリアです。 単にグラフという場合は、グラフエリアを指します。
❷縦（値）軸ラベル	縦（値）軸の内容を示すラベルです。
❸縦（値）軸	データの値を示す軸です。
❹グラフタイトル	グラフの内容を表すタイトルです。
❺プロットエリア	グラフおよびデータラベルが表示される領域です。
❻縦（値）軸目盛線	軸の目盛を水平方向に伸ばした線です。 横（項目）軸にも表示できます。 また、 軸目盛線と軸目盛線の間に補助軸目盛線を表示することもできます。
❼データ系列	元データの同じ行または同じ列にあるデータの集まりです。
❽データ要素	データ系列のうちの個々の要素です。「データマーカー」と呼ぶこともあります。
❾凡例	データ系列の内容を表示する領域です。
❿横（項目）軸ラベル	横（項目）軸の内容を示すラベルです。
⓫横（項目）軸	データの項目を示す軸です。

04 棒グラフについて知る

複数の同じ条件のデータを単純に比較したい場合は、縦棒グラフまたは横棒グラフを使用します。また、同じデータでも縦軸と横軸を入れ換えることで、異なるデータの分析も可能になります。

元データ

	A	B	C	D	E	F	G	H	I	J
1		上半期種類別出荷数							単位：Kg	
2			4月	5月	6月	7月	8月	9月	合計	
3		葉物野菜	20,200	41,800	57,800	21,100	98,900	64,000	303,800	
4		根菜類	68,200	31,200	30,700	45,900	67,400	77,800	321,200	
5		果実類	52,000	72,400	30,300	91,600	51,100	50,000	347,400	
6										

1 複数のデータを比較する

もっとも一般的なグラフです。複数のデータを並べることで、視覚的に比較したり、傾向を把握したりできます。

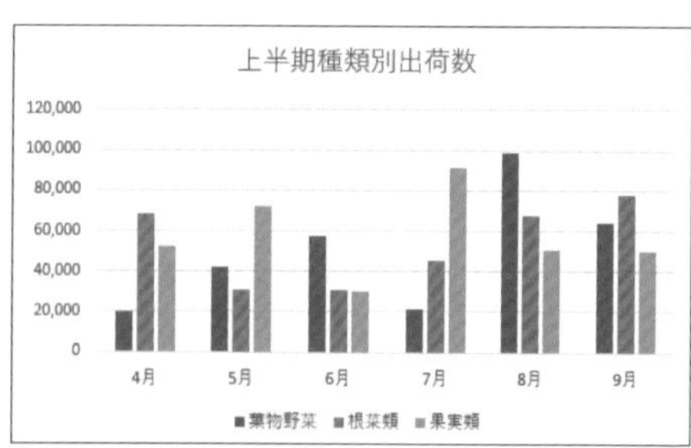

Memo

棒グラフ

棒グラフには、集合棒グラフ、積み上げ棒グラフ、100%積み上げ棒グラフのほかに、3-Dのグラフが用意されています。

2 集合棒グラフ

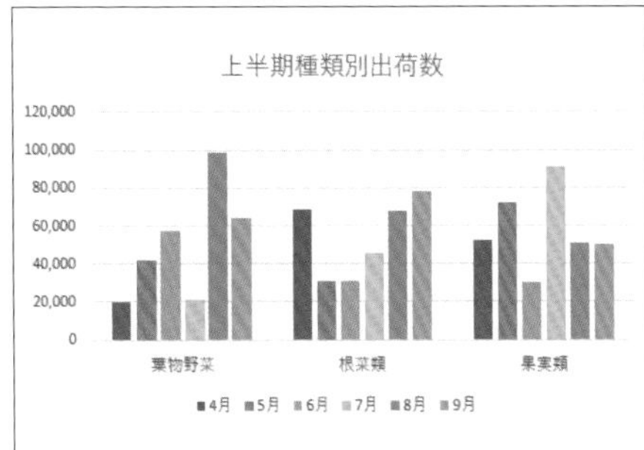

集合棒グラフは、棒の長さで値の大小を比較するグラフです。横軸を年月や時間などの時間軸として使用します。また、同じデータでも横軸に種類などのデータを並べることで、異なる観点による比較や傾向の把握を行うこともできます。

3 積み上げ棒グラフ

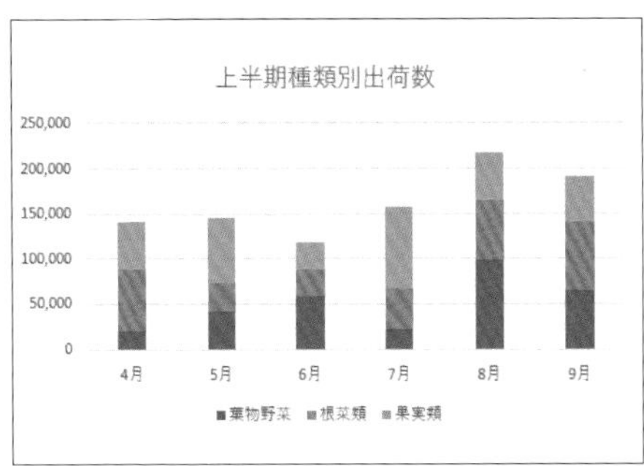

積み上げ棒グラフは、各項目を構成する要素を積み重ねた棒グラフです。データの総数を比較するだけでなく、項目ごとに全体に対する割合を比較することで、各項目と全体との関係を視覚的に把握できます。

4 100%積み上げ棒グラフ

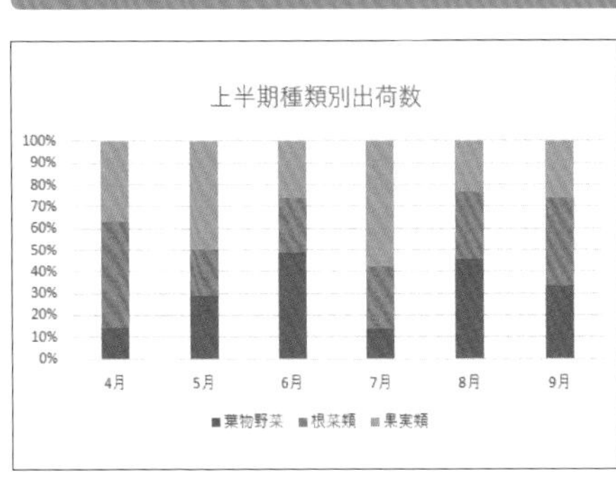

積み上げ縦棒グラフの一種で、縦軸を100%とし、その内訳を比率で表示する100%積み上げ縦棒グラフもあります。円グラフのように、全体の割合を把握するときに利用します。

05 折れ線グラフについて知る

折れ線グラフは、時間の経過に伴うデータの変化を見るのに適しています。縦棒グラフに比べてより多くのデータを時間軸にとることができるので、長期間の推移などを把握するのに役立ちます。

1 時間とともに変化するデータを見る

もっとも一般的な折れ線グラフです。横軸に時間軸をとり、時間経過とともに変化するデータを視覚的に理解するときに使用します。

小学校在籍生徒数推移　単位：人

	2014年度	2015年度	2016年度	2017年度	2018年度	2019年度	2020年度
1年生	65	60	58	52	54	51	52
2年生	69	65	59	58	52	54	51
3年生	82	69	64	59	58	52	54
4年生	81	82	69	64	57	59	52
5年生	84	80	82	69	63	58	59
6年生	91	84	80	82	69	63	57

*2020年度は見込みの生徒数

小学校在籍生徒数推移

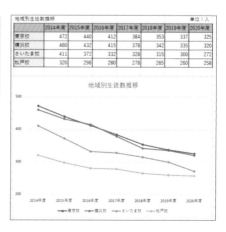

同じ種類のデータでも、その推移が異なることがあります。これらを一緒のグラフに表示して、変化の傾向などを比較することもできます。

地域別生徒数推移　単位：人

	2014年度	2015年度	2016年度	2017年度	2018年度	2019年度	2020年度
東京校	472	440	412	384	353	337	325
横浜校	460	432	415	378	342	335	320
さいたま校	411	372	332	328	315	300	272
松戸校	320	298	280	278	265	260	258

地域別生徒数推移

2 大量のデータの推移を視覚的に表す

1年分のデータを1つのグラフにして、その推移を把握できます。

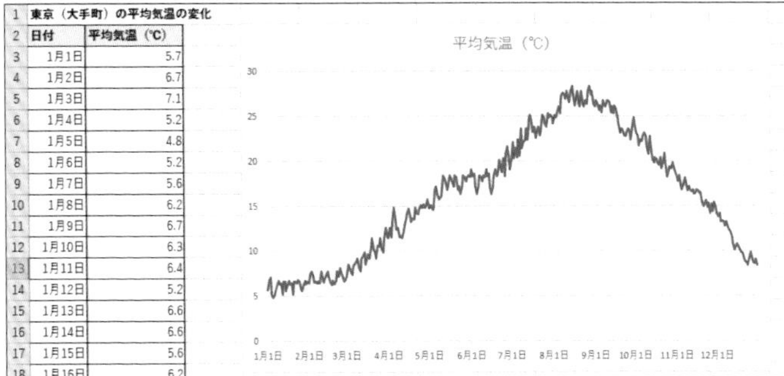

1	東京（大手町）の平均気温の変化	
2	日付	平均気温（℃）
3	1月1日	5.7
4	1月2日	6.7
5	1月3日	7.1
6	1月4日	5.2
7	1月5日	4.8
8	1月6日	5.2
9	1月7日	5.6
10	1月8日	6.2
11	1月9日	6.7
12	1月10日	6.3
13	1月11日	6.4
14	1月12日	5.2
15	1月13日	6.6
16	1月14日	6.6
17	1月15日	5.6
18	1月16日	6.2

1年分のデータから必要な期間を選択して、細かな経過を確認することもできます。

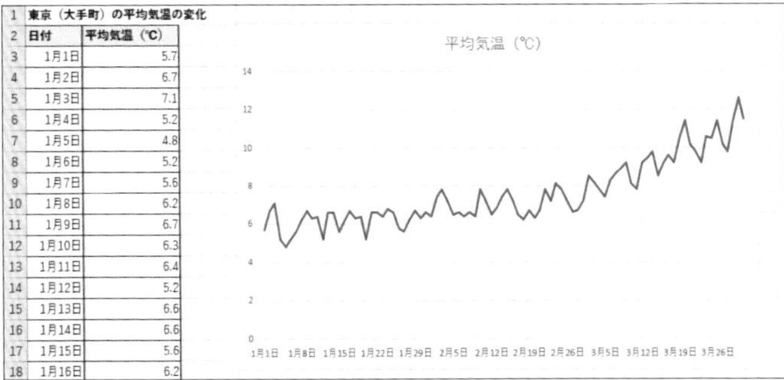

1	東京（大手町）の平均気温の変化	
2	日付	平均気温（℃）
3	1月1日	5.7
4	1月2日	6.7
5	1月3日	7.1
6	1月4日	5.2
7	1月5日	4.8
8	1月6日	5.2
9	1月7日	5.6
10	1月8日	6.2
11	1月9日	6.7
12	1月10日	6.3
13	1月11日	6.4
14	1月12日	5.2
15	1月13日	6.6
16	1月14日	6.6
17	1月15日	5.6
18	1月16日	6.2

Memo

折れ線グラフの利用

縦棒グラフの横軸を時間軸にすると、時間経過に伴うデータの推移を観察できますが、時間軸のデータが多い場合は縦棒グラフでは表現しきれません。このようなときは折れ線グラフを使用します。ただし、データが多い場合はマーカーを表示したり、数字データを表示したりすると見づらくなるので、シンプルなグラフにするよう心がけましょう。

06 円グラフについて知る

円グラフは、データ全体の構成比率を見るのに適したグラフです。たとえば、男女比や年齢別の比率など、全体に占める各データがどのくらいの割合なのかを視覚的に理解するのに向いています。

1 単純なデータの構成比率を見る

アンケートなどの「賛成か反対か」や「男か女か」など、単純なデータの比率を見るときに利用されます。

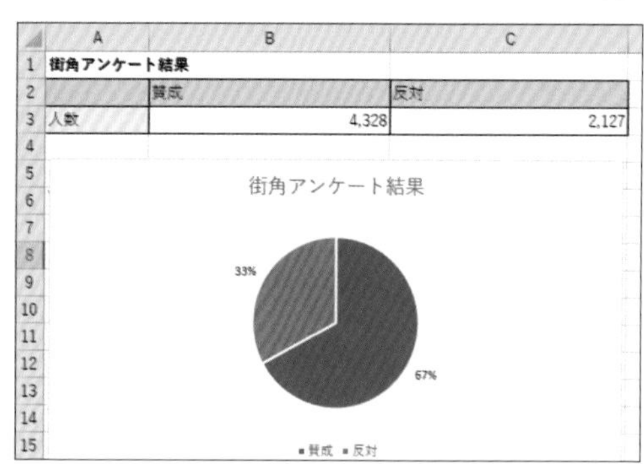

Memo

円グラフ

円グラフは、データ全体の構成比率を見るのに適しています。数値だけではどちらが大きいか小さいかはわかっても、その割合を即座に把握しにくい場合に、ひと目でわかるように表現できます。

Hint

円グラフの大きさ

円グラフは、すべてのデータの総計を100%として、その比率を視覚的に表現します。このため、大きな値であったとしても、あるいはデータ数が多くなったとしても、グラフそのものの大きさは変わりません。データ数が多くなっても、そのデータが占める面積から、全体に対する割合を即座に把握できます。

2 複数のデータの構成比率を見る

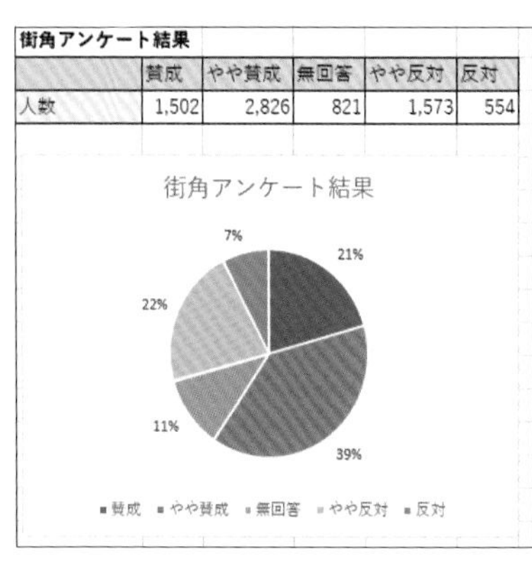

街角アンケート結果

	賛成	やや賛成	無回答	やや反対	反対
人数	1,502	2,826	821	1,573	554

円グラフは、すべてのデータの総計を100（100%）とした場合の比率を視覚的に表現します。

3 補助グラフを使用してデータの詳細を表現する

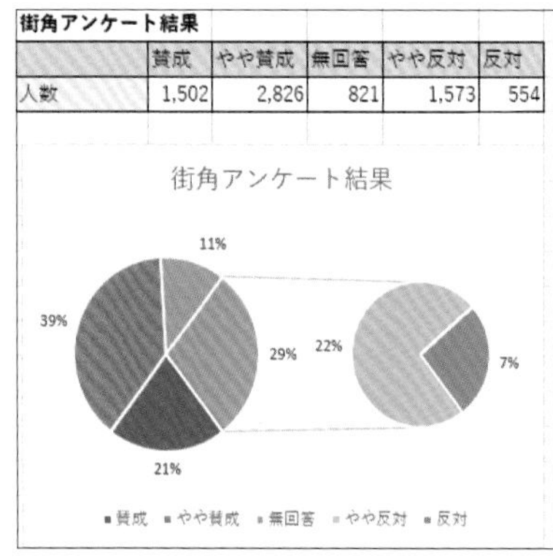

街角アンケート結果

	賛成	やや賛成	無回答	やや反対	反対
人数	1,502	2,826	821	1,573	554

円グラフでは、データの一部を抜き出して補助グラフに表示できます。

Keyword

補助円グラフ付き円グラフ

円グラフのデータの一部を抜き出して、別の円グラフにしたものです。たとえば、比率の小さなデータを１つのグループにして主円グラフに表示し、そのグループの内訳を補助円グラフで表示するといったことができます。このほかに、「補助縦棒付き円グラフ」もあります。

07 そのほかのグラフについて知る

Excelでは、データに応じてさまざまな種類のグラフを作成できます。また、グラフの種類を変えることで、同じデータでも異なるデータ解析などができるようになります。

1 レーダーチャート

レーダーチャートは、グラフの中心が始点で外側の端を終点とするグラフで、それぞれの軸に沿って各データの値をプロットします。このグラフはデータの大きさや全体のバランスを見るときや、ほかのデータ系列と比較するときに利用します。

レーダーチャートは、値を中心点からの距離で表示します。

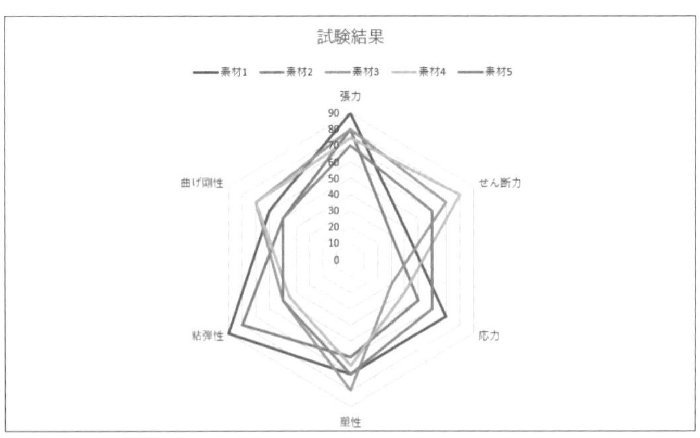

Memo

バージョンごとの違い

Excel2013／2010ではP.32～35で紹介しているグラフのみ利用できます。Excel2019／2016／Office 365で追加されたグラフについては、P.38のMEMOを参照してください。

2 散布図

散布図は、統計データ、工学データなどの数値データを視覚化するときによく使われるグラフです。複数のデータ系列の数値間の関係を示して、相関関係を見る場合などに用いられます。

散布図は、2つの項目の関連性を点の分布で表します。

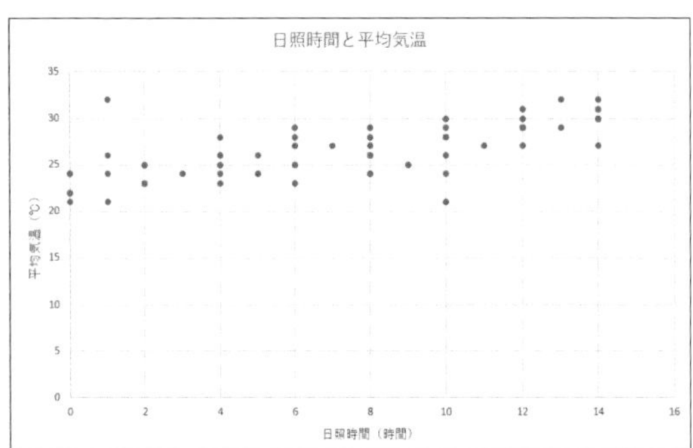

3 バブルチャート

バブルチャートは、3つのデータ系列で構成されています。3つ目のデータ系列の値により、バブル（泡）のサイズが決まります。3つ目のデータの値が大きくなるほど、バブルのサイズが大きくなります。

バブルチャートは、散布図に円の面積という要素を加えたグラフです。

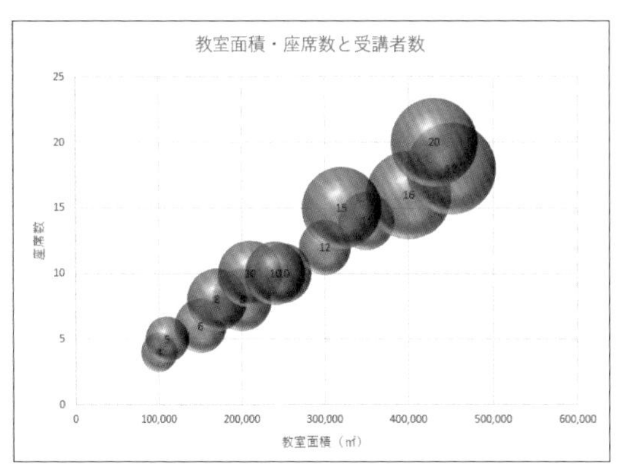

4 株価チャート

株価チャートでは、データの構成や順番によって作成できるグラフが変わります。グラフの元になるデータが「日付」「出来高」「高値」「安値」「終値」の順番で並んでいる場合は、画面例のような株価チャートを作成できます。

株価チャートは、株価の動向を確認するためのグラフです。

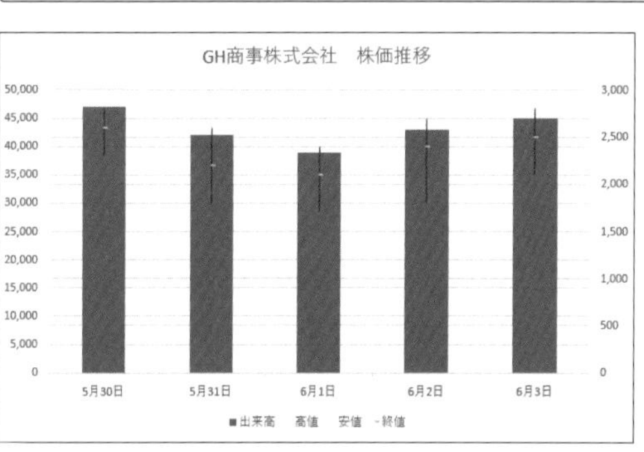

5 積み上げ面グラフ

普通の面グラフの場合は、手前に表示されるグラフデータの値が大きいと、後ろに表示されるグラフが見えなくなります。積み上げ面グラフの場合は、すべてのグラフの変化が表示されます。

積み上げ面グラフは、折れ線グラフの下の領域を塗りつぶした面グラフのデータを積み重ねた表示になります。

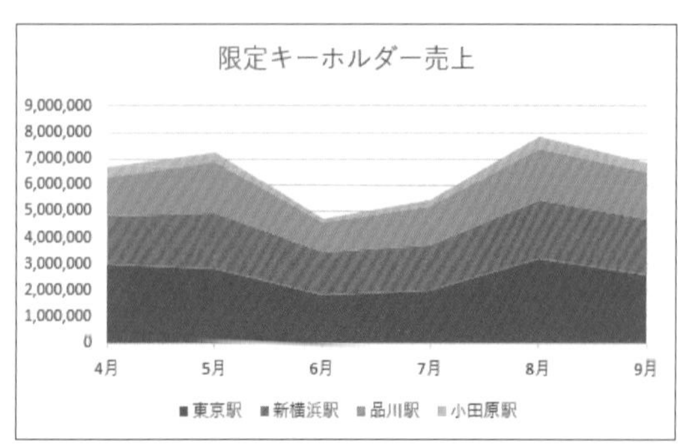

6 ドーナツグラフ

ドーナツグラフは、外側に大分類、内側に小分類のデータが表示されます。表示されるデータは円グラフと同様に、全体に占めるそれぞれのデータの割合です。ドーナツグラフは、小計の内訳を表示するような用途で使われます。

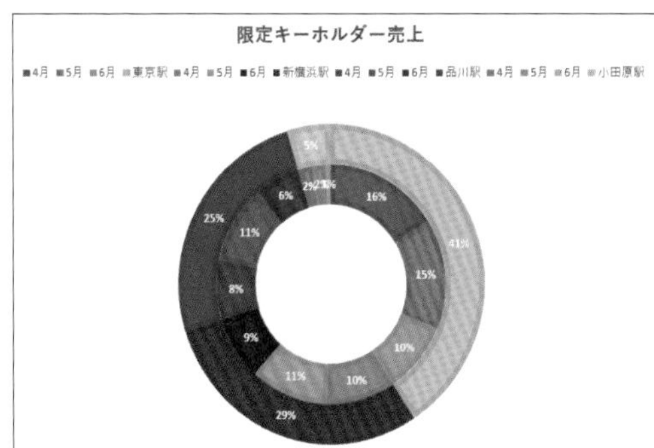

ドーナツグラフは、中央に穴が空いた円グラフに似た形状のグラフです。円を2重、3重にできるので、複数のデータ系列の構成比を表示できます。

7 複合グラフ

たとえば、気温の変化と降水量を同じグラフで表現したい場合、横軸（時間軸）は共通でも、縦軸は「気温」と「降水量」という異なる値の変化を表示することになります。この場合、気温を折れ線グラフ、降水量を縦棒グラフで表示するなど、異なる種類のグラフを1つのグラフの上に表示できます。

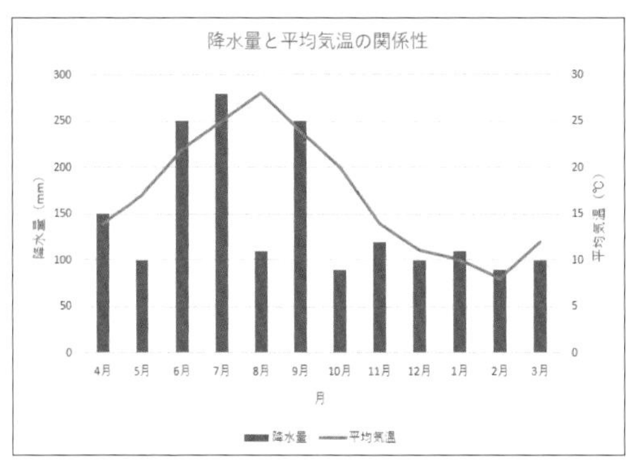

複合グラフは、異なる種類のグラフを組み合わせて作成したグラフです。

8 ツリーマップ図

ツリーマップ図は、データの階層構造を示すグラフです。色と近接性によってカテゴリを表示し、同じカテゴリのデータの大きさを長方形の面積で示しています。

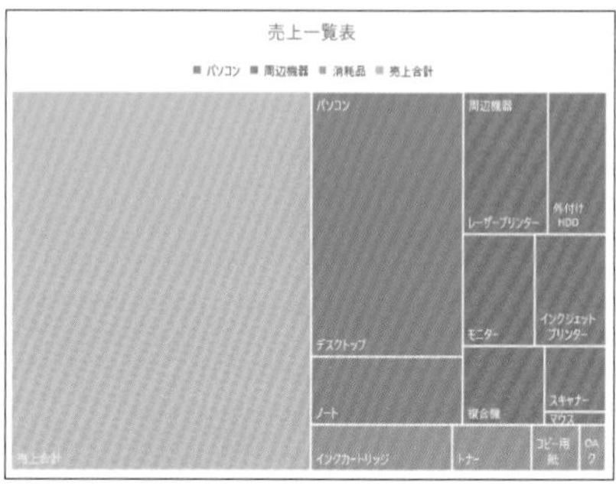

9 サンバースト図

サンバースト図は、データの階層構造を示すドーナツ状のグラフです。階層の各レベルを1つの円（リング）で表し、もっとも内側の円が階層の最上位になります。このグラフは、もっとも大きなカテゴリと各データポイントの間の階層レベルを示すのに適しています。

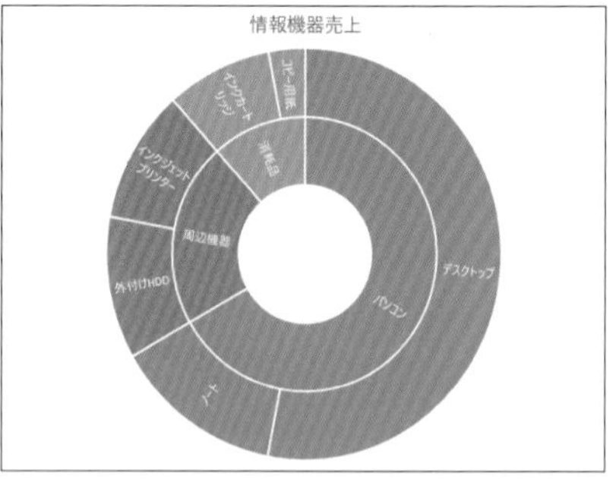

10 ウォーターフォール図

ウォーターフォール図は、値の増減が示される累計が表示されます。このグラフを使用すると、正の値または負の値によって、データがどのように増減するのかを視覚的に把握できます。

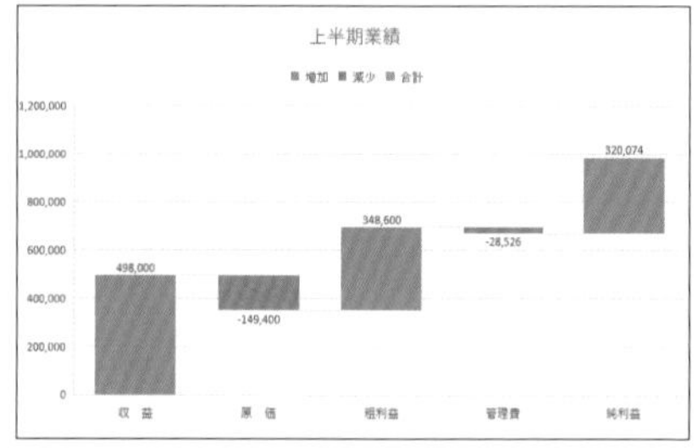

11 パレート図

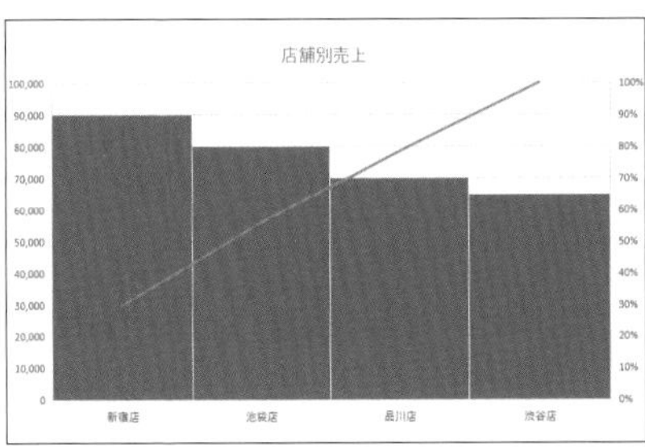

パレート図は、降順で並べ替えられた縦棒と、累積合計比率を示す折れ線で構成されます。データ内の最大要素(値)を強調して表示するため、データから課題や問題を把握しやすいという特徴があります。このグラフは、品質管理の7つの基本ツールの1つとされています。

12 ヒストグラム図

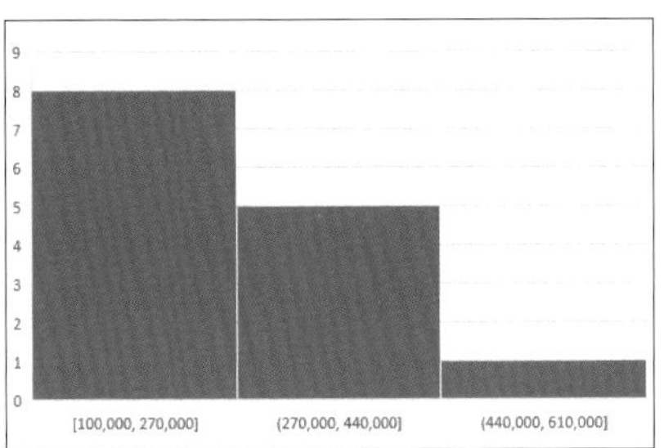

ヒストグラム図は、データの頻度を表示する縦棒グラフです。データセットを自動的または指定したピン数で分割し、分割した値の範囲内にあるデータ数を表示します。

13 箱ひげ図

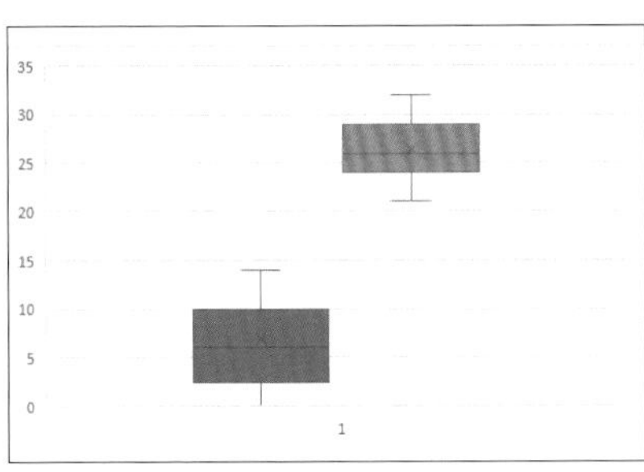

箱ひげ図では、統計分析でもっとも一般的に使用されるグラフです。グラフ上に表示される箱には「ひげ」と呼ばれる垂直方向に伸びる線が表示されることがあり、この線(ひげ)よりも外側にある点はすべて特異ポイントとみなされます。

14 じょうごグラフ

じょうごグラフでは、データセット内の複数の段階で値が表示されます。このグラフでは一般的に値が段階的に減少し、「じょうご」に似た形状のグラフになります。

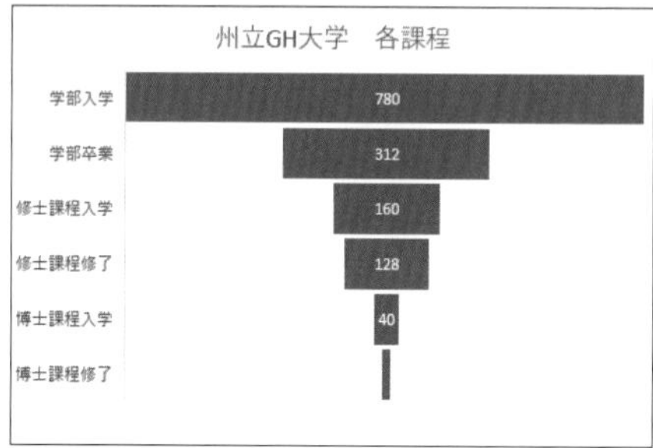

15 マップグラフ

マップグラフは、データの値の大小によって地図を塗り分けることのできるグラフです。国名や都道府県名、郵便番号などの地理情報が含まれている場合に利用することができます。

Memo

新しく追加されたグラフ

Excel 2016ではP.36～37で紹介している6つのグラフが追加されましたが、Excel 2019ではさらにじょうごグラフとマップグラフが追加されました。なお、じょうごグラフは、Office 365の利用者に対してのみExcel 2019の発売以前に限定公開されていました。

第2章

グラフ作成の基本を確認する

Section 08

グラフ作成の要点を押さえる

グラフを作成する際は、データに適したグラフの種類を選択して、データ範囲を正しく指定する必要があります。これらを誤ると、意味のないグラフになります。要点をしっかり押さえることが大切です。

1 目的に合ったグラフの種類を選択する

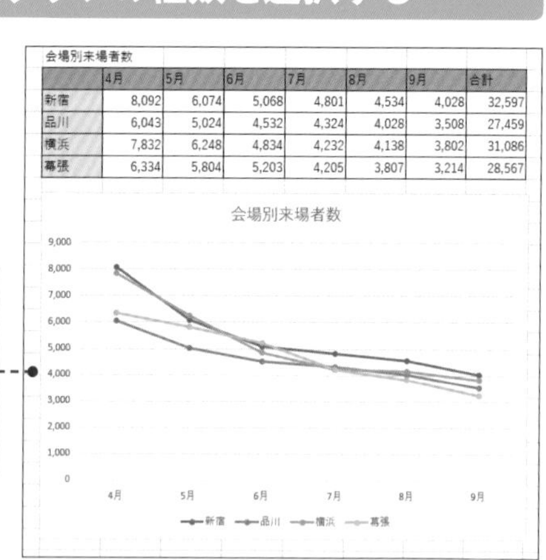

会場別来場者数

	4月	5月	6月	7月	8月	9月	合計
新宿	8,092	6,074	5,068	4,801	4,534	4,028	32,597
品川	6,043	5,024	4,532	4,324	4,028	3,508	27,459
横浜	7,832	6,248	4,834	4,232	4,138	3,802	31,086
幕張	6,334	5,804	5,203	4,205	3,807	3,214	28,567

横軸に日付や曜日、時間などの時系列のデータがある場合は、折れ線グラフを利用することでデータの変化を確認できます。

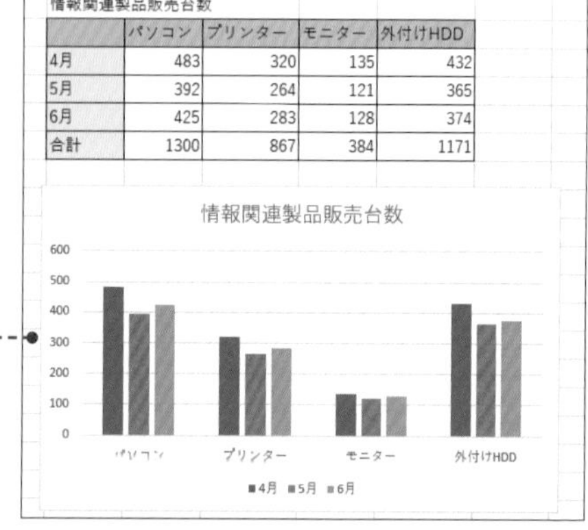

情報関連製品販売台数

	パソコン	プリンター	モニター	外付けHDD
4月	483	320	135	432
5月	392	264	121	365
6月	425	283	128	374
合計	1300	867	384	1171

横軸が時系列のデータ以外の場合は、縦棒グラフを利用することでデータを比較できます。

相関関係を見る場合など、2つのデータの関連性をグラフにする場合は、散布図が適しています。

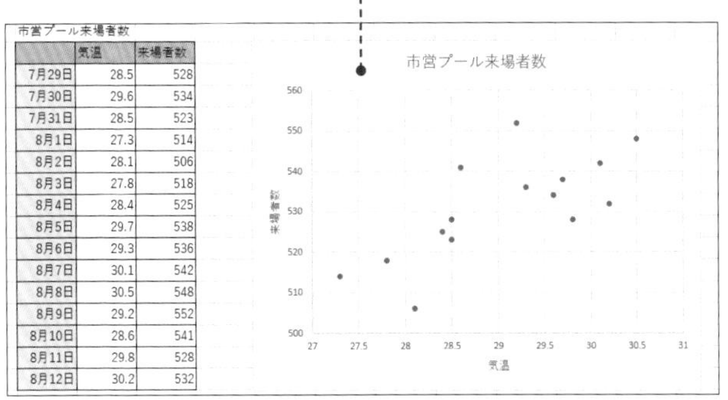

市営プール来場者数

	気温	来場者数
7月29日	28.5	528
7月30日	29.6	534
7月31日	28.5	523
8月1日	27.3	514
8月2日	28.1	506
8月3日	27.8	518
8月4日	28.4	525
8月5日	29.7	538
8月6日	29.3	536
8月7日	30.1	542
8月8日	30.5	548
8月9日	29.2	552
8月10日	28.6	541
8月11日	29.8	528
8月12日	30.2	532

比較するデータが1種類で、全体を100とした場合のそれぞれのデータが占める割合を比較する場合は、円グラフが適しています。

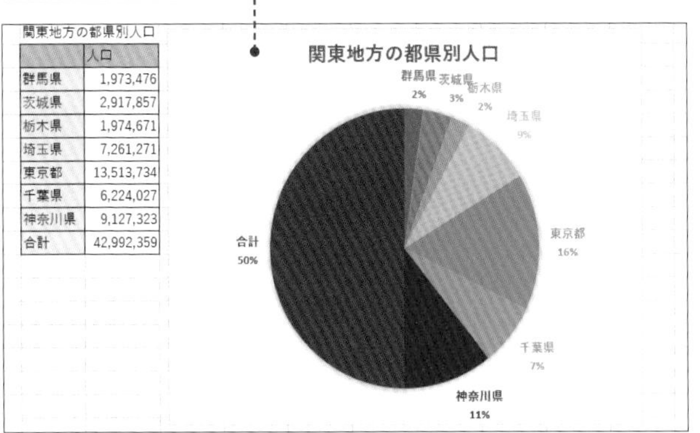

関東地方の都県別人口

	人口
群馬県	1,973,476
茨城県	2,917,857
栃木県	1,974,671
埼玉県	7,261,271
東京都	13,513,734
千葉県	6,224,027
神奈川県	9,127,323
合計	42,992,359

データ数が多い場合に円グラフを利用すると、それぞれのデータの比較が困難になります。このような場合は棒グラフを使用することで、データを比較しやすくなります。

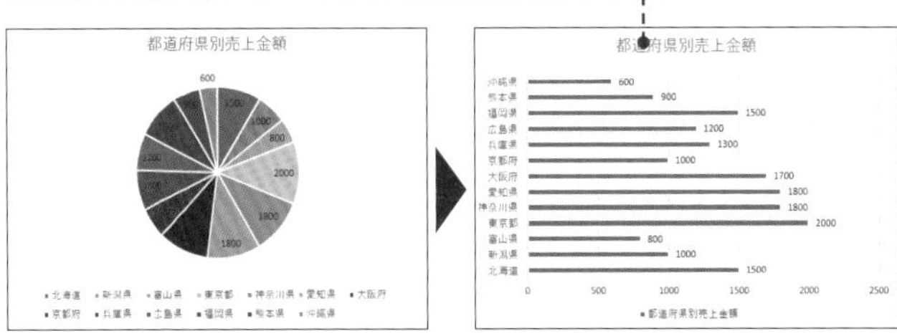

2 適切なデータ範囲を選択する

縦棒グラフの場合

この例では、グラフの棒となる値（売上額）と月名、製品名を表示しています。グラフの軸に製品名を表示させるため、データ範囲に表の項目名（製品名）を含めています。

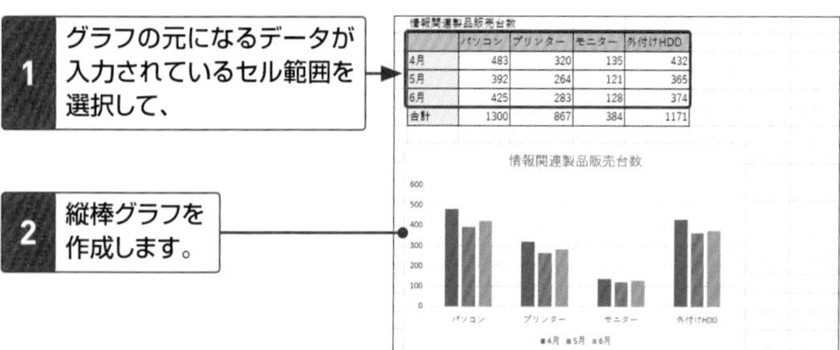

情報関連製品販売台数

	パソコン	プリンター	モニター	外付けHDD
4月	483	320	135	432
5月	392	264	121	365
6月	425	283	128	374
合計	1300	867	384	1171

集計行（合計欄）を含めたデータでグラフを作成する

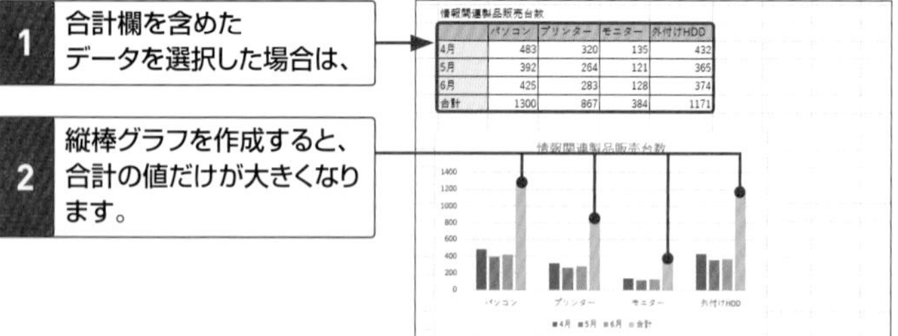

情報関連製品販売台数

	パソコン	プリンター	モニター	外付けHDD
4月	483	320	135	432
5月	392	264	121	365
6月	425	283	128	374
合計	1300	867	384	1171

表の一部データを除外したグラフを作成する

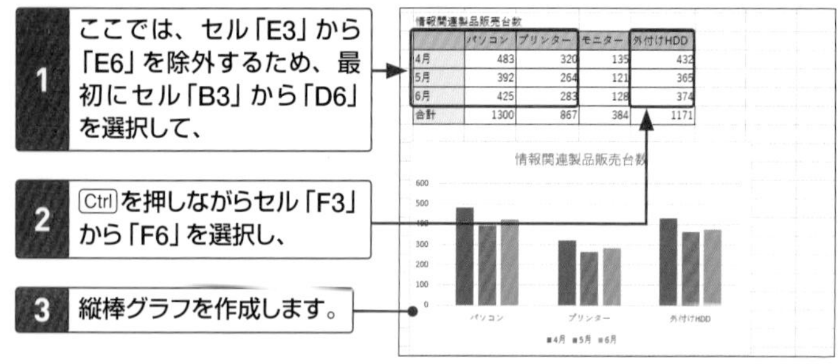

1 ここでは、セル「E3」から「E6」を除外するため、最初にセル「B3」から「D6」を選択して、
2 Ctrl を押しながらセル「F3」から「F6」を選択し、
3 縦棒グラフを作成します。
情報関連製品販売台数
情報関連製品販売台数
パソコン
プリンター
外付けHDD
■4月 ■5月 ■6月

情報関連製品販売台数

	パソコン	プリンター	モニター	外付けHDD
4月	483	320	135	432
5月	392	264	121	365
6月	425	283	128	374
合計	1300	867	384	1171

円グラフの場合

この例では、関東地方の１都６県の人口を円グラフにしています。グラフタイトルを表示するため、表の項目名を含めて範囲を選択しています。

1 円グラフは、1つのデータ系列を表すグラフなので、ここではセル「B3」から「C10」を選択して、

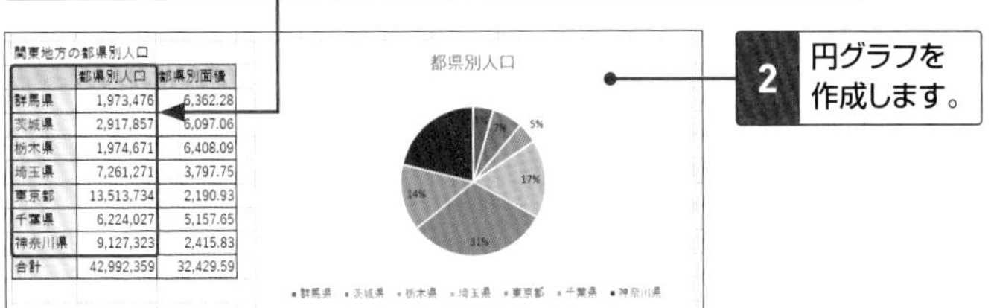

関東地方の都県別人口

	都県別人口	都県別面積
群馬県	1,973,476	6,362.28
茨城県	2,917,857	6,097.06
栃木県	1,974,671	6,408.09
埼玉県	7,261,271	3,797.75
東京都	13,513,734	2,190.93
千葉県	6,224,027	5,157.65
神奈川県	9,127,323	2,415.83
合計	42,992,359	32,429.59

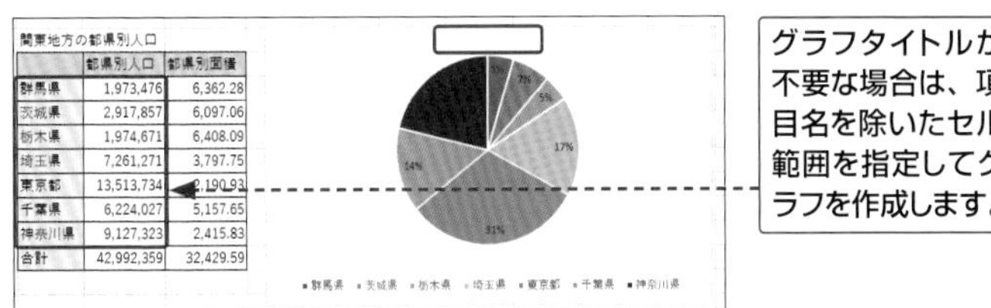

関東地方の都県別人口

	都県別人口	都県別面積
群馬県	1,973,476	6,362.28
茨城県	2,917,857	6,097.06
栃木県	1,974,671	6,408.09
埼玉県	7,261,271	3,797.75
東京都	13,513,734	2,190.93
千葉県	6,224,027	5,157.65
神奈川県	9,127,323	2,415.83
合計	42,992,359	32,429.59

グラフタイトルが不要な場合は、項目名を除いたセル範囲を指定してグラフを作成します。

離れたセル範囲のデータを円グラフにする

1 ここでは、最初にセル「B3」から「B10」を選択して、

2 Ctrl を押しながらセル「D3」から「D10」を選択し、

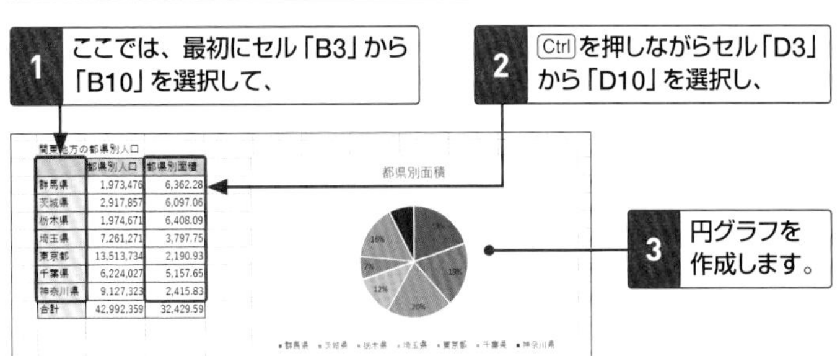

関東地方の都県別人口

	都県別人口	都県別面積
群馬県	1,973,476	6,362.28
茨城県	2,917,857	6,097.06
栃木県	1,974,671	6,408.09
埼玉県	7,261,271	3,797.75
東京都	13,513,734	2,190.93
千葉県	6,224,027	5,157.65
神奈川県	9,127,323	2,415.83
合計	42,992,359	32,429.59

Memo

基本のグラフ

ここで作成しているのは基本のグラフです。基本のグラフを作成したあとで、必要な要素を追加・編集したり、グラフの装飾などを設定したりします（第３章～第５章参照）。

グラフ作成の流れを理解する

グラフを作成するには、グラフの元になる表を作成して、データの内容に応じたグラフの種類を選びます。作成したグラフはシンプルなものなので、必要に応じて編集や装飾などを行います。

① グラフの元になる表を作成する

グラフの元になるデータベース形式の表（リスト形式の表）を作成します。あらかじめどのようなグラフを作成するかをイメージし、行や列にどのようなデータを入力すれば最適なのかを考慮します。

	A	B	C	D	E	F	G	H	I	J	K
1	情報機器販売台数										
2		4月	5月	6月							
3	パソコン	267	224	243							
4	モニター	102	121	112							
5	プリンター	153	132	146							
6	外付けHDD	88	103	65							
7											

② 基本となるグラフを作成する　第2章

作成した表を元に、最適な種類のグラフを作成します。グラフの作成は表のデータ範囲を選択し、<挿入>タブの<グラフ>グループから行います。

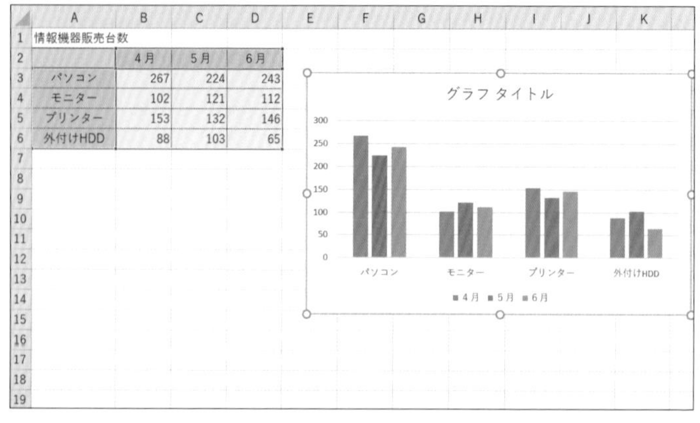

③ グラフ要素を編集する　第3章

作成したばかりのグラフはシンプルな構成なので、目的に応じてグラフ要素を編集します。

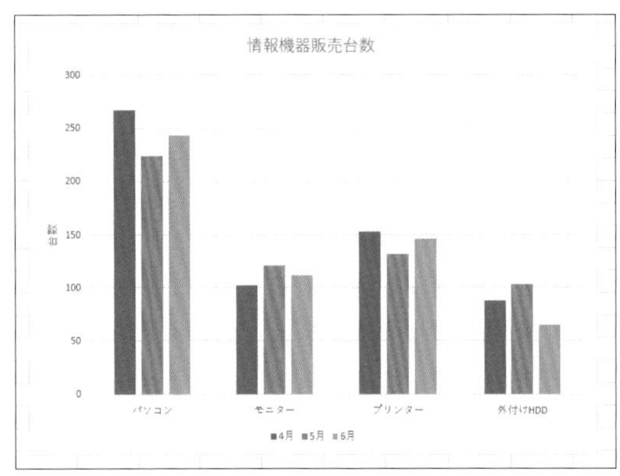

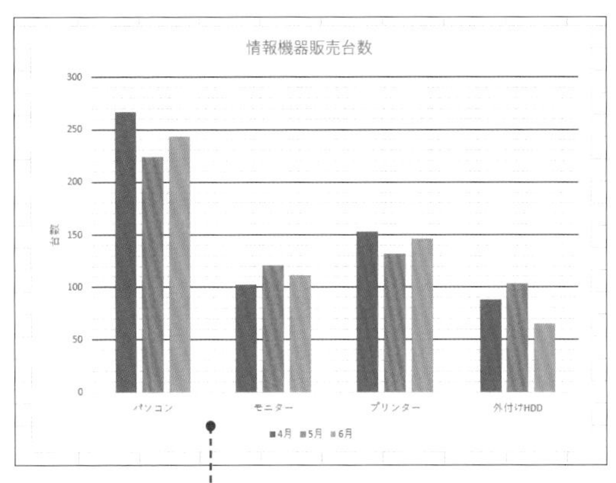

横の補助線を追加して、補助目盛線を緑色の破線に変更しています。

Keyword

グラフ要素

グラフエリアにあるグラフやグラフタイトル、軸ラベルや凡例などグラフを構成するものをグラフ要素といいます。また、データ系列1つ1つにデータの値（データラベル）を表示できます（P.59参照）。

④ グラフを装飾する　第4章

配布資料やプレゼンテーションに使用するグラフの場合は、見栄えがよくなるように装飾をすることがあります。ただし、あまり派手な装飾をするとかえって見づらくなることもあるので注意が必要です。

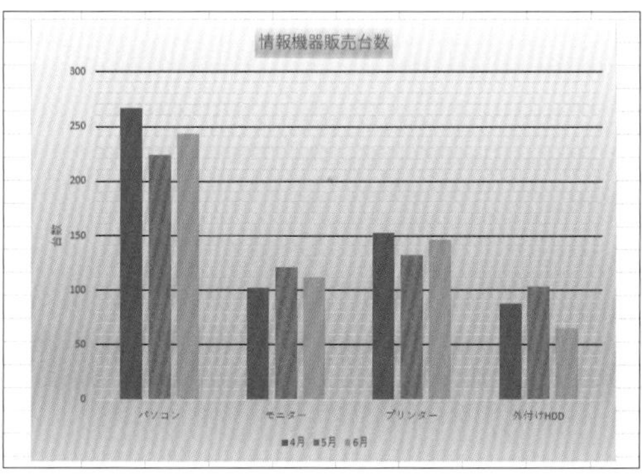

⑤ グラフをWordやPowerPointで利用する　Sec.64～65

作成したグラフは、Wordの文書に貼り付けて利用できます。グラフを貼り付けるときの形式は5種類存在します。

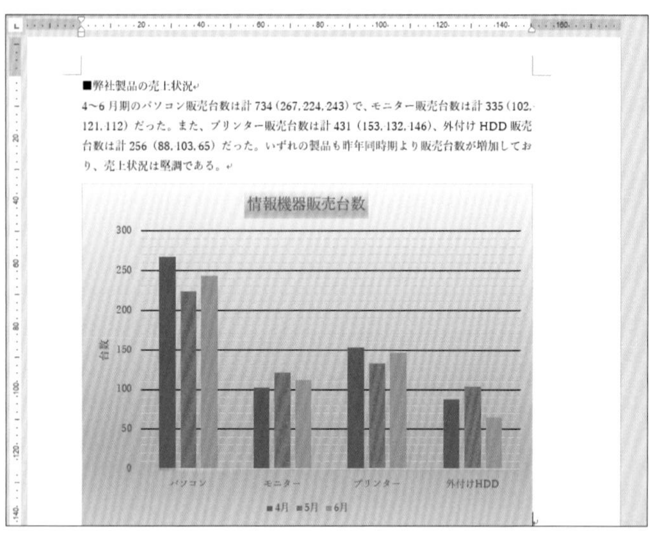

■弊社製品の売上状況

4～6月期のパソコン販売台数は計734（267,224,243）で、モニター販売台数は計335（102,121,112）だった。また、プリンター販売台数は計431（153,132,146）、外付けHDD販売台数は計256（88,103,65）だった。いずれの製品も昨年同時期より販売台数が増加しており、売上状況は堅調である。

PowerPointのスライドでもWordの文書と同様にグラフを貼り付けて利用できます。

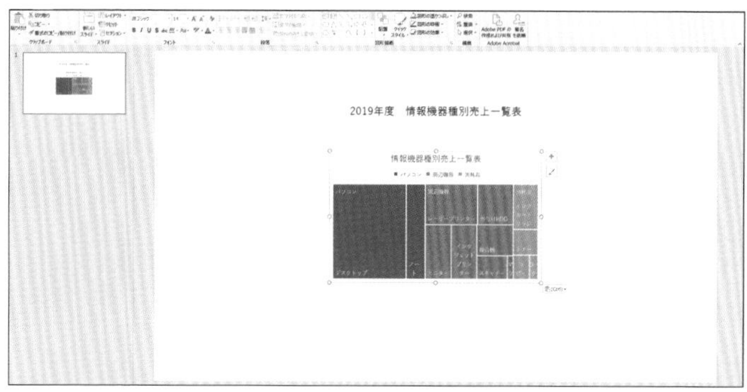

❻ グラフを印刷する　Sec.66

作成したグラフを印刷する際は、印刷イメージを確認し、印刷設定を行って印刷を実行します。印刷はワークシートの印刷領域を設定して印刷する方法と、グラフを選択してグラフのみを印刷する方法があります。

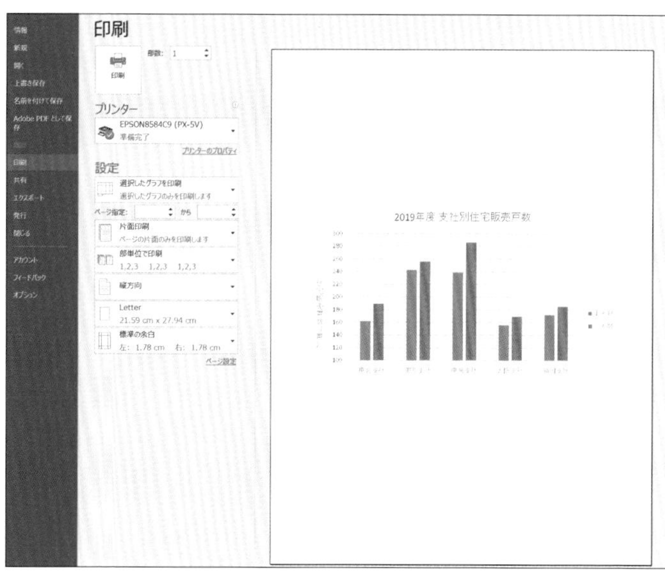

10 リボンとメニューを確認する

Excel 2019 / 2016 / 2013 / Office365とExcel 2010では、グラフの作成や編集などに利用するツールが多少異なります。使用しているExcelのバージョンを確認しておきましょう。

1 グラフ作成ツール

Excel 2019 / 2016 / 2013 / Office365の場合

Excel 2019 / 2016 / 2013 / Office365では、＜挿入＞タブの＜グラフ＞グループにある＜おすすめグラフ＞をクリックするか、個々のグラフの種類をクリックして、目的のグラフを作成します。

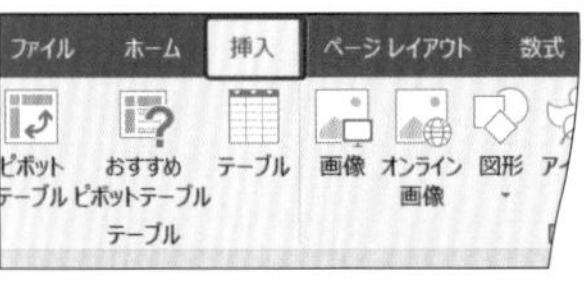

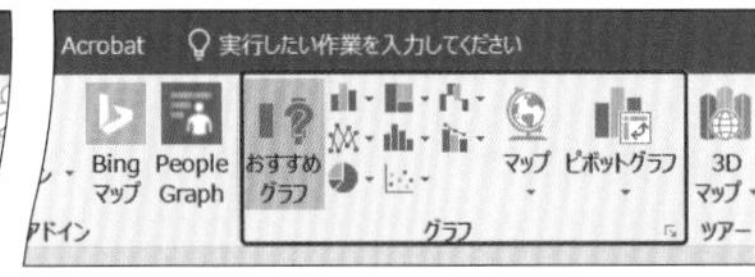

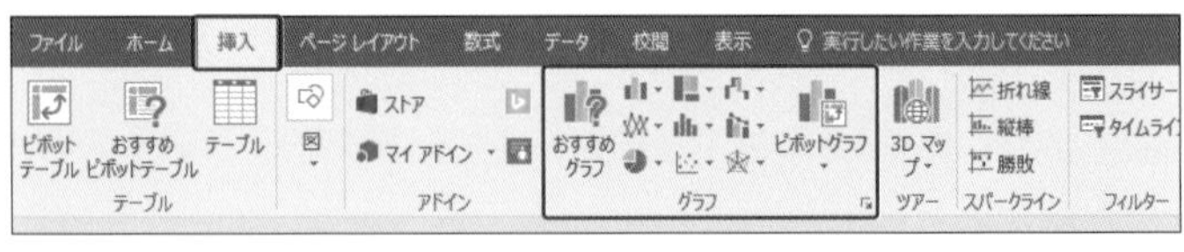

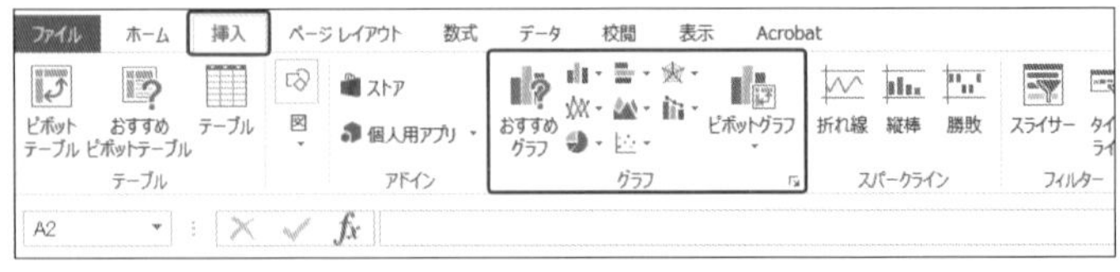

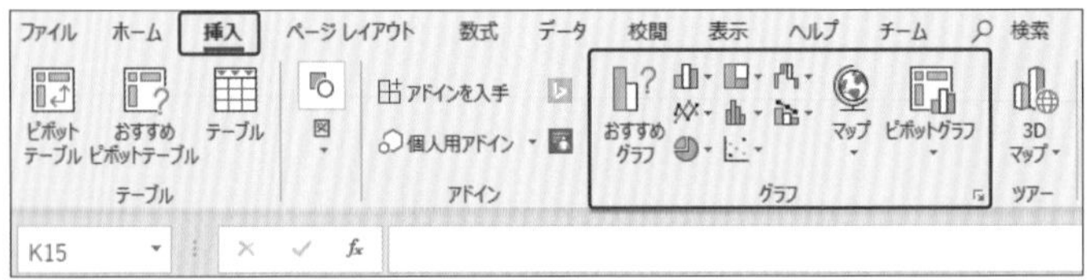

Excel 2010の場合

Excel 2010では、<挿入>タブの<グラフ>グループにあるグラフの種類をクリックして、目的のグラフを作成します。

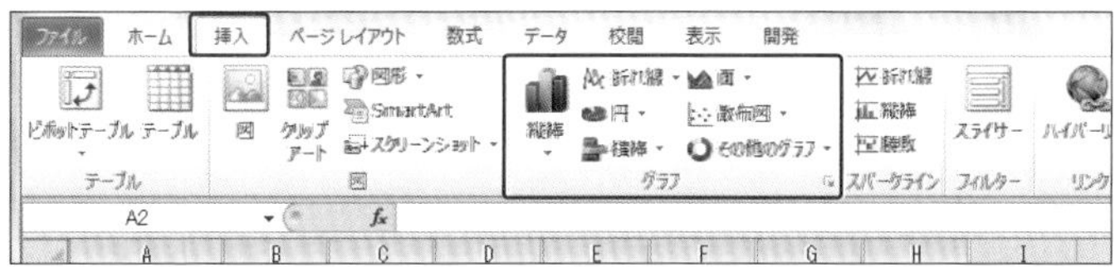

2 グラフやグラフ要素の編集ツール

Excel 2019／2016／2013／Office365の場合

グラフを選択すると、グラフの操作に必要な<グラフツール>が表示されます。<グラフツール>にはグラフのスタイルやレイアウト、配色などを設定する<デザイン>タブと、図形のスタイル設定やオブジェクトの配置、図形の挿入などを行う<書式>タブがあります。

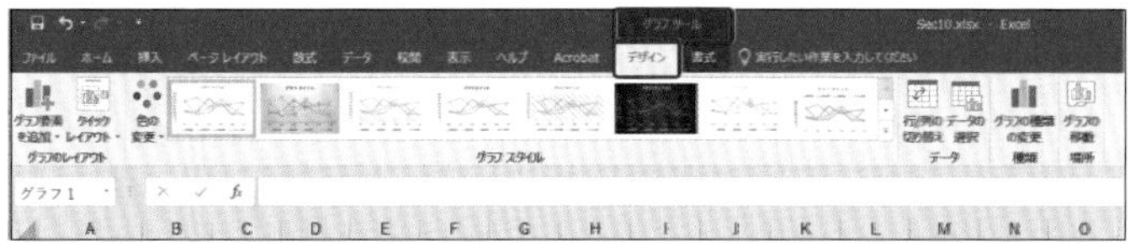

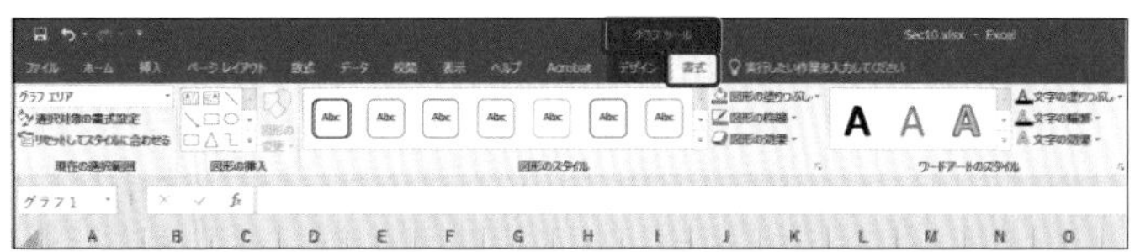

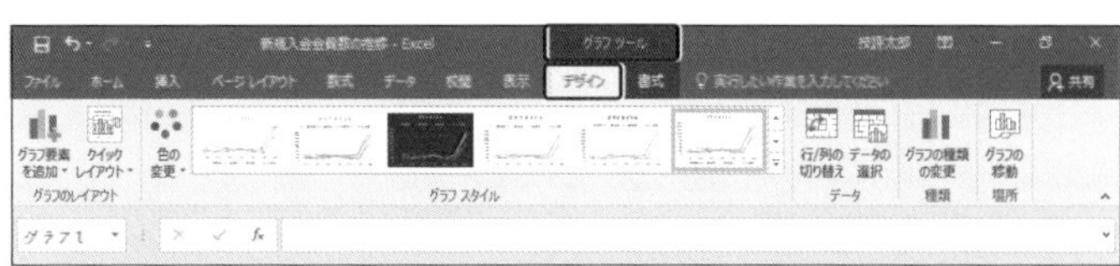

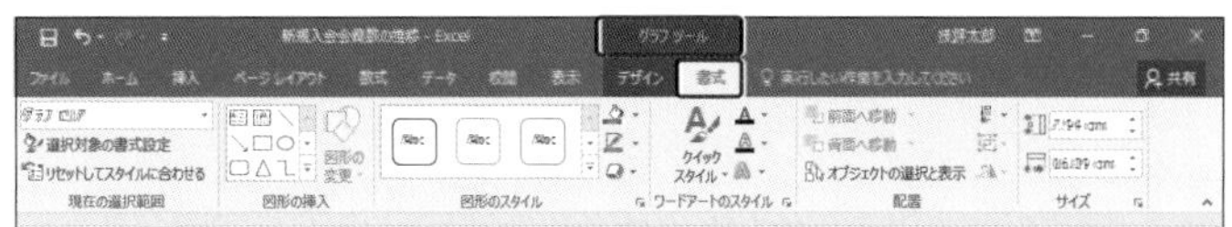

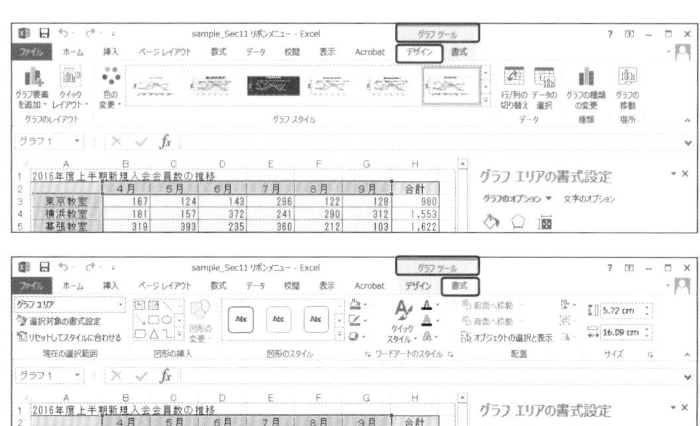

	4月	5月	6月	7月	8月	9月	合計
東京教室	167	124	143	296	122	128	980
横浜教室	181	157	372	241	290	312	1,553
幕張教室	319	393	235	360	212	103	1,622

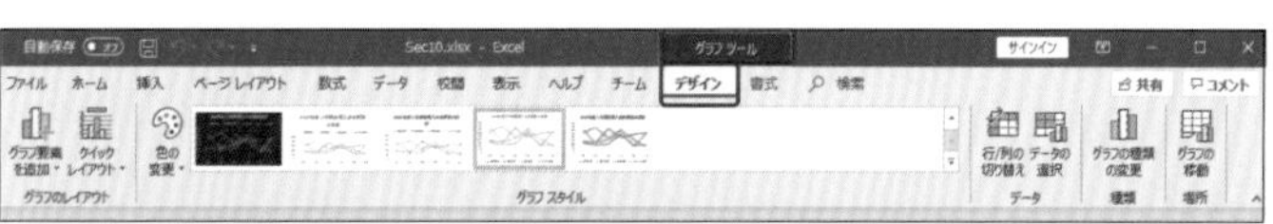

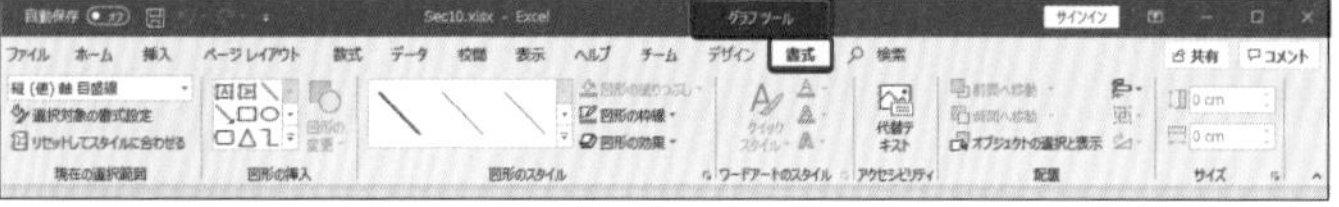

Memo

Excel 2019／2016／2013／Office365の詳細設定

グラフ要素の詳細な設定は、作業ウィンドウで行います。作業ウィンドウの内容は、操作するグラフ要素によって変わります。
また、グラフ要素の追加やグラフスタイルの変更、グラフに表示するデータ要素の選択を行うために、<グラフ要素><グラフスタイル><グラフフィルター>のアイコンが表示されます(P.57参照)。

Excel 2010の場合

グラフを選択すると、グラフの操作に必要な<グラフツール>が表示されます。<グラフツール>にはグラフのスタイルやレイアウトの設定などを行う<デザイン>タブ、図形の挿入やラベルの設定などを行う<レイアウト>タブ、図形のスタイル設定やオブジェクトの配置、図形の挿入などを行う<書式>タブがあります。

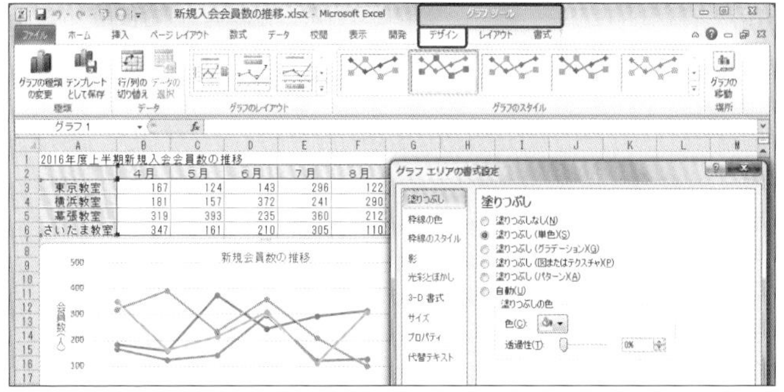

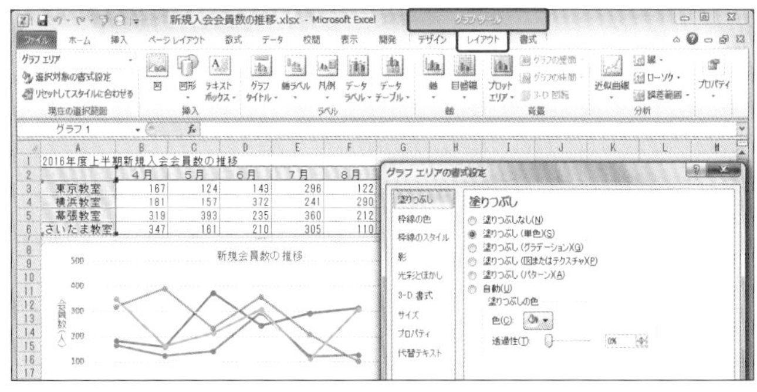

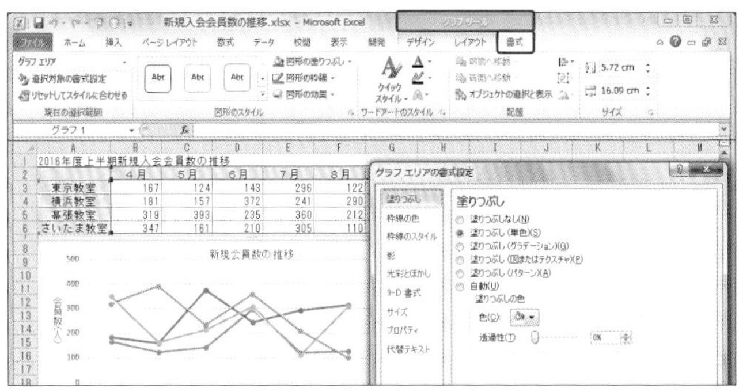

Memo

Excel 2010の詳細設定

グラフ要素の詳細な設定は、ダイアログボックスで行います。ダイアログボックスの内容は、操作するグラフ要素によって変わります。

11 棒グラフを作成する

グラフを作成するには、グラフの作成に適した表を作成し、グラフのもとになるデータ範囲を選択します。次に、<挿入>タブの<グラフ>から目的のグラフを選択します。

1 データ範囲を選択する

Memo

Excel 2010の場合

Excel 2010の場合は、手順3で<縦棒>または<横棒>をクリックします。

1 グラフにしたいデータ範囲をドラッグして選択して、

	A	B	C	D	E
1	情報機器販売台数				
2		4月	5月	6月	
3	パソコン	267	224	243	
4	モニター	102	121	112	
5	プリンター	153	132	146	
6	外付けHDD	88	103	65	
7					

2 <挿入>タブをクリックし、

3 <おすすめグラフ>をクリックします。

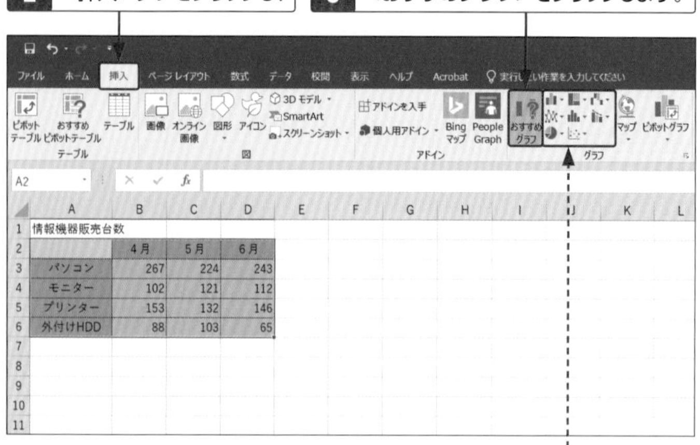

これらのコマンドから作成することもできます(P.54参照)。

2 グラフの種類を選択する

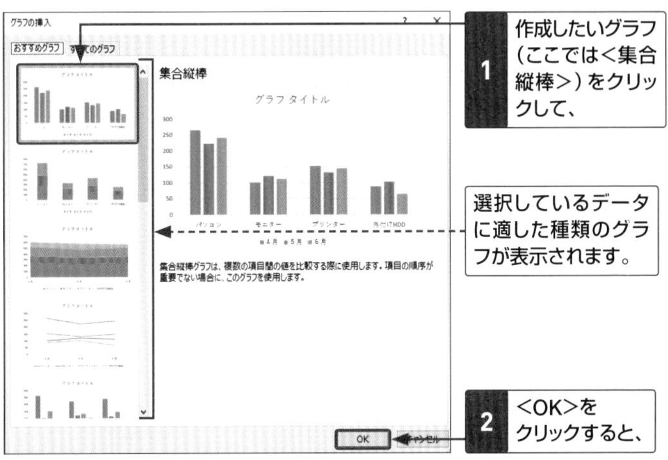

1 作成したいグラフ（ここでは＜集合縦棒＞）をクリックして、

選択しているデータに適した種類のグラフが表示されます。

2 ＜OK＞をクリックすると、

3 目的のグラフが作成されます。

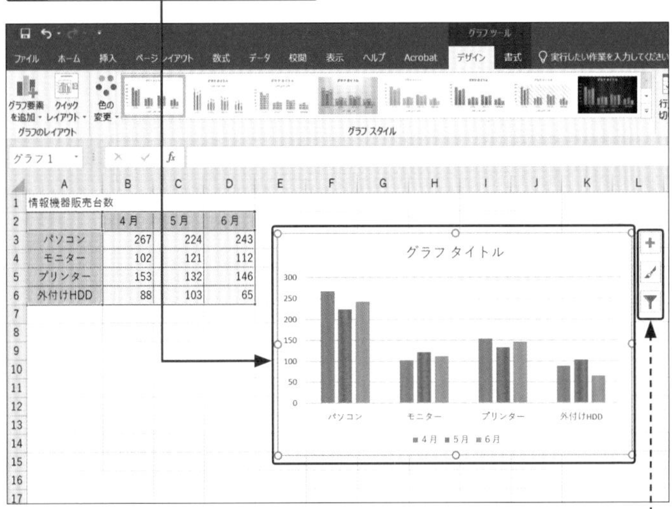

	A	B	C	D
1	情報機器販売台数			
2		4月	5月	6月
3	パソコン	267	224	243
4	モニター	102	121	112
5	プリンター	153	132	146
6	外付けHDD	88	103	65

グラフを編集するためのコマンド（＜グラフ要素＞＜グラフスタイル＞＜グラフフィルター＞）が表示されます。

3 <グラフ>グループのコマンドを利用する

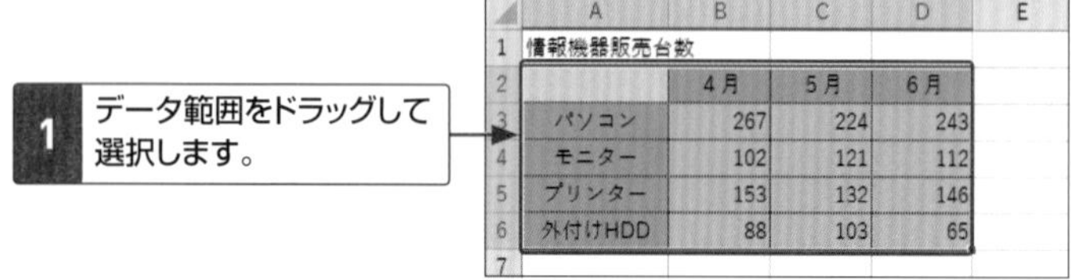

	A	B	C	D	E
1	情報機器販売台数				
2		4月	5月	6月	
3	パソコン	267	224	243	
4	モニター	102	121	112	
5	プリンター	153	132	146	
6	外付けHDD	88	103	65	
7					

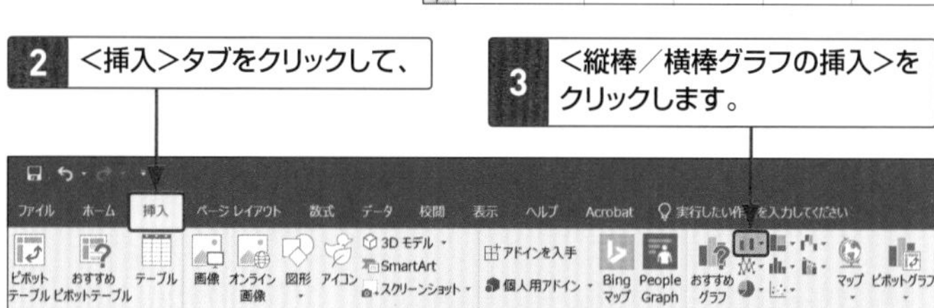

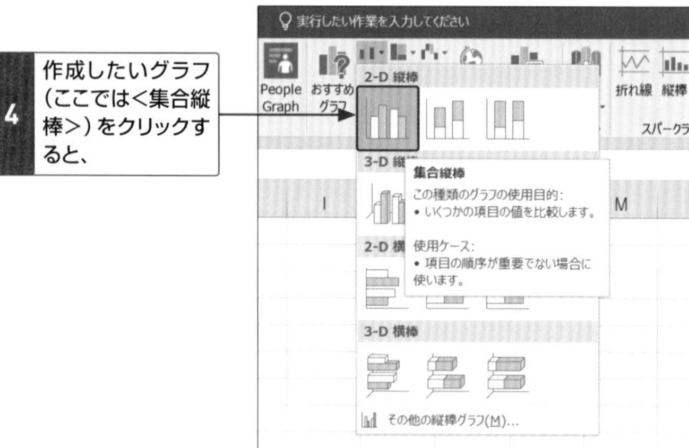

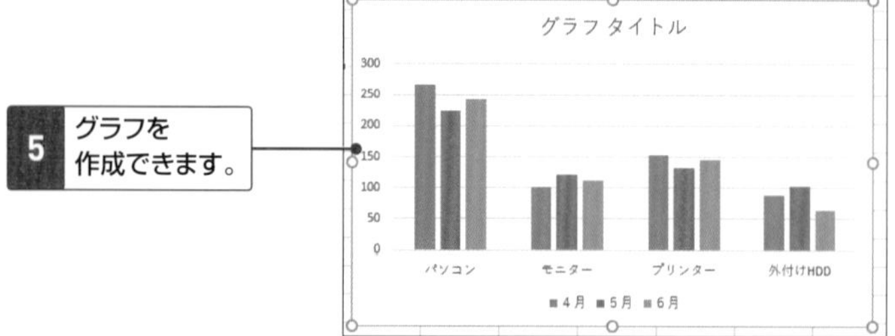

StepUp

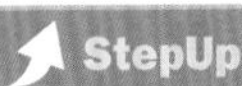

<クイック分析>を利用してグラフを作成する

Excel 2019／2016／2013／Office365には、<クイック分析>という機能があります。これは、リボンのコマンドをクリックしなくても、すばやくデータを集計したり、グラフを作成したりするための機能です。ワークシート上のデータが入力された範囲を選択すると<クイック分析>が表示されるので、クリックしてグラフの種類を選択します。

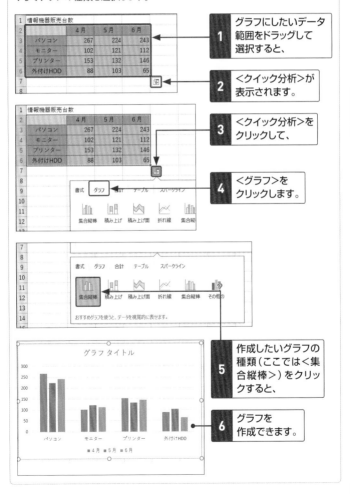

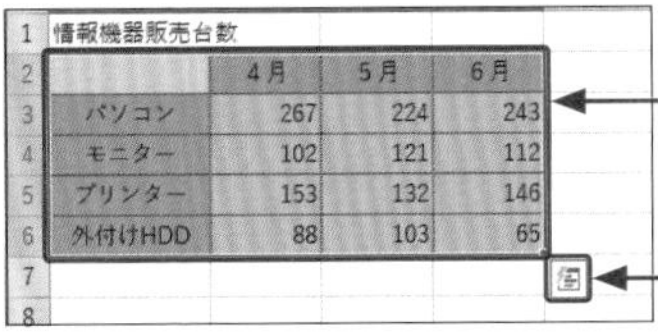

情報機器販売台数
4月 5月 6月
パソコン 267 224 243
モニター 102 121 112
プリンター 153 132 146
外付けHDD 88 103 65

1 グラフにしたいデータ範囲をドラッグして選択すると、

2 <クイック分析>が表示されます。

情報機器販売台数
4月 5月 6月
パソコン 267 224 243
モニター 102 121 112
プリンター 153 132 146
外付けHDD 88 103 65
書式
グラフ
集合縦棒
積み上げ
積み上げ面
折れ線

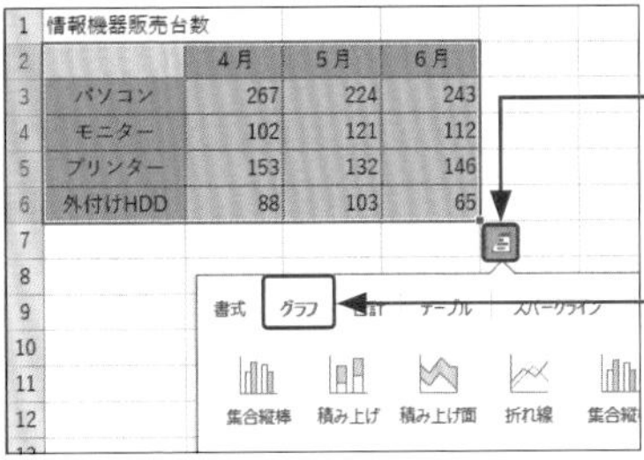

3 <クイック分析>をクリックして、

4 <グラフ>をクリックします。

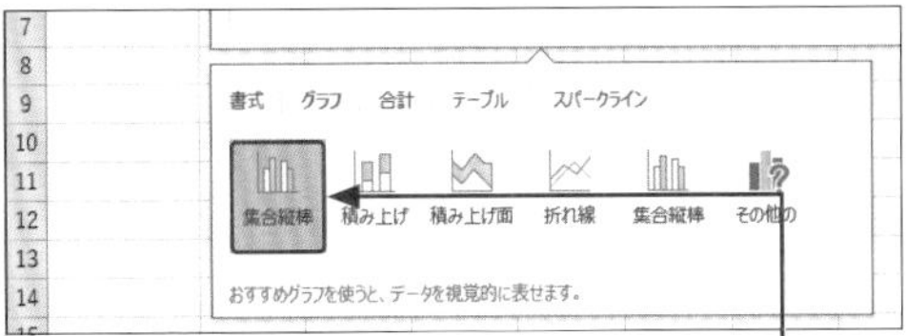

書式
グラフ
合計
テーブル
スパークライン
集合縦棒
積み上げ
積み上げ面
折れ線
集合縦棒
その他の
おすすめグラフを使うと、データを視覚的に表せます。

グラフ タイトル
300
250
200
150
100
50
0
パソコン
モニター
プリンター
外付けHDD
4月
5月
6月

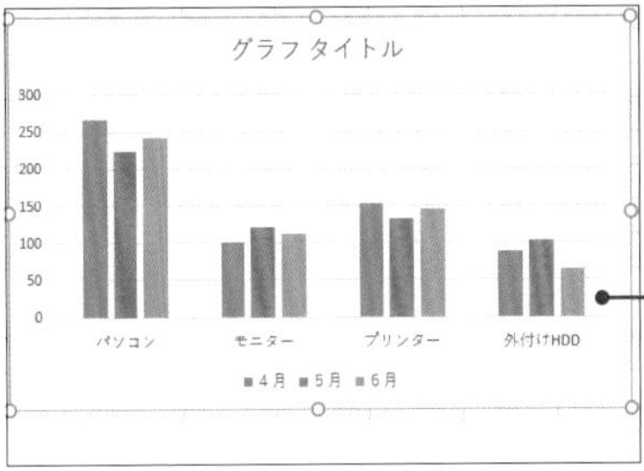

5 作成したいグラフの種類（ここでは<集合縦棒>）をクリックすると、

6 グラフを作成できます。

Section 12 折れ線グラフを作成する

折れ線グラフは、時間の経過とともに変化するデータを見るときに使用します。値をマーカーという印で示し、それぞれのマーカーを順番に線で結びグラフにします。

1 折れ線グラフを作成する

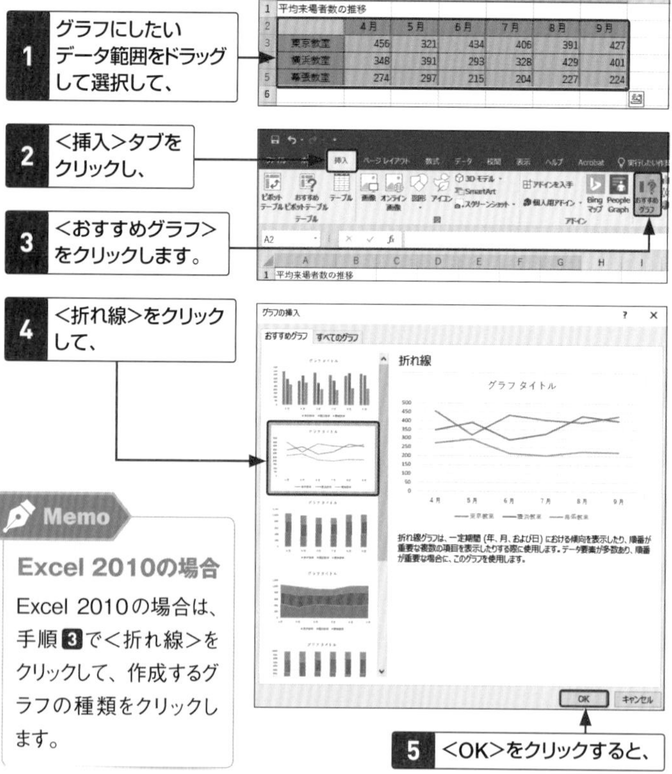

1 グラフにしたいデータ範囲をドラッグして選択して、

2 <挿入>タブをクリックし、

3 <おすすめグラフ>をクリックします。

4 <折れ線>をクリックして、

5 <OK>をクリックすると、

Memo

Excel 2010の場合

Excel 2010の場合は、手順 3 で<折れ線>をクリックして、作成するグラフの種類をクリックします。

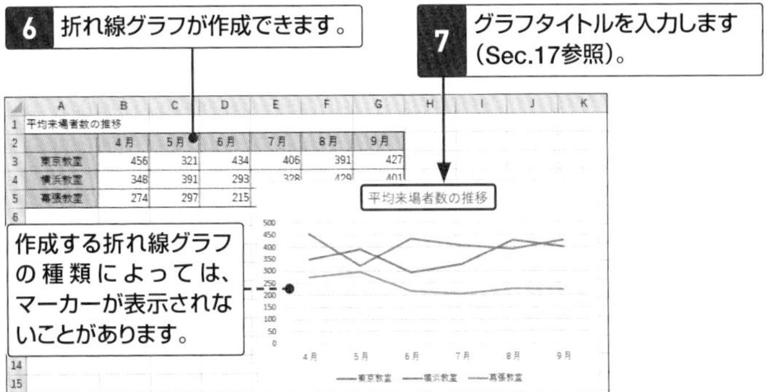

2 グラフのスタイルを変更する

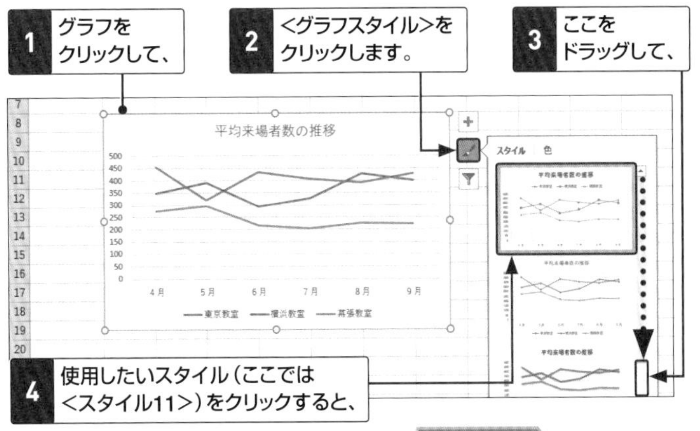

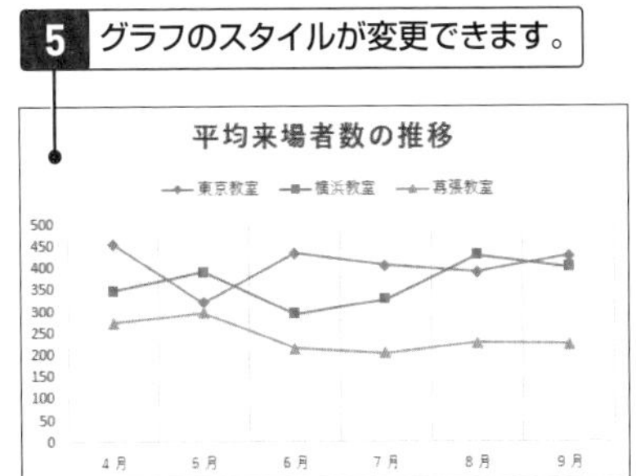

Memo

Excel 2010の場合

Excel 2010の場合は、<デザイン>タブの<グラフのスタイル>の一覧から選択します。この方法は、Excel 2019／2016／2013／Office 365でも利用できます。

グラフエリア外のセルをクリックすると、グラフスタイルメニューが閉じます。

13 円グラフを作成する

円グラフは、円全体を100%として、円を構成する扇形の面積でデータの構成比率を表します。全体に対する、それぞれの値の比率や相互の関係などを視覚的に見るときに利用されます。

1 円グラフを作成する

Hint

元データは降順にする

一般に、円グラフは値の大きな順に時計回りで表示するので、元になるデータは降順で並べ替えておきましょう。

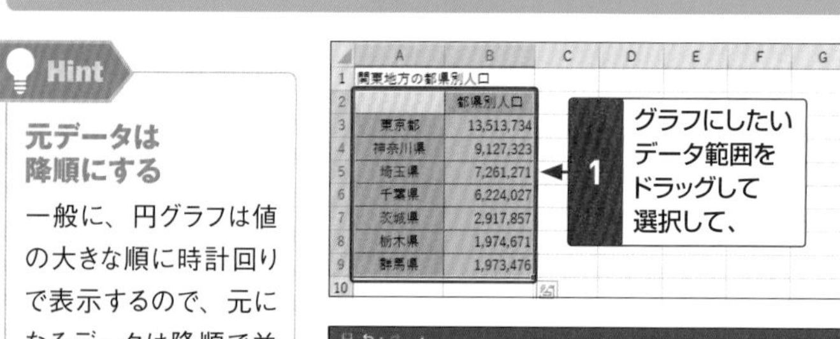

1 グラフにしたいデータ範囲をドラッグして選択して、

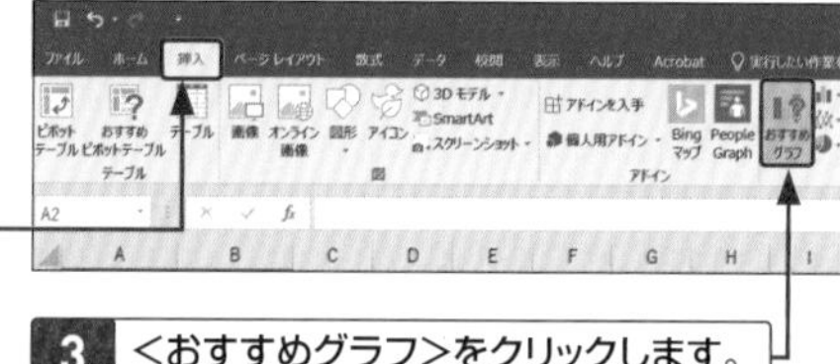

2 <挿入>タブをクリックし、

3 <おすすめグラフ>をクリックします。

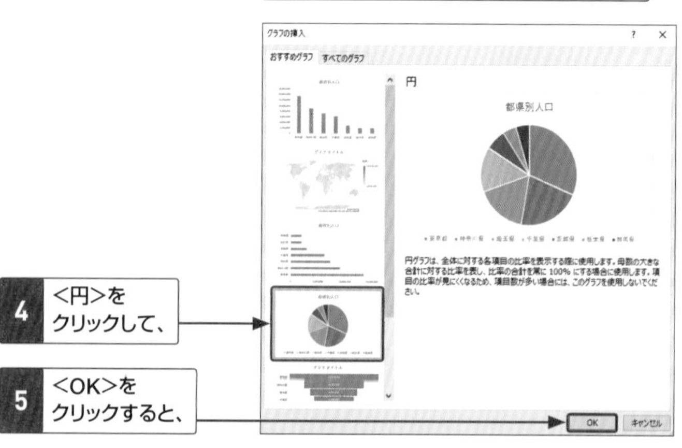

4 <円>をクリックして、

5 <OK>をクリックすると、

6 円グラフが作成できます。

7 周囲のハンドルをドラッグすると、グラフのサイズを調整できます。

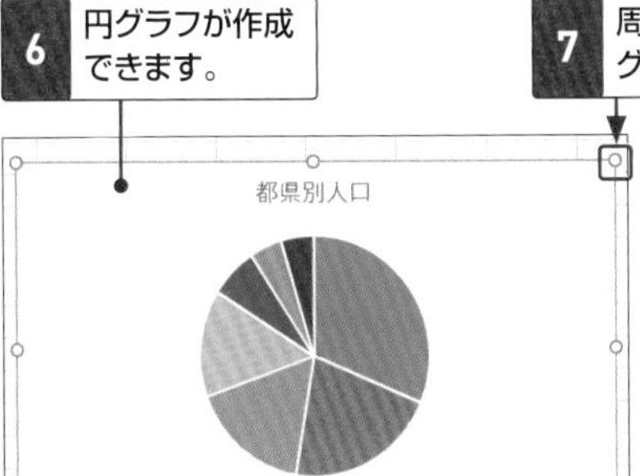

Memo

Excel 2010の場合

Excel 2010の場合は、手順3で＜円＞をクリックして、一覧から選択します。

Hint

円グラフのデータ範囲

円グラフは、1つのデータ系列を選択して1つの円で表します。また、データの範囲に項目行を含めない場合は、グラフタイトルは表示されません。

2 データラベル（データの情報）を表示する

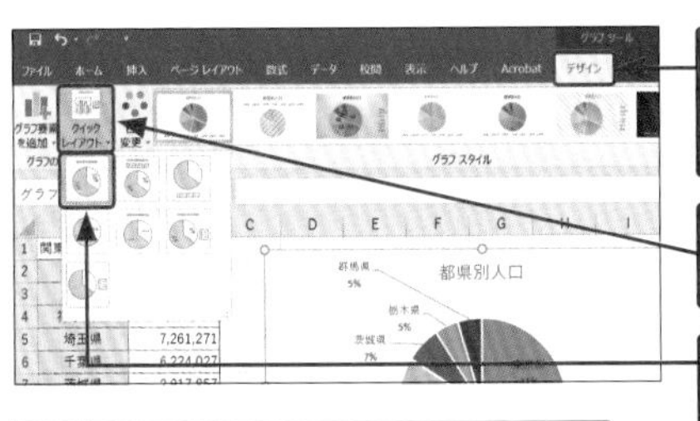

1 グラフをクリックして、＜デザイン＞タブをクリックします。

2 ＜クイックレイアウト＞をクリックして、

3 目的のレイアウト（ここでは＜レイアウト1＞）をクリックすると、

4 データ系列に項目名とデータ系列の値がパーセント表示されます。

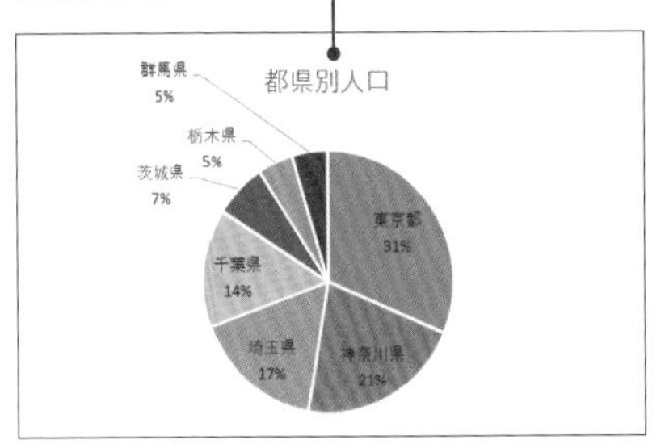

Memo

Excel 2010の場合

Excel 2010の場合は、＜デザイン＞タブの＜グラフのレイアウト＞をクリックします。

第2章 グラフ作成の基本を確認する

14 グラフを移動／コピーする

グラフをほかのシートで利用したい場合は、作成したグラフを使用するシートにコピーしたり、移動したりします。グラフの移動は<グラフの移動>を、コピーは<コピーと貼り付け>を利用します。

1 グラフをほかのシートに移動する

1 移動したいグラフをクリックして、

2 <デザイン>タブをクリックし、

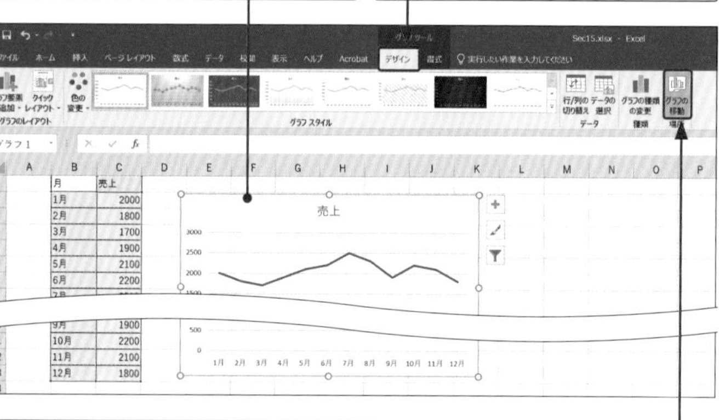

3 <グラフの移動>をクリックします。

4 <オブジェクト>をクリックしてオンにし、

5 ここをクリックし、

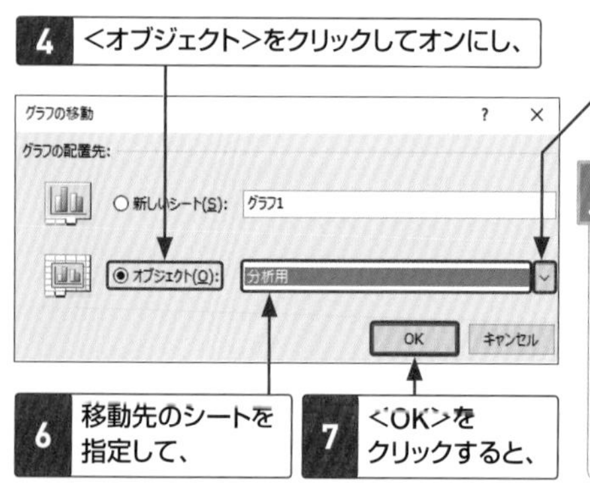

6 移動先のシートを指定して、

7 <OK>をクリックすると、

Memo

移動先のシート

手順6で指定する移動先のシートは、あらかじめ作成しておく必要があります。

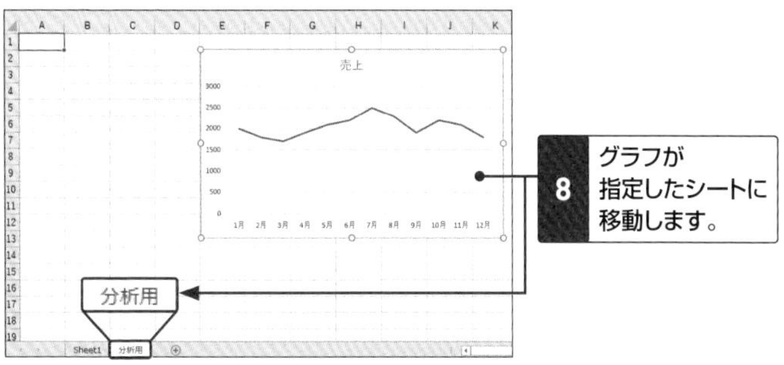

8 グラフが指定したシートに移動します。

2 グラフをほかのシートにコピーする

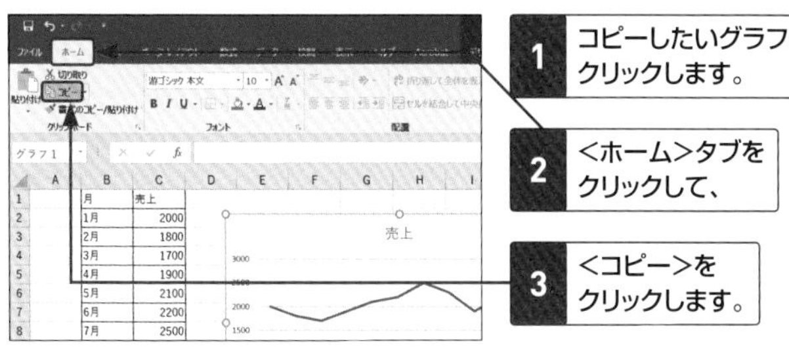

1 コピーしたいグラフをクリックします。

2 <ホーム>タブをクリックして、

3 <コピー>をクリックします。

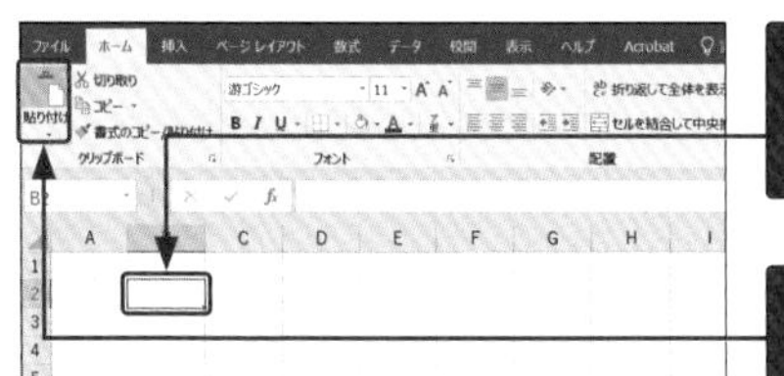

4 コピー先のシートを表示して、グラフをコピーするセルをクリックし、

5 <貼り付け>をクリックすると、

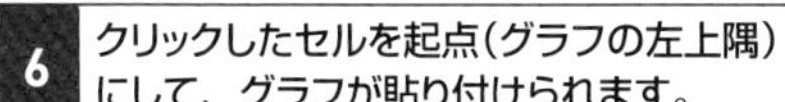

6 クリックしたセルを起点（グラフの左上隅）にして、グラフが貼り付けられます。

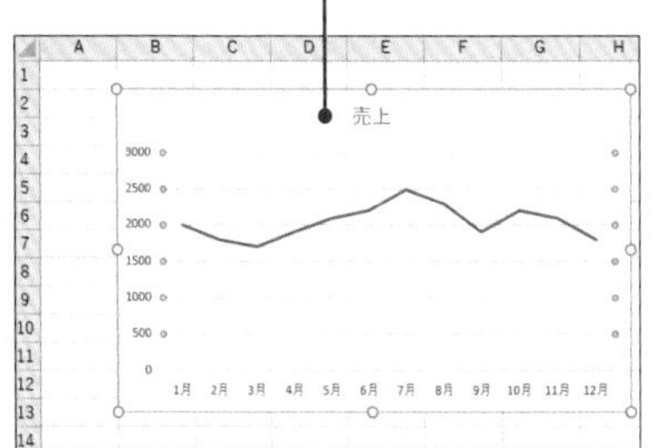

Memo

移動／コピーしたグラフのリンク先

グラフだけを移動したり、コピーしたりした場合、データは移動元やコピー元のグラフの元データとリンクしています。

15 グラフシートに移動する

グラフを印刷する際は、グラフ専用のグラフシートに移動させておくと便利です。グラフシートのグラフは、印刷サイズに合わせて調整されるので、シート上でサイズを調整することはできません。

1 グラフをグラフシートに移動する

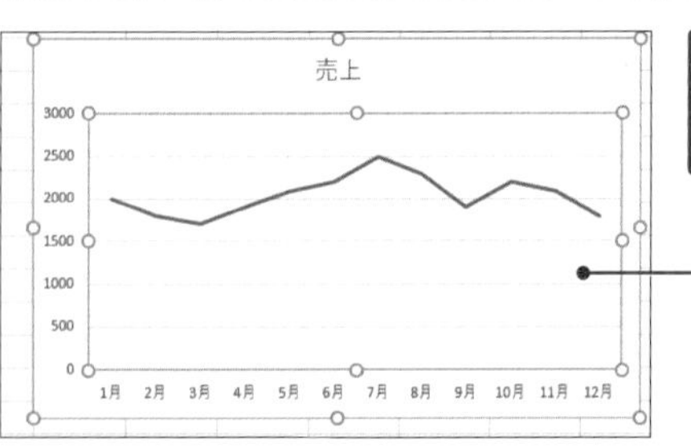

1 グラフシートに移動させるグラフをクリックして、

2 <デザイン>タブをクリックして、

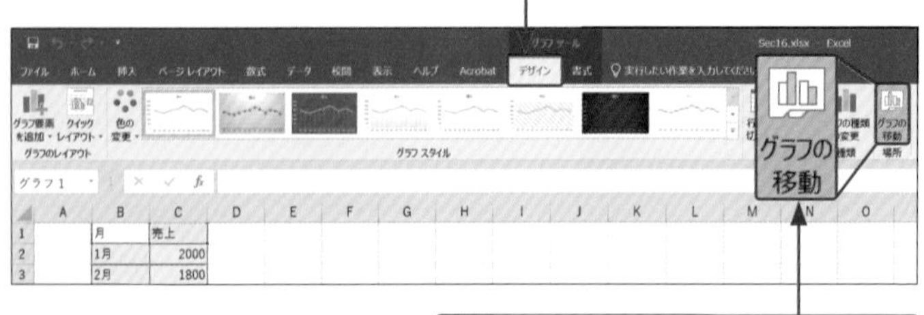

3 <グラフの移動>をクリックします。

Keyword

グラフシート

グラフの表示や印刷に利用するグラフ専用のワークシートで、画面の表示サイズに合わせてグラフのサイズも調整されます。グラフシートに表示されたグラフは、元になった表のデータとリンクしているので、データを変更するとグラフに反映されます。

4 ＜グラフの移動＞ダイアログボックスが表示されるので、＜新しいシート＞をクリックしてオンにし、

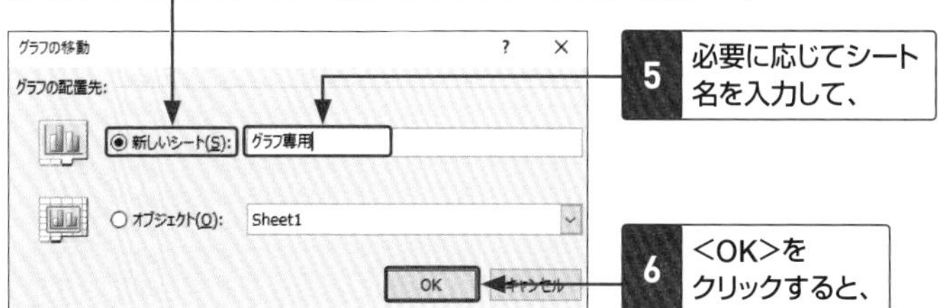

7 手順**5**で入力した名前のグラフシートが作成され、グラフが移動します。

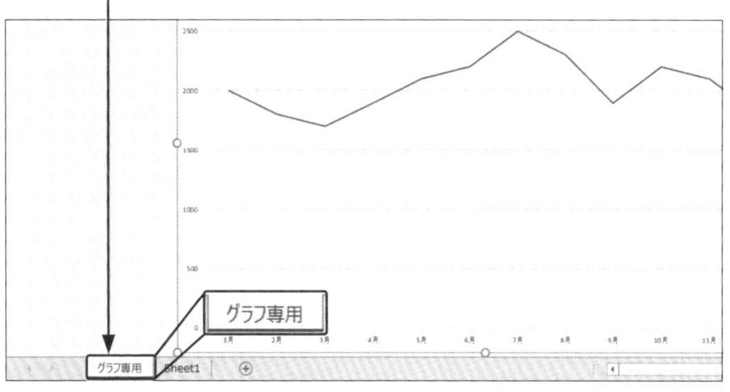

Hint

グラフを元のシートに戻すには

グラフを元のシートに戻すには、前ページの手順**1**～**3**の操作で、＜グラフの移動＞ダイアログボックスを表示します。＜オブジェクト＞をクリックしてオンにし、元のシートを選択して＜OK＞をクリックすると、グラフが元のシートに移動して、グラフシートが削除されます。

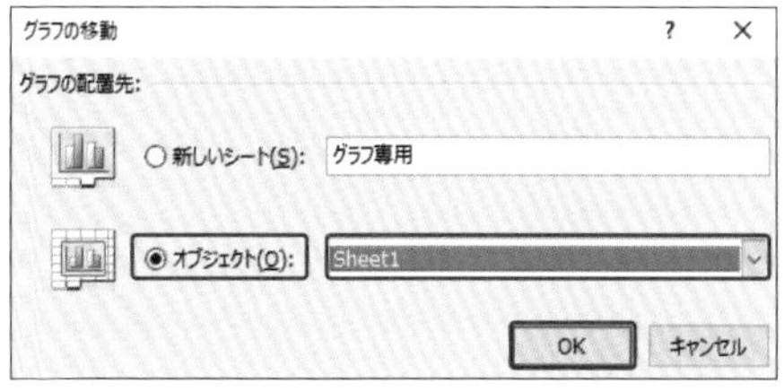

Section 16 グラフの種類を変更する

作成したグラフは、あとからでもグラフの種類を変更できます。グラフの種類を変更するには、<デザイン>タブの<グラフの種類の変更>から変更したいグラフを選択します。

1 縦棒グラフを横棒グラフに変更する

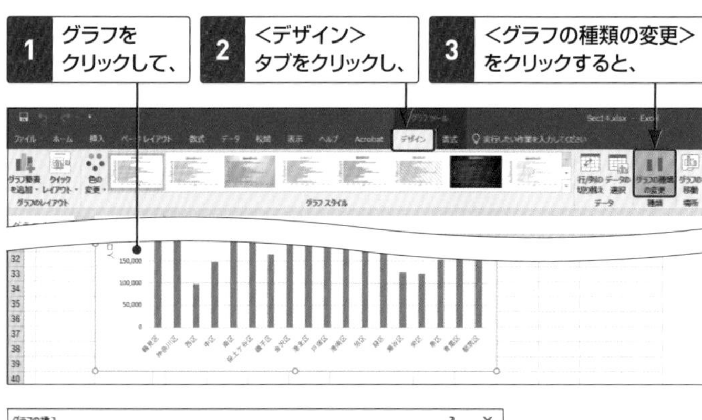

1 グラフをクリックして、
2 <デザイン>タブをクリックし、
3 <グラフの種類の変更>をクリックすると、

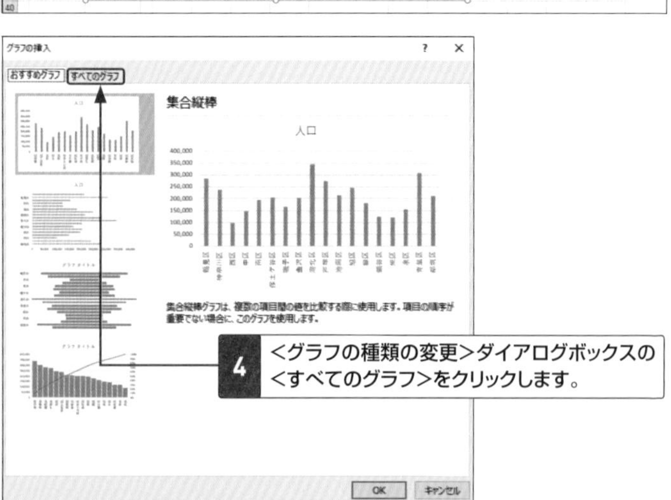

集合縦棒グラフは、複数の項目間の値を比較する際に使用します。項目の順序が重要でない場合に、このグラフを使用します。

キャンセル

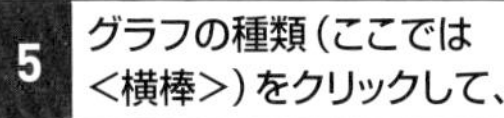

5 グラフの種類（ここでは<横棒>）をクリックして、

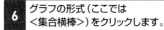

6 グラフの形式（ここでは<集合横棒>）をクリックします。

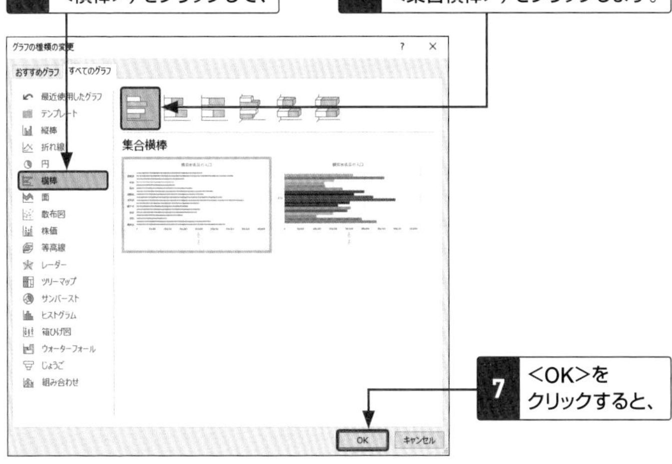

7 <OK>をクリックすると、

8 グラフの種類が変更されます。

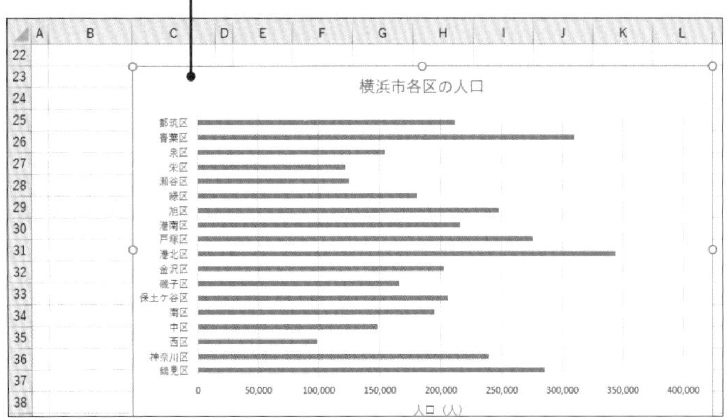

Memo

ほかのグラフへの変更

ここでは、縦棒グラフを同じ種類の横棒グラフに変更しているので、特に支障はありません。しかし、たとえば円グラフなど形式が異なるグラフに変更すると、データを読み取りにくくなる場合があるので注意しましょう。

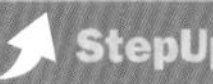

軸ラベルの向きを変更する

グラフの種類を変更すると、グラフによっては軸ラベルなどの文字の向きが、変更前のグラフのままの表示になることがあります。このようなときは、書式設定で文字の方向を変更します。

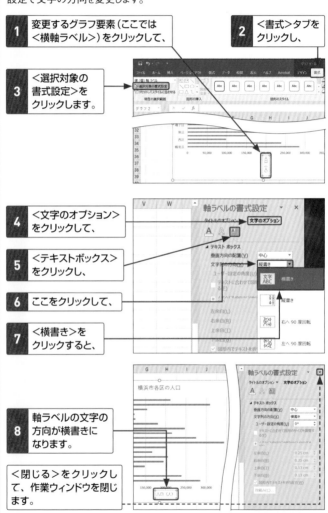

1 変更するグラフ要素(ここでは<横軸ラベル>)をクリックして、

2 <書式>タブをクリックし、

3 <選択対象の書式設定>をクリックします。

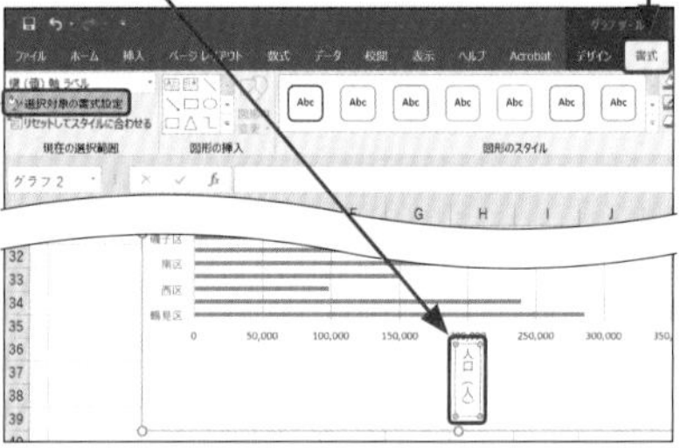

4 <文字のオプション>をクリックして、

5 <テキストボックス>をクリックし、

6 ここをクリックして、

7 <横書き>をクリックすると、

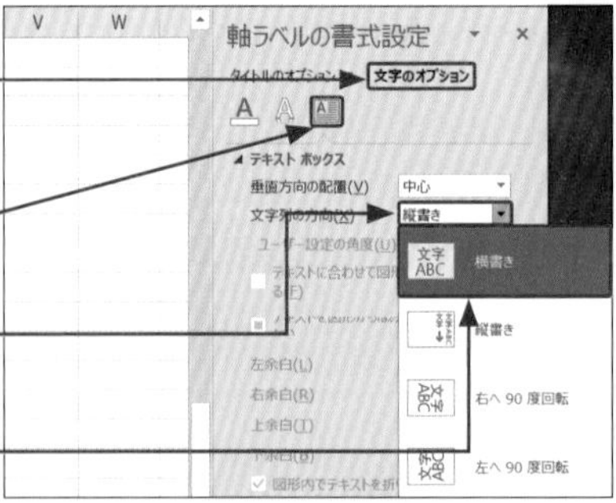

8 軸ラベルの文字の方向が横書きになります。

<閉じる>をクリックして、作業ウィンドウを閉じます。

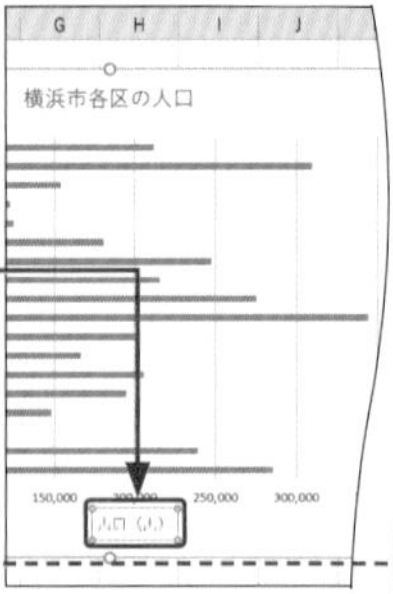

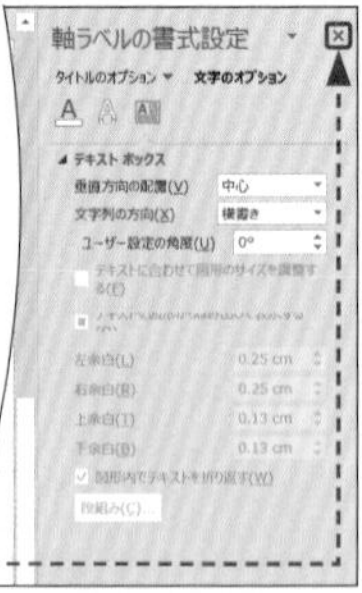

第3章

グラフを編集する

17 グラフタイトルを設定する

作成したグラフは、元データを表示しないことが多いので、グラフタイトルを付けるのが一般的です。グラフタイトルは直接入力する方法と、表のタイトルにリンクをさせる方法があります。

1 グラフタイトルを直接入力する

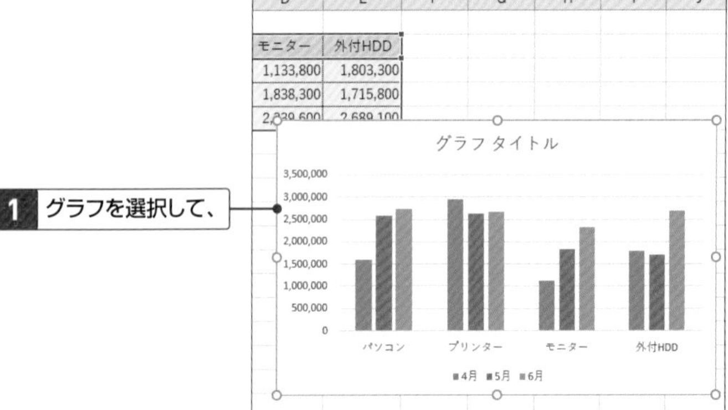

1 グラフを選択して、

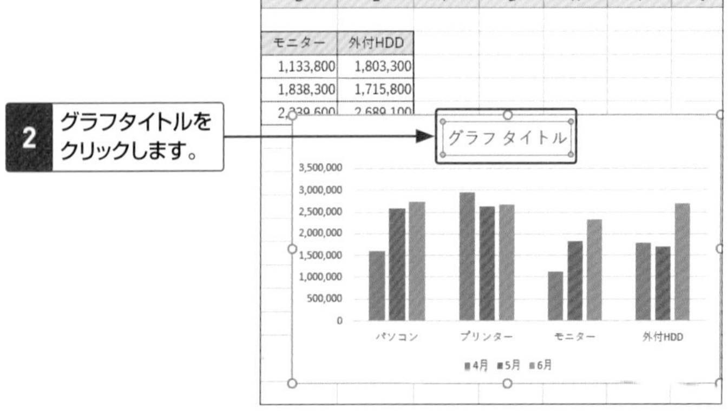

2 グラフタイトルをクリックします。

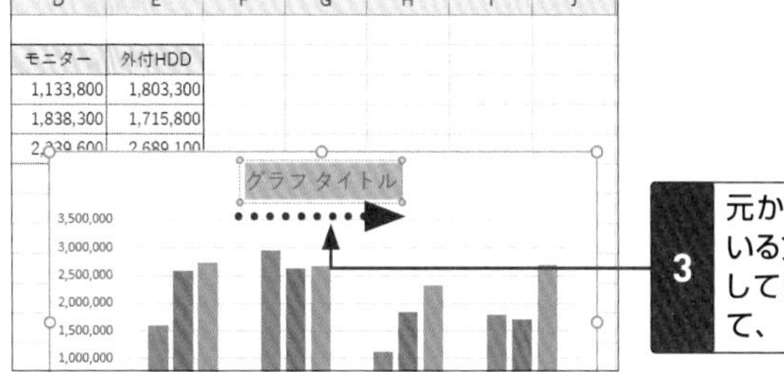

3 元から入力されている文字をドラッグして編集状態にして、

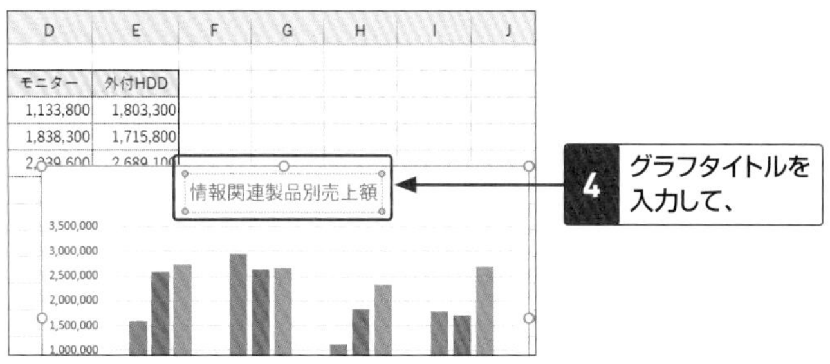

4 グラフタイトルを入力して、

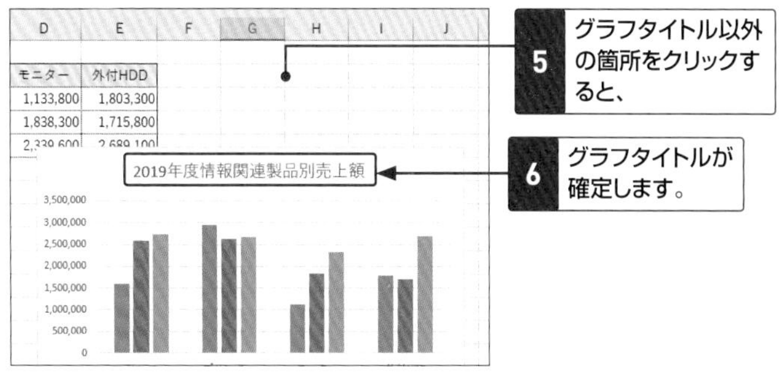

5 グラフタイトル以外の箇所をクリックすると、

6 グラフタイトルが確定します。

Memo

Excel 2010でグラフタイトルを表示する

Excel 2010の初期設定では、作成した基本グラフにグラフタイトルは表示されません。グラフタイトルを表示するには、<レイアウト>タブの<グラフタイトル>をクリックして、グラフタイトルを表示する位置（<グラフタイトルを中央揃えで重ねて配置>または<グラフの上>）をクリックします。

2 グラフタイトルをセル内の文字列とリンクする

1 グラフを作成して、グラフタイトルをクリックします。

グラフ 1

	A	B	C	D	E
1	情報関連製品別売上額				
2		パソコン	プリンター	モニター	外付HDD
3	4月	1,594,700	2,956,100	1,133,800	1,803,300
4	5月	2,581,100	2,632,300	1,838,300	1,715,800
5	6月	2,740,200	2,662,200	[illegible]	[illegible]

グラフタイトル

3,500,000

2 数式バーに半角で「=」と入力して、

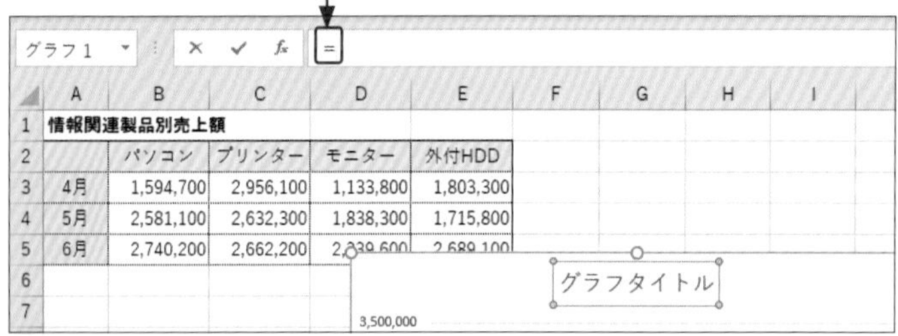

グラフ 1
=
情報関連製品別売上額
パソコン
プリンター
モニター
外付HDD
4月
1,594,700
2,956,100
1,133,800
1,803,300
5月
2,581,100
2,632,300
1,838,300
1,715,800
6月
2,740,200
2,662,200
グラフタイトル
3,500,000

3 タイトルに表示させたい文字が入力されているセル（ここではセル「A1」）をクリックし、

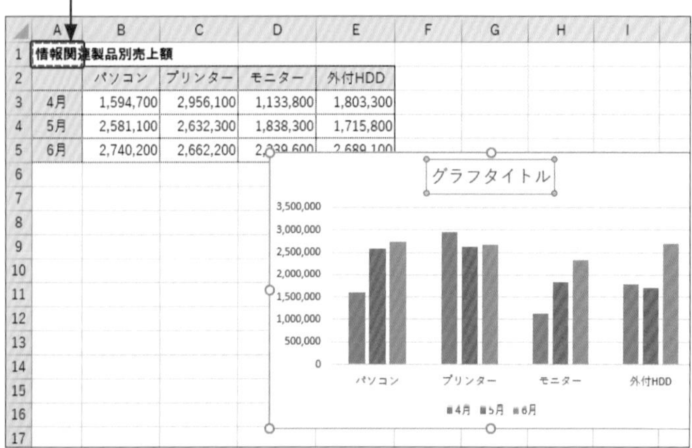

第3章 グラフを編集する

4 Enterを押すと、

5 グラフタイトルにセル「A1」に入力されている文字が表示されます。

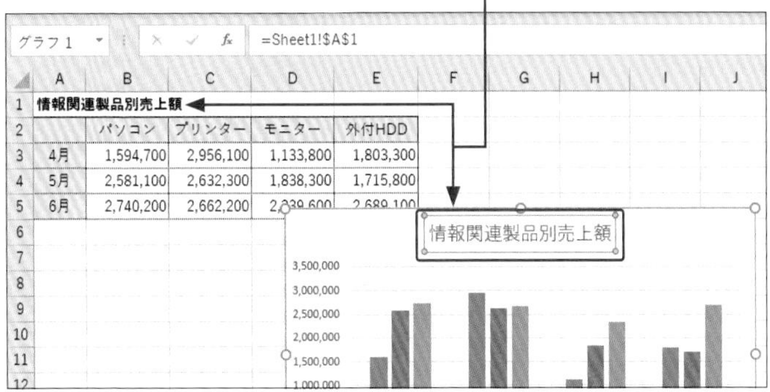

6 表のタイトルを変更すると、

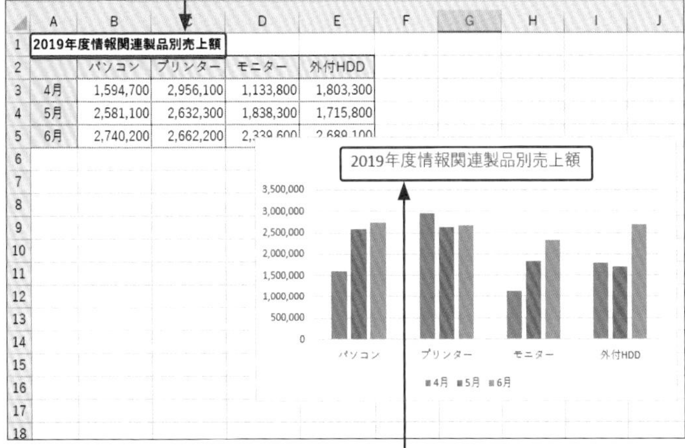

7 グラフのタイトルも自動的に変更されます。

Hint

グラフタイトルのリンクを解除するには

グラフタイトルのリンクを解除して独自のタイトルを入力したい場合は、グラフタイトルをクリックし、数式バーの表示されている数式を削除して、新しいグラフのタイトルを数式バーに入力します。

Section 18

グラフ全体の位置やサイズを変更する

グラフ全体を任意の位置に移動するには、グラフを選択してドラッグします。また、グラフを選択すると周囲に表示されるサイズ変更ハンドルをドラッグして、任意のサイズに変更できます。

1 グラフ全体を任意の位置に移動する

1 グラフ全体を選択して（下記Memo参照）、

2 目的の位置にドラッグすると、

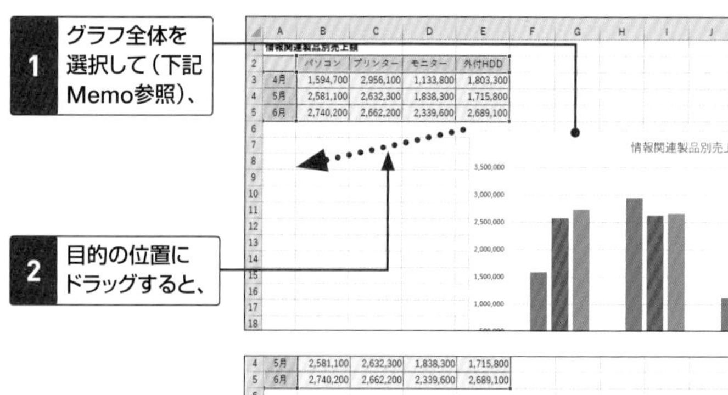

3 グラフ全体が移動します。

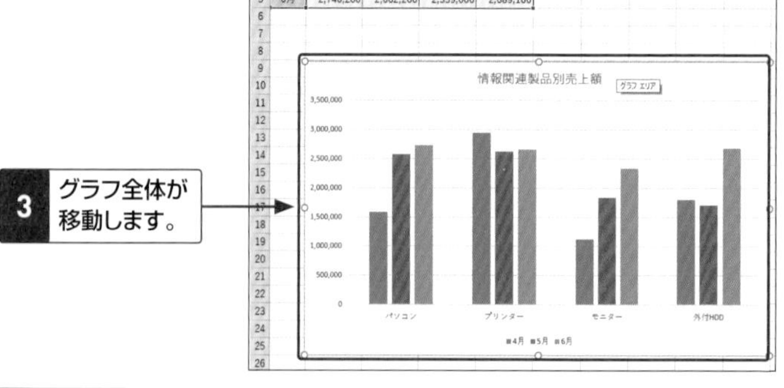

	パソコン	プリンター	モニター	外付HDD
4月	1,594,700	2,956,100	1,133,800	1,803,300
5月	2,581,100	2,632,300	1,838,300	1,715,800
6月	2,740,200	2,662,200	2,339,600	2,689,100

Memo

グラフの選択

グラフ全体を選択するときは、グラフエリア（P.25参照）の何もないところをクリックします。

2 グラフ全体のサイズを変更する

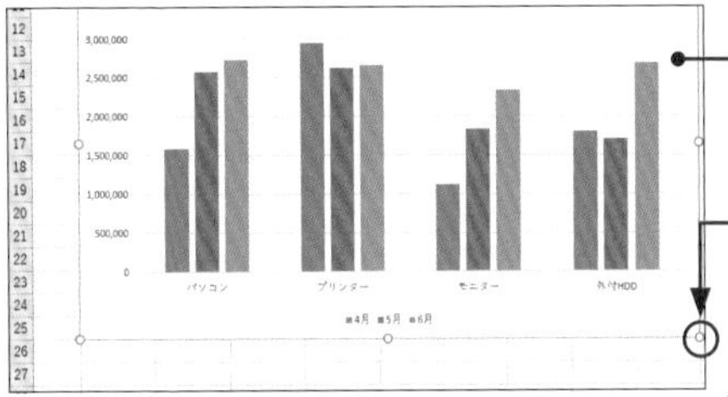

1 グラフ全体を選択して、

2 サイズ変更ハンドルにマウスポインターを合わせ、⤡に変わった状態で、

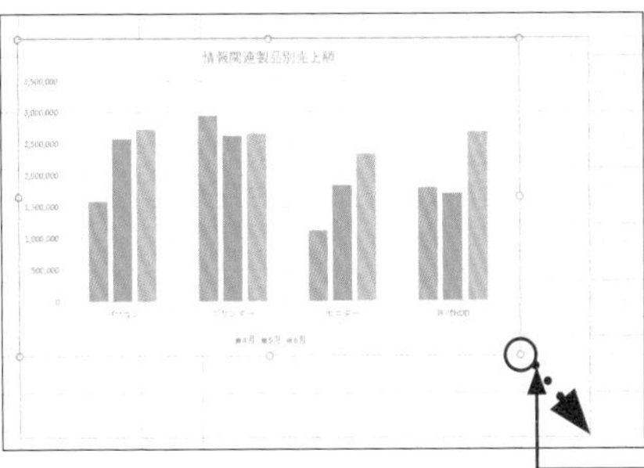

3 変更したいサイズになるまで外側（あるいは内側）にドラッグすると、

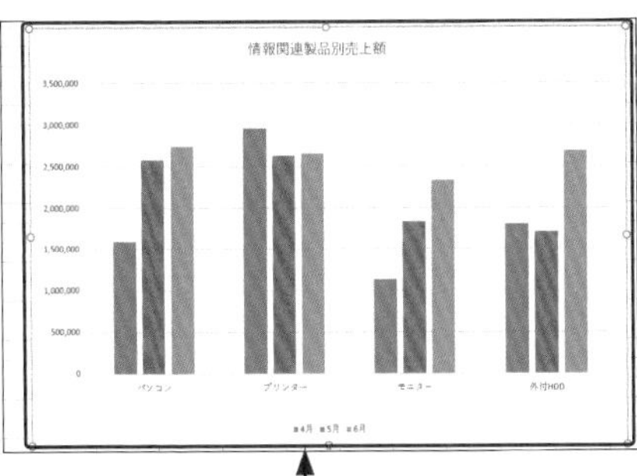

4 グラフ全体のサイズが変更されます。

Memo

サイズ変更ハンドル

グラフを選択すると、グラフの周囲にサイズ変更ハンドルが表示されます。

Hint

グラフの文字サイズ

グラフのサイズを変更しても、文字サイズは変わりません。文字サイズを変更する方法については、Sec.32を参照してください。

Hint

グラフをセルに合わせて移動したりサイズを変更したりするには

グラフエリアをクリックして、Alt を押しながらドラッグすると、セルに合わせてグラフを移動できます。Alt を押しながらサイズ変更ハンドルをドラッグすると、セルに合わせてグラフのサイズを変更できます。

19 グラフ要素の位置やサイズを変更する

グラフ要素を任意の位置に移動させるには、グラフ要素をドラッグします。また、サイズを変更するには、グラフ要素をクリックすると周囲に表示されるサイズ変更ハンドルをドラッグします。

1 グラフ要素を任意の場所に移動させる

ここでは、グラフタイトルを任意の場所に移動させます。

1 グラフ要素にポインターを合わせ、✥に変わった状態で、

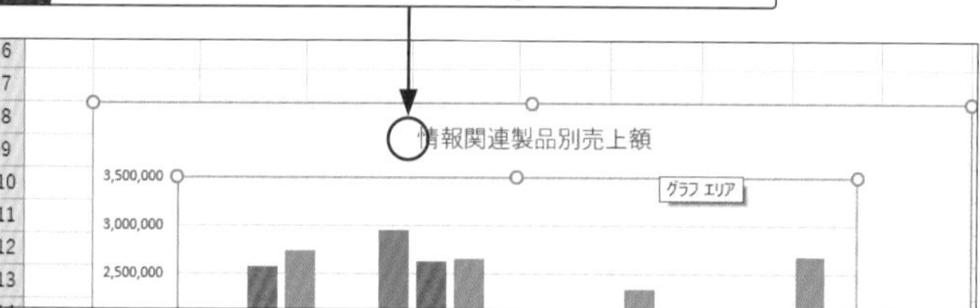

2 目的の位置までドラッグすると、

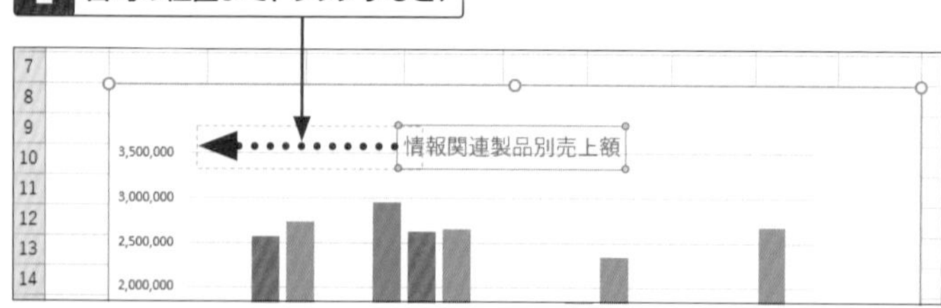

3 グラフ要素が移動します。

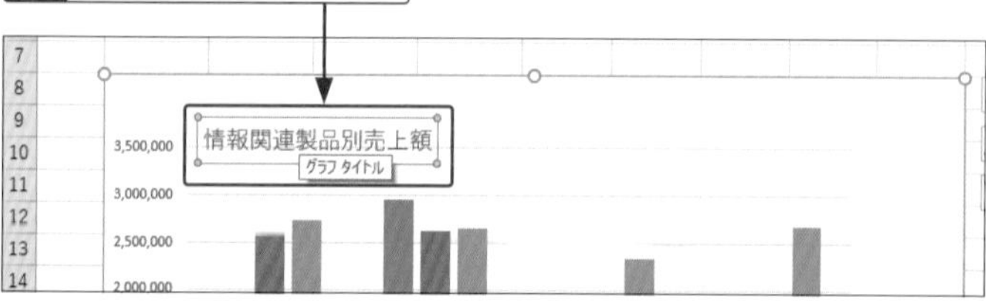

2 グラフ要素を任意のサイズに変更する

ここでは、プロットエリアのサイズを変更します。

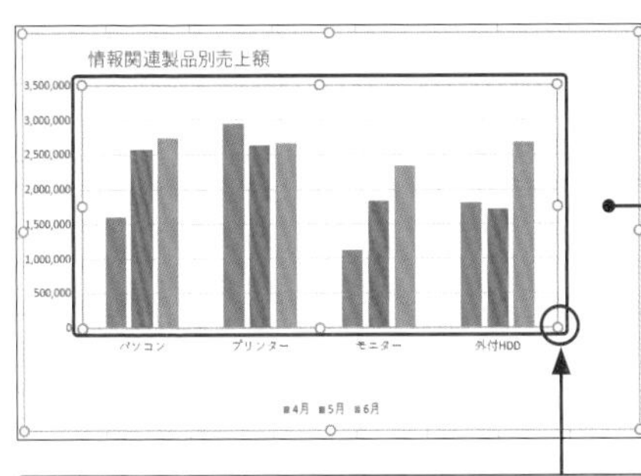

1 プロットエリアをクリックします。

2 サイズ変更ハンドルにマウスポインターを合わせ、⤡に変わった状態で、

3 変更したいサイズになるまで外側（あるいは内側）にドラッグすると、

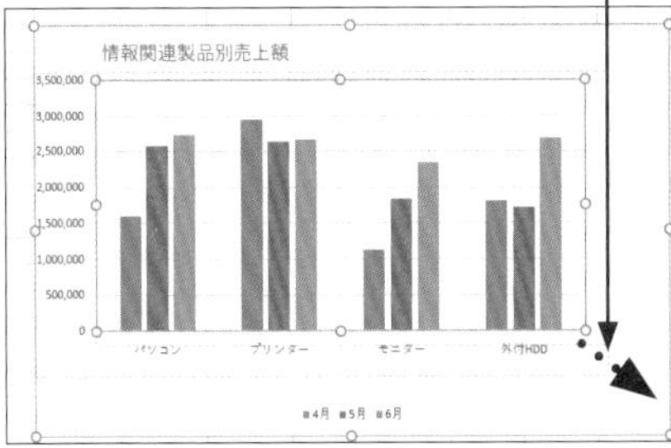

4 グラフ要素のサイズが変更されます。

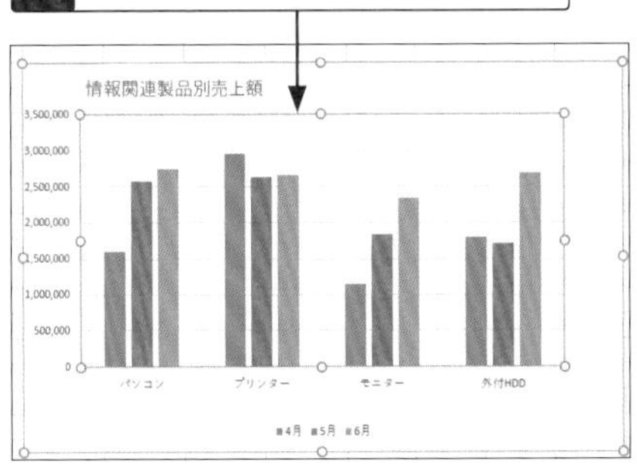

Hint

サイズの変更ができないグラフ要素

グラフタイトルや軸ラベルなど、文字が入力されているグラフ要素はサイズの変更ができません。かわりに文字サイズを変更します（P.106参照）。

Hint

縦横比を維持したままサイズを変更する

グラフ要素の縦横比を維持したままでサイズを変更したい場合は、Shiftを押しながらサイズ変更ハンドルをドラッグします。グラフ全体のサイズを変更する場合も同様です。

データの行と列を入れ替える

グラフの初期設定では、元データの行と列のうち数が多いほうが横軸になりますが、グラフの用途によっては逆のほうが都合よい場合もあります。このようなときは行と列（横軸と凡例）を入れ替えます。

元データとグラフの軸の関係

グラフを作成すると、元データの行と列のデータのうち、数の多いほう（この場合は「製品名」）が横軸になります。少ないほう（この場合は「月」）がデータ系列（棒グラフ）になり、凡例として表示されます。

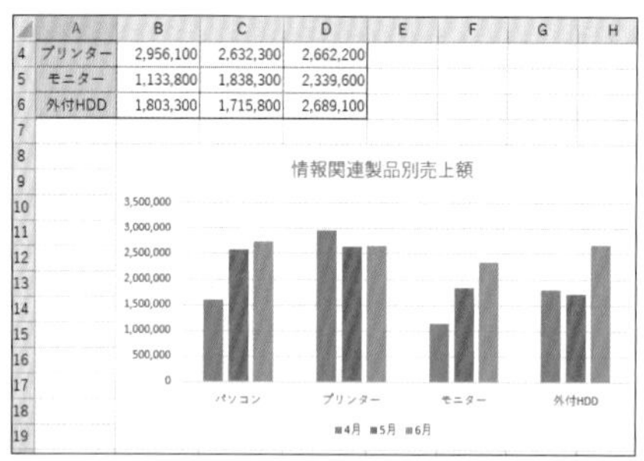

1 グラフの凡例と横軸を入れ替える

1 グラフエリアの何も表示されていない部分をクリックして、

2 ＜デザイン＞タブをクリックし、

3 ＜データの選択＞をクリックします。

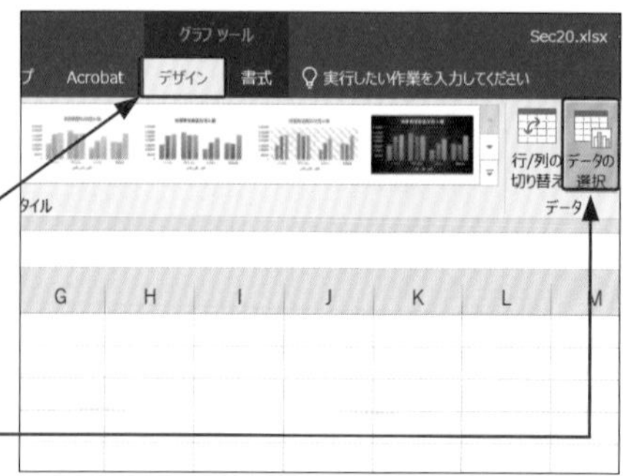

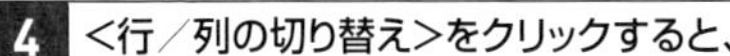

4 <行／列の切り替え>をクリックすると、

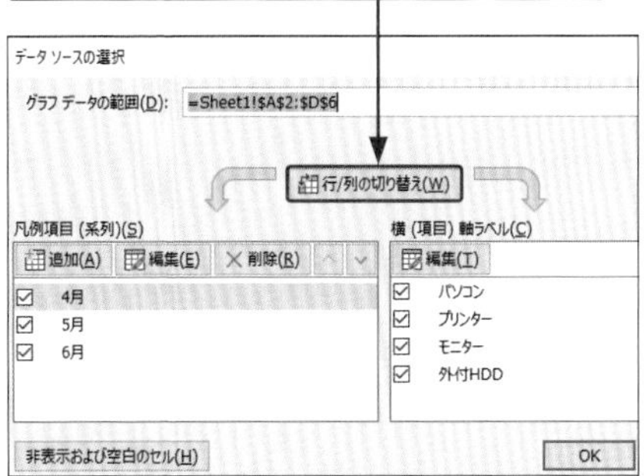

> **Memo**
>
> **そのほかの方法**
>
> グラフを選択して、P.76手順**3**で<デザイン>タブの<行／列の切り替え>をクリックしても入れ替えができます。

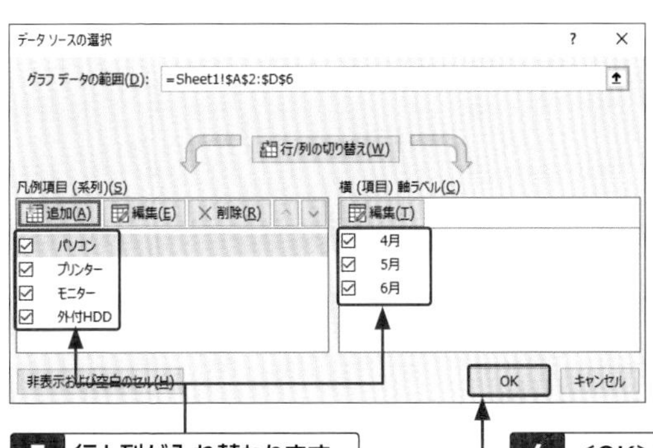

5 行と列が入れ替わります。

6 <OK>をクリックすると、

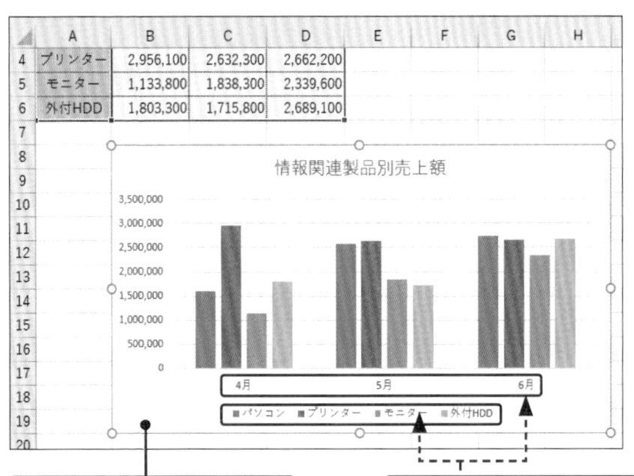

7 グラフの横軸と凡例が入れ替わります。

「製品名」が凡例となり、「月」が横軸に変わります。

21 参照するデータを設定する

作成したグラフには、データ範囲を追加したり、削除したりできます。また、グラフフィルターを使うことで、グラフに表示するデータを個別に選択できます。

1 グラフにデータ範囲を追加する

1 グラフをクリックすると、

2 グラフの元になっているデータの範囲が色付きの枠で囲まれます。

3 四隅にあるハンドル■にポインターを合わせ、↘に変わった状態で、

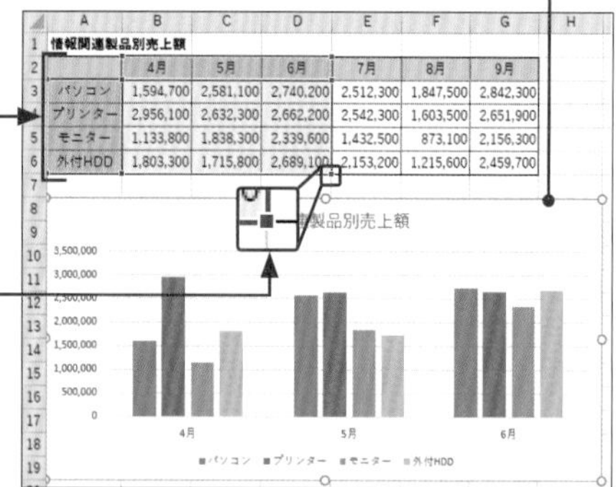

	A	B	C	D	E	F	G
1	情報関連製品別売上額						
2		4月	5月	6月	7月	8月	9月
3	パソコン	1,594,700	2,581,100	2,740,200	2,512,300	1,847,500	2,842,300
4	プリンター	2,956,100	2,632,300	2,662,200	2,542,300	1,603,500	2,651,900
5	モニター	1,133,800	1,838,300	2,339,600	1,432,500	873,100	2,156,300
6	外付HDD	1,803,300	1,715,800	2,689,100	2,153,200	1,215,600	2,459,700

4 追加したいデータ範囲までドラッグすると、

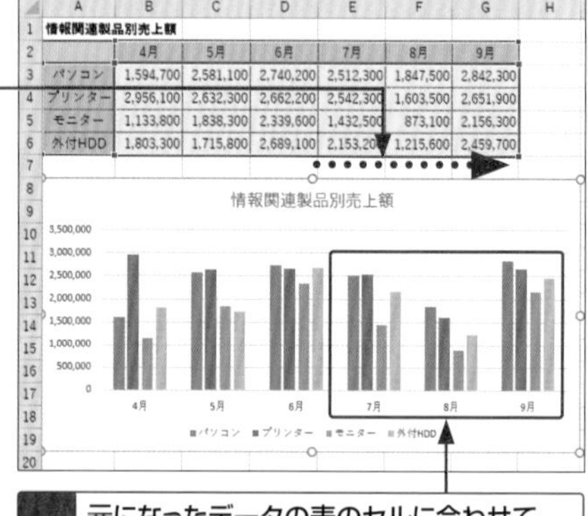

	A	B	C	D	E	F	G
1	情報関連製品別売上額						
2		4月	5月	6月	7月	8月	9月
3	パソコン	1,594,700	2,581,100	2,740,200	2,512,300	1,847,500	2,842,300
4	プリンター	2,956,100	2,632,300	2,662,200	2,542,300	1,603,500	2,651,900
5	モニター	1,133,800	1,838,300	2,339,600	1,432,500	873,100	2,156,300
6	外付HDD	1,803,300	1,715,800	2,689,100	2,153,200	1,215,600	2,459,700

5 元になったデータの表のセルに合わせて、データ要素が追加されます。

> **Memo**
>
> **データ範囲を削除する**
>
> データ範囲を削除する場合も、同様の方法でドラッグします。

2 離れた位置にあるデータ範囲を追加する

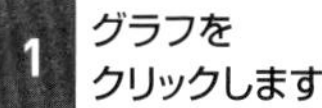

1 グラフをクリックします。

2 <デザイン>タブをクリックして、

3 <データの選択>をクリックすると、

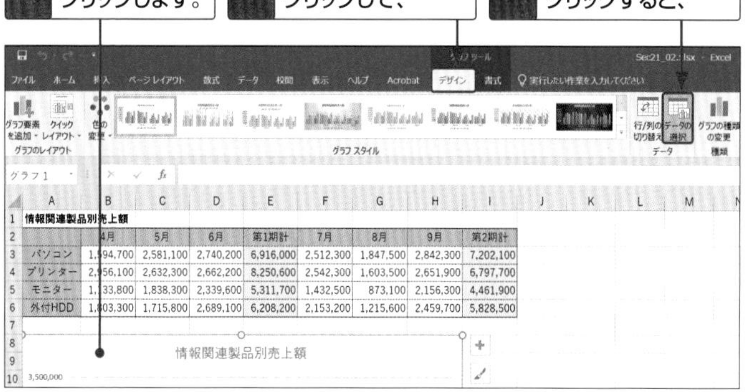

	4月	5月	6月	第1期計	7月	8月	9月	第2期計
パソコン	1,594,700	2,581,100	2,740,200	6,916,000	2,512,300	1,847,500	2,842,300	7,202,100
プリンター	2,956,100	2,632,300	2,662,200	8,250,600	2,542,300	1,603,500	2,651,900	6,797,700
モニター	1,133,800	1,838,300	2,339,600	5,311,700	1,432,500	873,100	2,156,300	4,461,900
外付HDD	1,803,300	1,715,800	2,689,100	6,208,200	2,153,200	1,215,600	2,459,700	5,828,500

4 <データソースの選択>ダイアログボックスが表示されます。

5 Ctrlを押しながら追加したいセル範囲（ここではセル「F2：H6」）をドラッグして、

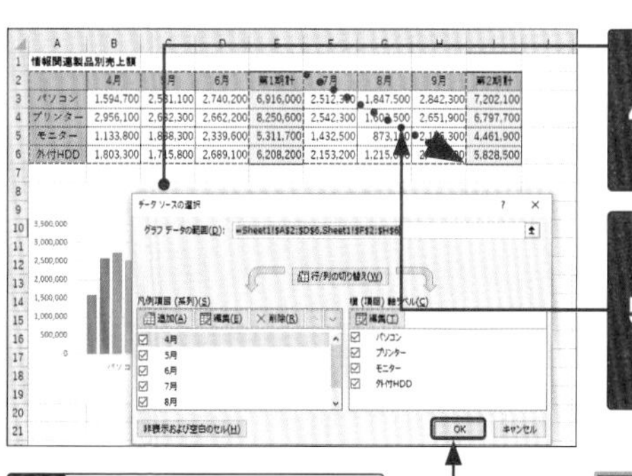

6 <OK>をクリックすると、

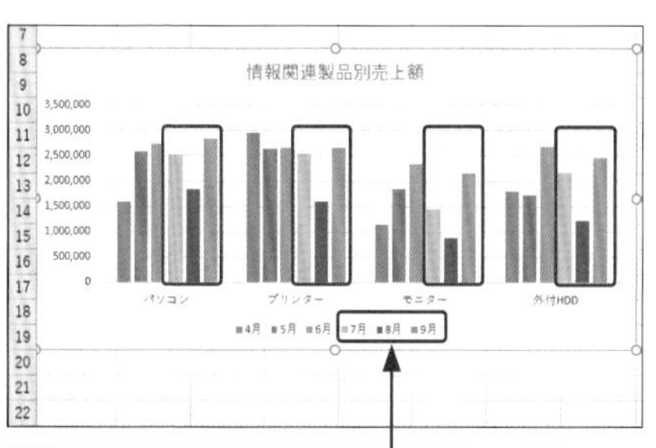

7 データ系列（ここでは「7月」「8月」「9月」）が追加されます。

Memo

離れた位置にある範囲の追加

追加したいデータが元データ範囲と連続していない場合は、<データソースの選択>ダイアログボックスを使います。また、削除する場合は、削除する項目をクリックしてオフにします。

3 グラフに表示するデータを選択する

ここでは、データ系列を編集します。

1 グラフをクリックして、

2 <グラフフィルター>をクリックします。

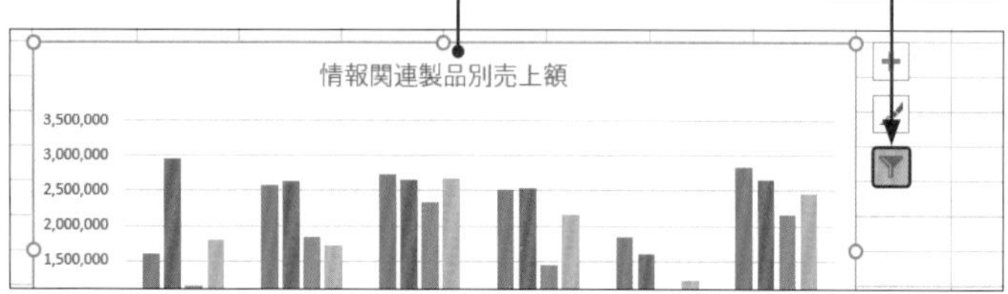

3 表示させたくない系列をクリックしてオフにし、

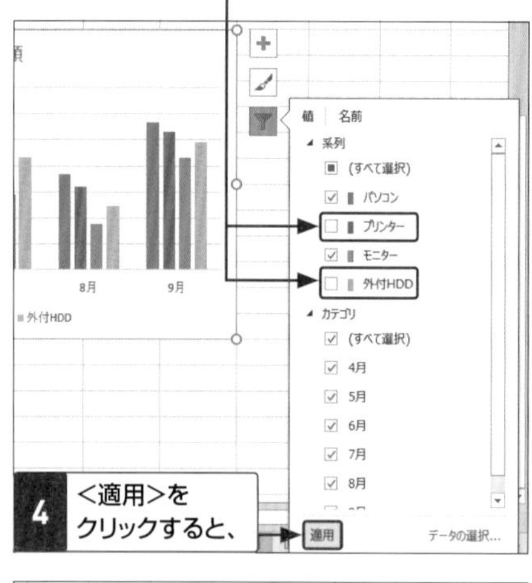

4 <適用>をクリックすると、

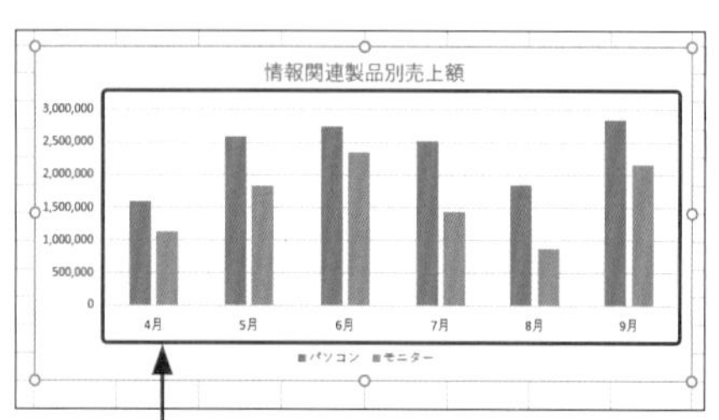

5 オンにしたデータ系列だけが表示されます。

6 グラフの外のセルをクリックすると、メニューが閉じます。

Memo

Excel 2010の場合

Excel 2010にはグラフフィルター機能がないので、<データソースの選択>ダイアログボックス(P.79参照)を利用し、データ系列やデータ要素を編集します。

Hint

オフにする系列が多い場合

オフにしたい系列がたくさんある場合は、手順3で<(すべて選択)>をクリックして、一旦すべての系列をオフにし、表示させたい系列をクリックしてオンにします。

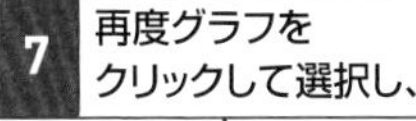

7 再度グラフをクリックして選択し、

8 <グラフフィルター>をクリックしてメニューを表示し、

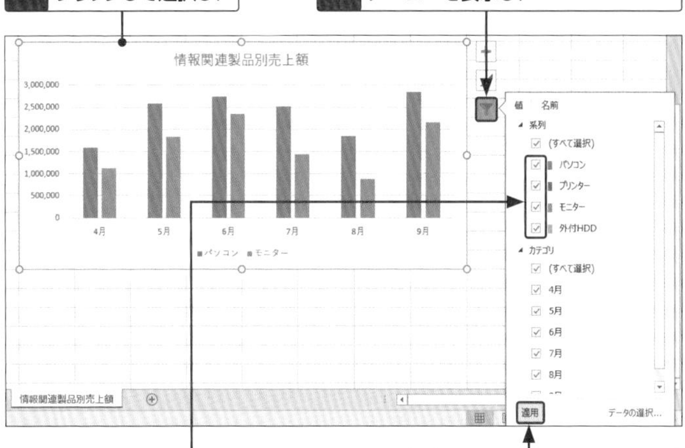

9 すべての系列をクリックしてオンにします。

10 <適用>をクリックすると、

11 すべてのデータ系列が表示されます。

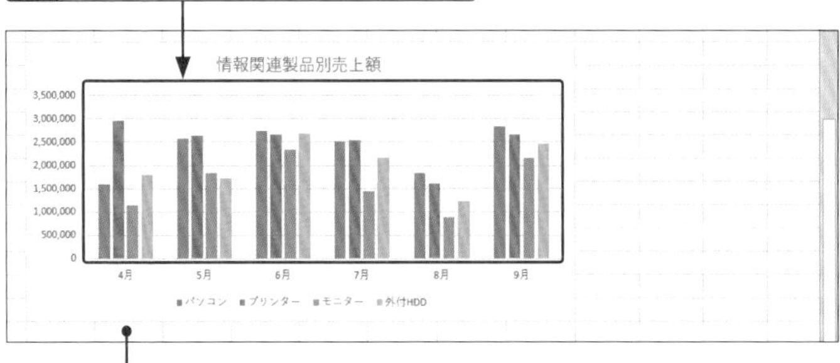

12 グラフの外のセルをクリックすると、メニューが閉じます。

Hint

データ要素を表示／非表示する

データ要素の場合も同様に、グラフフィルターメニューの<カテゴリ>で表示／非表示を切り替えることができます。

項目の順序を元データと合わせる

横棒グラフを作成すると、項目軸の並びが元データの項目と逆の順番で表示されます。元データの項目と項目軸の並びを同じにするには、軸を反転させます。

元データ

	A	B	C	D	E	F
1	受講者数の比較					
2		2015年度	2016年度	増減		
3	東京教室	42,009	46,147	4,138		
4	横浜教室	33,108	35,831	2,723		
5	幕張教室	31,679	38,824	7,145		
6	さいたま教室	23,358	25,762	2,404		
7						

1 軸を反転させる

横棒グラフを作成すると、項目軸の並びが逆になります。

1 項目軸をクリックします。

2 <書式>タブをクリックして、

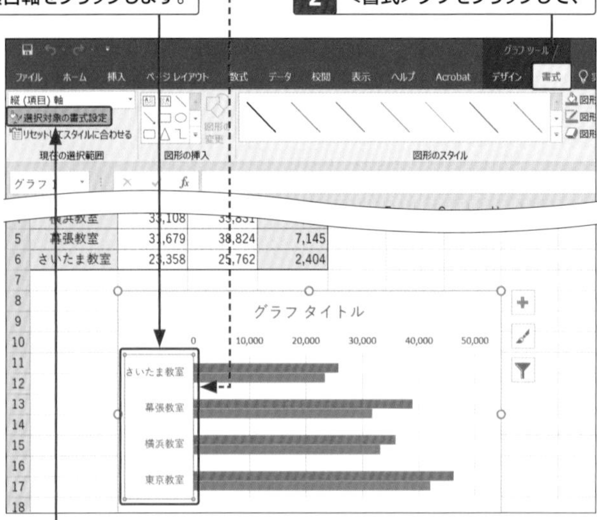

3 <選択対象の書式設定>をクリックすると、

4 <軸の書式設定>作業ウィンドウが表示されます。

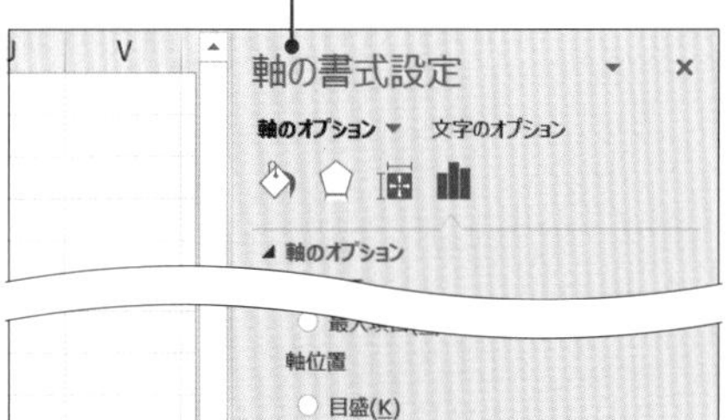

5 <軸を反転する>をクリックしてオンにします。

> **Memo**
>
> **横軸との交点**
>
> 軸を反転させると、横軸および横軸ラベルがグラフの上側に表示されるので、手順**6**で<横軸との交点>を<最大項目>に設定し、横軸および横軸ラベルをグラフの下側に配置します。

6 <横軸との交点>の<最大項目>をクリックしてオンにし、

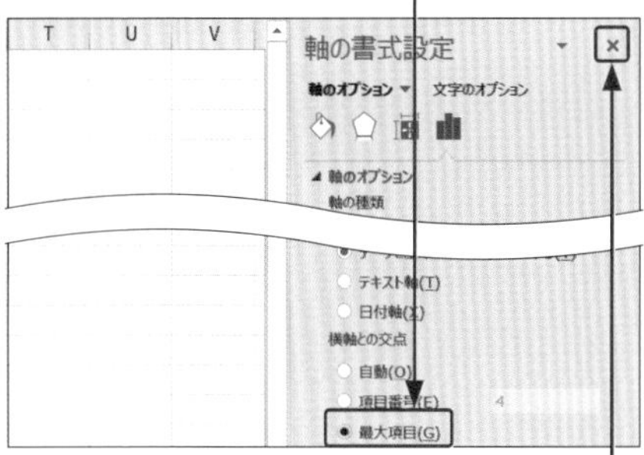

7 <閉じる>をクリックすると、

8 項目軸の並びが元データと同じになります。

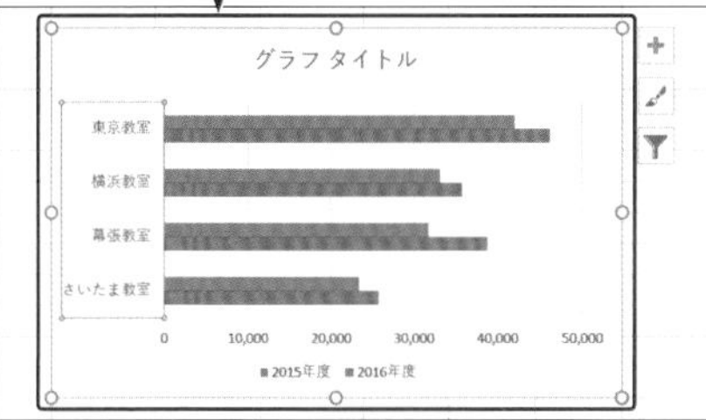

> **Memo**
>
> **Excel 2010の場合**
>
> Excel 2010の場合は、<軸の書式設定>ダイアログボックスが表示されます。設定の方法はExcel 2019／2016／2013／Office365と同様です。

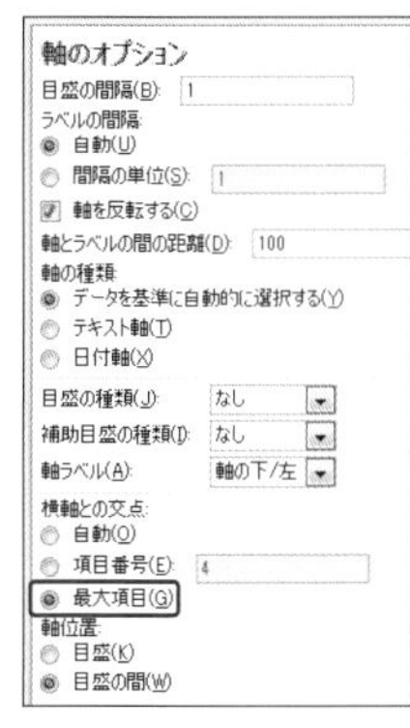

23 項目の途中で改行する

グラフの元になる表のセルに入力した項目名が長い場合、グラフにすると項目名があふれて表示されないことがあります。このような場合は項目名の途中で改行して、複数行の項目名にします。

長い項目名をそのままグラフにすると、項目名以外のグラフ要素の表示が小さくなり、グラフが見づらくなってしまいます。

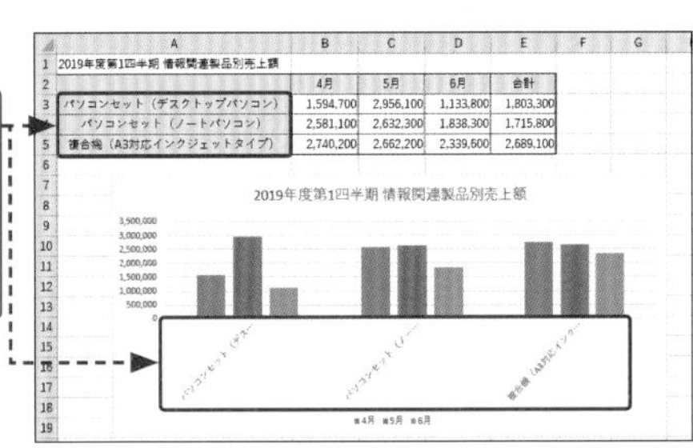

	A	B	C	D	E
1	2019年度第1四半期 情報関連製品別売上額				
2		4月	5月	6月	合計
3	パソコンセット（デスクトップパソコン）	1,594,700	2,956,100	1,133,800	1,803,300
4	パソコンセット（ノートパソコン）	2,581,100	2,632,300	1,838,300	1,715,800
5	複合機（A3対応インクジェットタイプ）	2,740,200	2,662,200	2,339,600	2,689,100

1 項目名を途中で改行する

1 項目名が入力されているセルをクリックして選択して、

2 数式バーで改行する位置にカーソルを合わせ、

A3 パソコンセット（デスクトップパソコン）

	A	B	C	D
1	2019年度第1四半期 情報関連製品別売上額			
2		4月	5月	6月
3	パソコンセット（デスクトップパソコン）	1,594,700	2,956,100	1,133,800
4	パソコンセット（ノートパソコン）	2,581,100	2,632,300	1,838,300
5	複合機（A3対応インクジェットタイプ）	2,740,200	2,662,200	2,339,600

2019年度第1四半期 情報関連製品別売

3 Altを押しながらEnterを押すと改行されます。

4 Enterを押してセルの入力を確定すると、

A3 （デスクトップパソコン）

	A	B	C	D
1	2019年度第1四半期 情報関連製品別売上額			
2		4月	5月	6月
3	パソコンセット	1,594,700	2,956,100	1,133,800
4	（デスクトップパソコン）	2,581,100	2,632,300	1,838,300
5	複合機（A3対応インクジェットタイプ）	2,740,200	2,662,200	2,339,600

2019年度第1四半期 情報関連製品別売

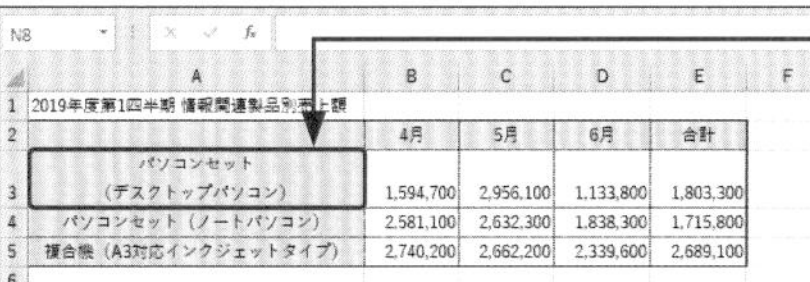

5 項目名が途中で改行されて表示されます。

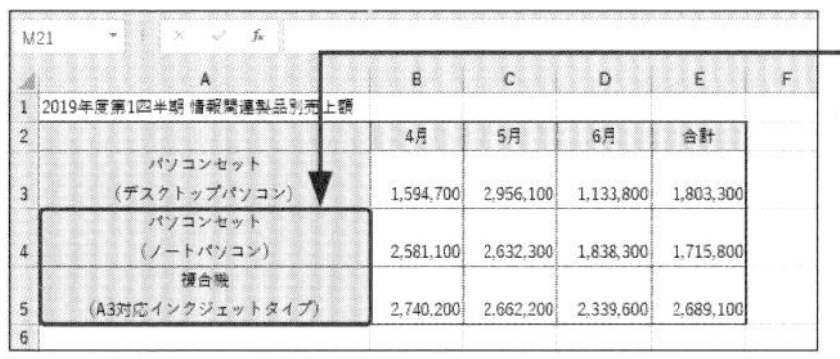

6 同様に、ほかのセルの項目名も改行すると、

7 グラフの項目名も改行して表示されます。

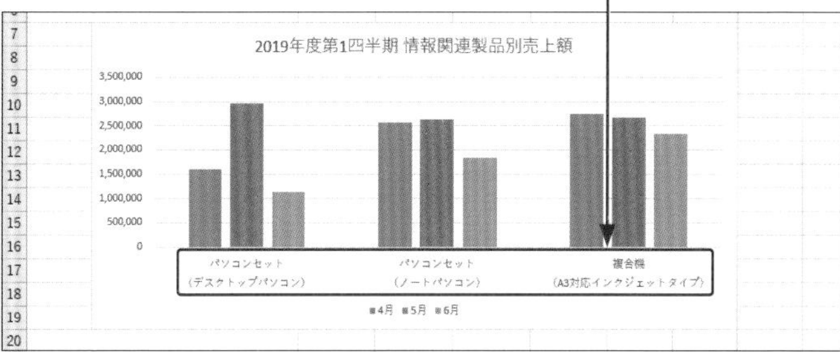

Memo

セルの幅に合わせて表示する

セルに入力された項目名が長い場合は、<ホーム>タブの<折り返して全体を表示する>を利用すれば、セルの幅に合わせて複数行で表示させることができます。この場合、改行の位置はセルの幅に合わせて自動的に設定されます。なお、項目名そのものは1行のままなので、グラフに表示する場合も長い項目名のままになります。

<折り返して全体を表示する>をクリックすると、複数行の表示になります。

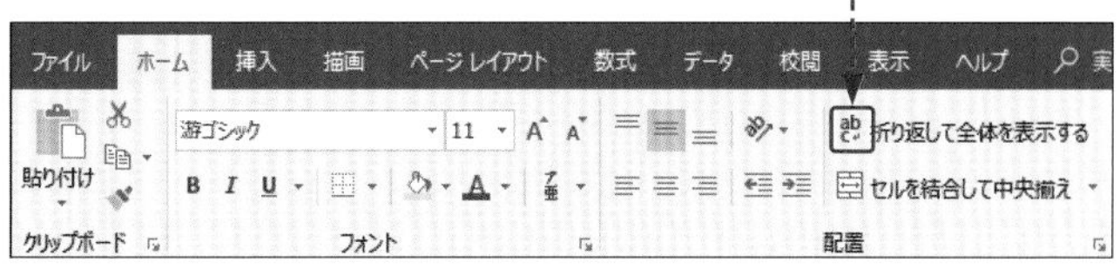

第3章 グラフを編集する

24 凡例の位置を移動する

グラフを作成すると凡例が表示されますが、表示位置によっては見づらくなることがあります。このような場合は<グラフ要素>を利用するか、マウスでドラッグして表示位置を変更します。

1 凡例をグラフの右側に表示する

1 グラフをクリックして、

2 <グラフ要素>をクリックします。

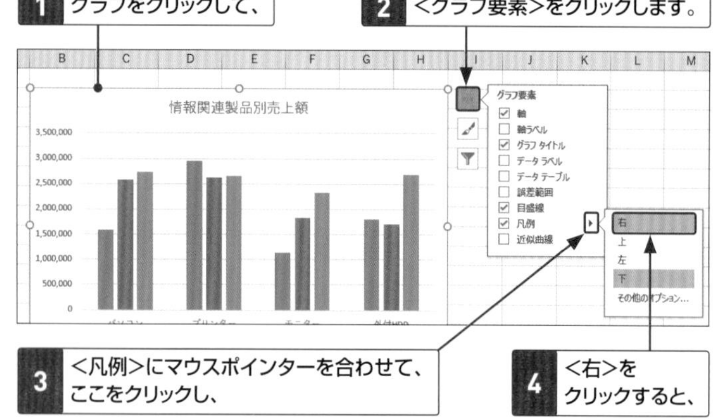

3 <凡例>にマウスポインターを合わせて、ここをクリックし、

4 <右>をクリックすると、

5 凡例がグラフの右側に表示されます。

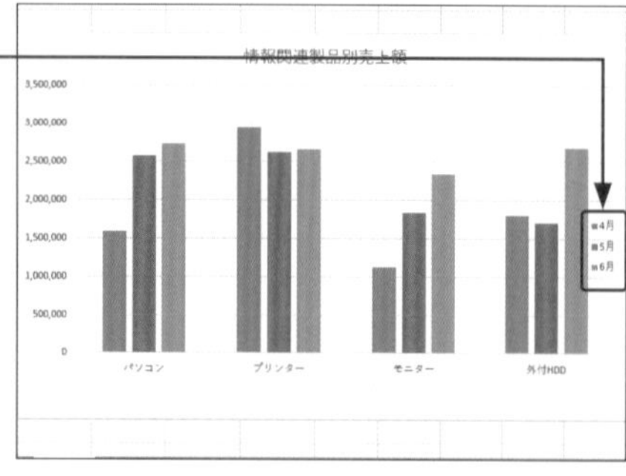

グラフの外のセルをクリックすると、グラフ要素メニューが閉じます。

Memo

Excel 2010の場合

Excel 2010の場合は、グラフをクリックして、<レイアウト>タブの<凡例>から表示位置をクリックして指定します。

2 凡例を任意の位置に移動する

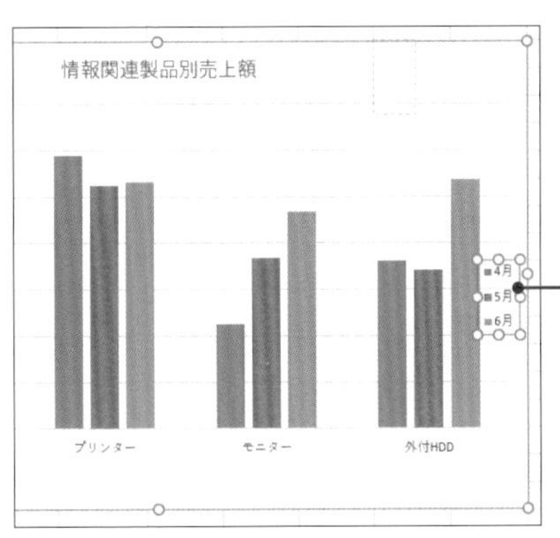

1 凡例をクリックして、

2 マウスポインターが ✥ に変わった状態で、

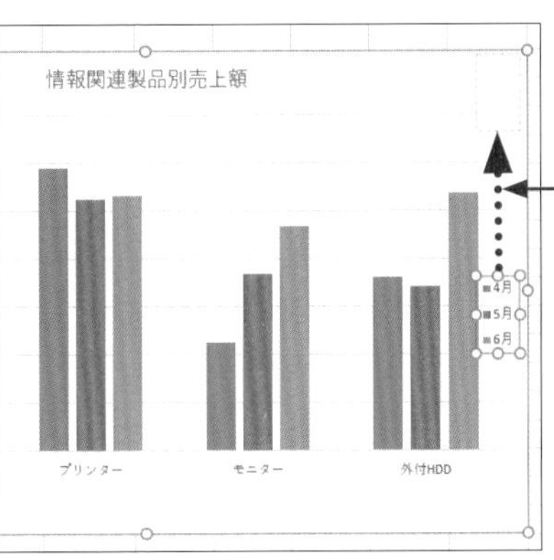

3 任意の位置にドラッグすると、

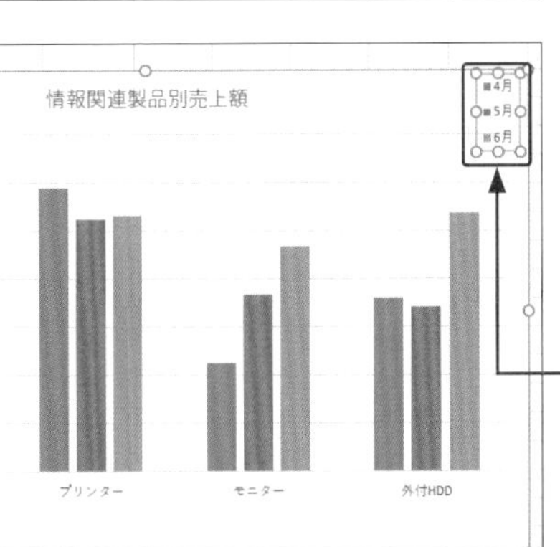

4 凡例を移動できます。

Hint

凡例を削除するには

凡例を削除するには、<グラフ要素>をクリックし、<凡例>をクリックしてオフにします。Excel 2010の場合は、<レイアウト>タブの<凡例>をクリックして、<なし>をクリックします。また、凡例を選択して Delete を押しても削除できます。

25 凡例を直接入力する

グラフを作成すると表示される凡例は、元データから自動的に作成されますが、直接入力して編集することもできます。編集するには、<データソースの選択>ダイアログボックスを利用します。

1 凡例に表示されている文字を変更する

1 グラフをクリックして、

2 <デザイン>タブをクリックし、

3 <データの選択>をクリックします。

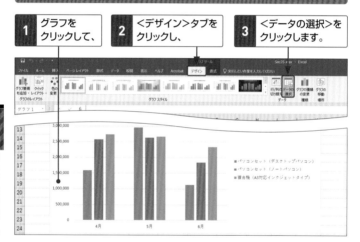

4 表示内容を変更する項目(ここでは「パソコンセット(デスクトップパソコン)」)をクリックして、

5 <編集>をクリックすると、

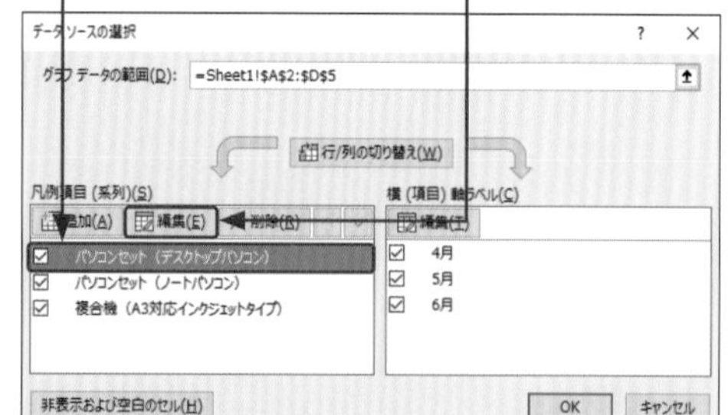

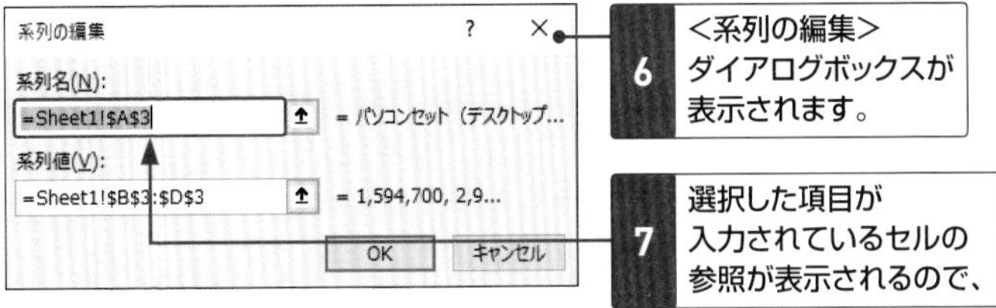

6 <系列の編集>ダイアログボックスが表示されます。

7 選択した項目が入力されているセルの参照が表示されるので、

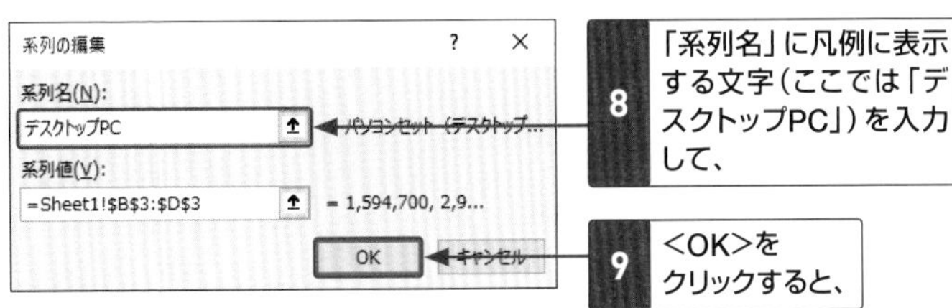

8 「系列名」に凡例に表示する文字（ここでは「デスクトップPC」）を入力して、

9 <OK>をクリックすると、

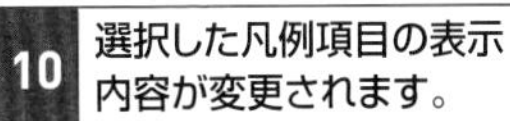

10 選択した凡例項目の表示内容が変更されます。

11 同様に、ほかの凡例項目も変更して、

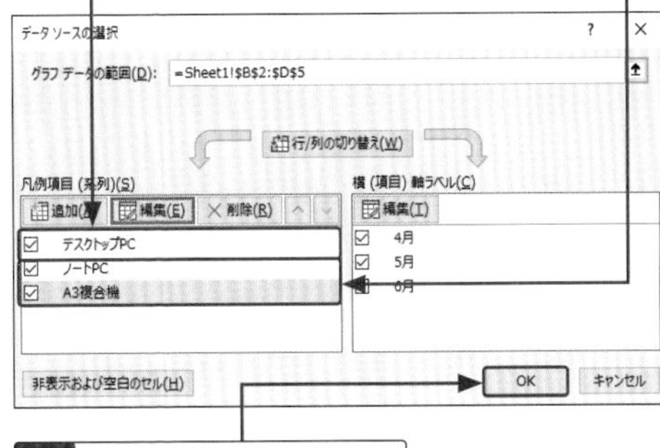

12 <OK>をクリックすると、

13 グラフの凡例に表示される文字が変更されます。

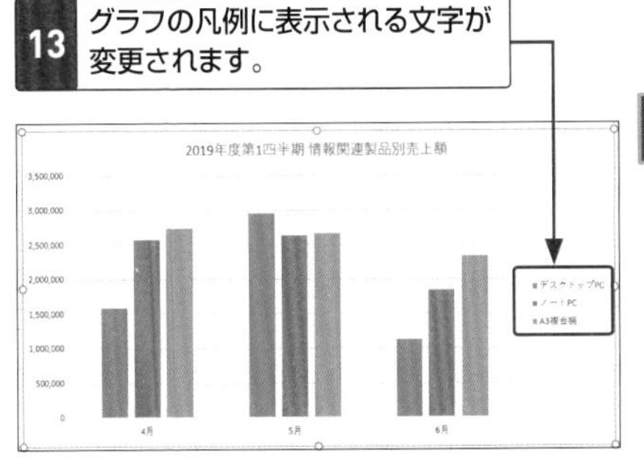

Hint

凡例の編集

ここで編集した凡例は、グラフ上でのみ表示が変更されます。元の表には影響がありません。

Section 26 軸ラベルを表示する

軸ラベルとは、グラフの横軸と縦軸の内容をそれぞれわかりやすく表示するもので、グラフの種類によっては、作成直後に表示されないことがあります。軸ラベルの表示は<グラフ要素>で設定します。

1 縦軸ラベルを表示する

1 グラフをクリックして、

2 <グラフ要素>をクリックします。

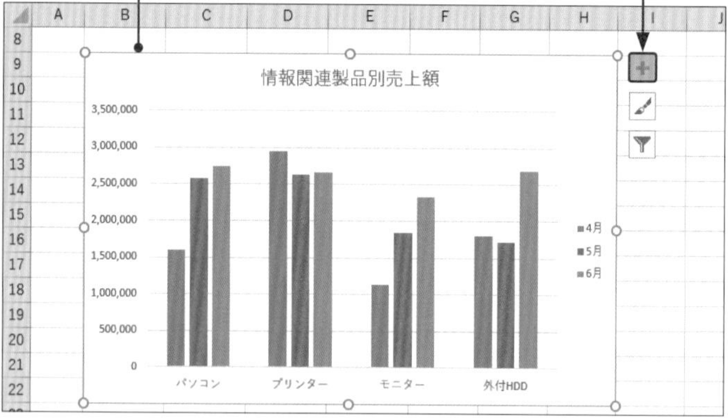

3 <軸ラベル>にマウスポインターを合わせて、ここをクリックし、

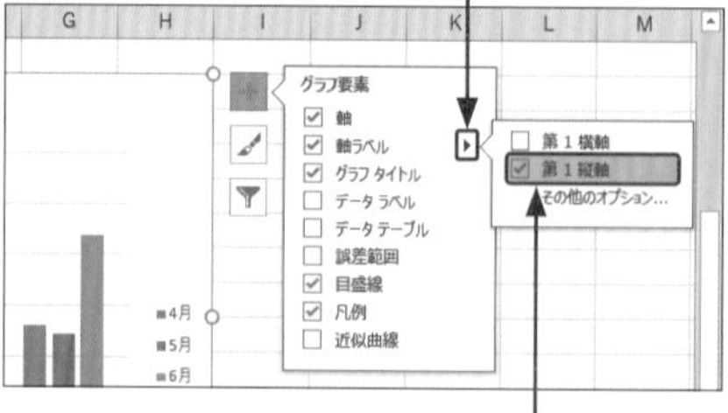

4 <第1縦軸>をクリックしてオンにします。

Memo

Excel 2010の場合

Excel 2010の場合は、<レイアウト>タブの<軸ラベル>をクリックして、<主縦軸ラベル>からラベルの種類を選択します。

5 グラフの左側に「軸ラベル」と表示されるので、

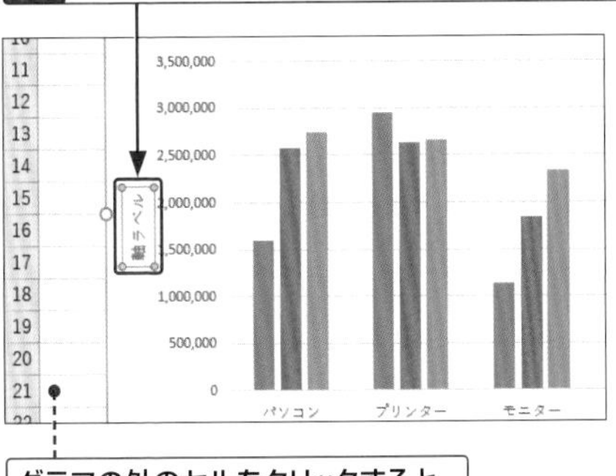

グラフの外のセルをクリックすると、グラフ要素メニューが閉じます。

Memo

そのほかの方法

<デザイン>タブをクリックして、<グラフ要素を追加>から<軸ラベル>にマウスポインターを合わせ、<第1縦軸>をクリックします。

6 「軸ラベル」の文字列をドラッグして選択し、

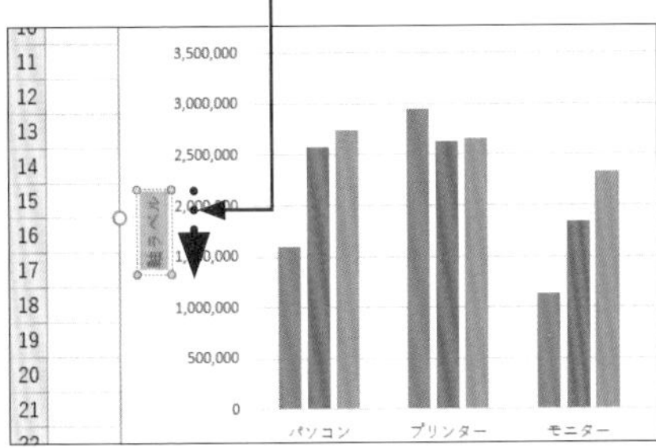

Hint

軸ラベルを削除するには

軸ラベルを削除するには、<グラフ要素>[+]をクリックして、<軸ラベル>をオフにするか、軸ラベルを選択して[Delete]を押します。

7 ラベル名(ここでは「売上額(円)」)を入力します。

8 軸ラベル以外をクリックすると、軸ラベルの文字が確定します。

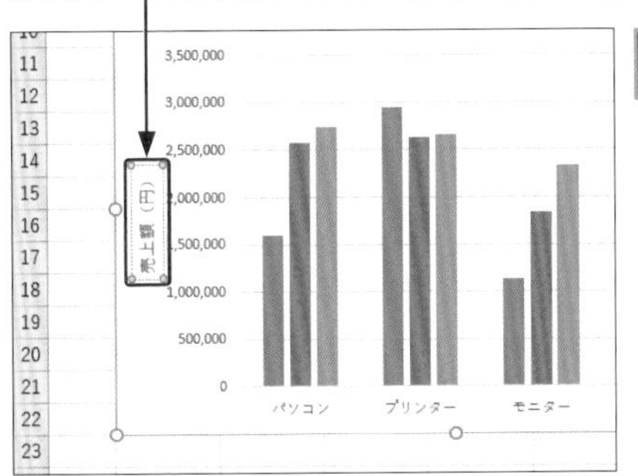

Hint

横軸ラベルを表示する

横軸ラベルを表示する場合は、それぞれのメニュー項目で<第1横軸>、<主横軸ラベル>を選択します。

27 縦書き／横書きを切り替える

縦軸ラベルを表示すると、初期設定では文字が横書きで表示されます。文字列の方向を縦書きに変更するには、＜軸ラベルの書式設定＞作業ウィンドウで設定します。

1 軸ラベルの文字を縦書き表示にする

1 縦軸ラベルをクリックします。

2 ＜書式＞タブをクリックして、

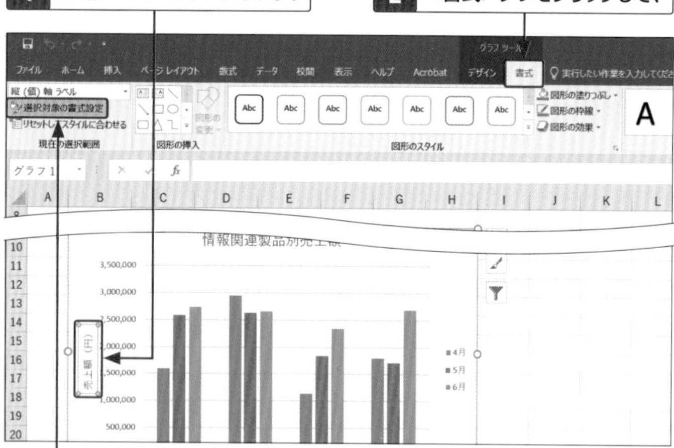

3 ＜選択対象の書式設定＞をクリックすると、

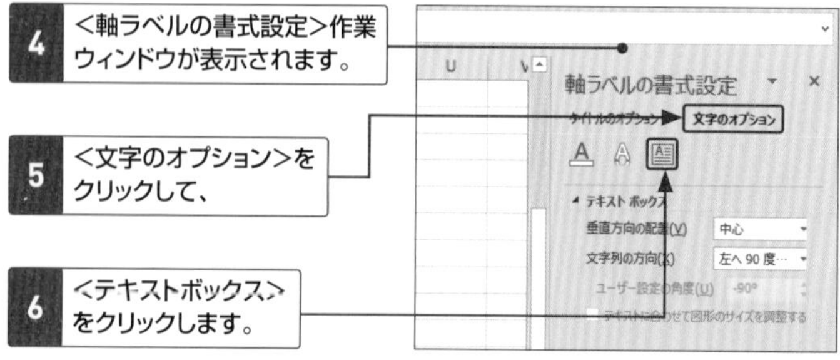

4 ＜軸ラベルの書式設定＞作業ウィンドウが表示されます。

5 ＜文字のオプション＞をクリックして、

6 ＜テキストボックス＞をクリックします。

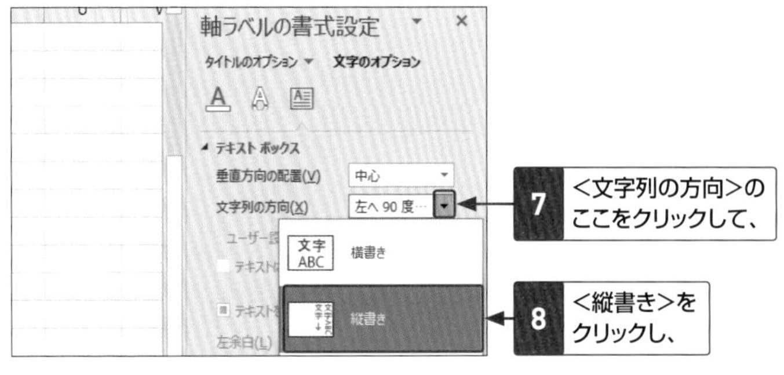

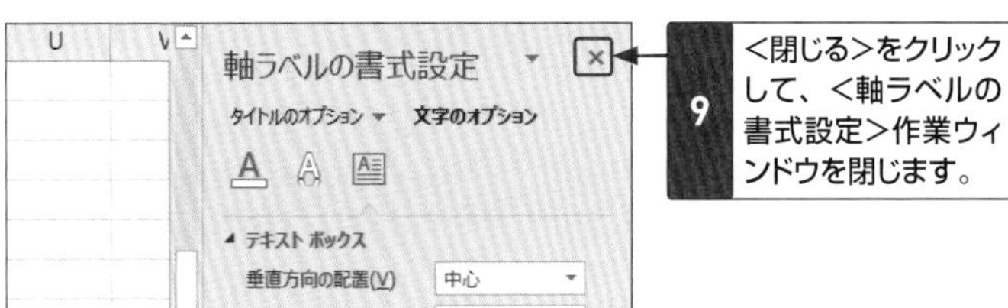

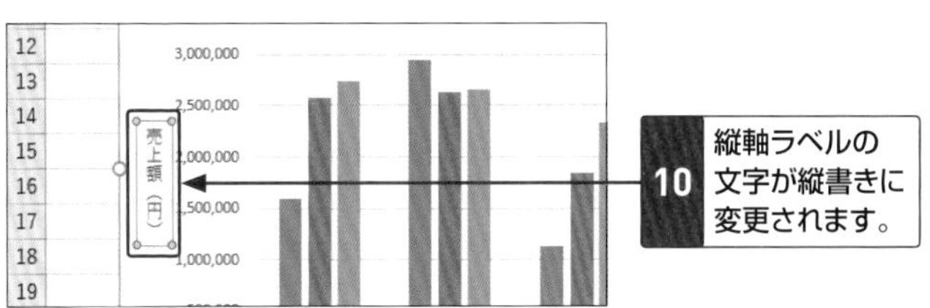

Memo

Excel 2010の場合

Excel 2010の場合は、軸ラベルを表示する際に文字方向を選択できます。
なお、Excel 2010で文字方向を変更する場合は、<軸ラベルの書式設定>ダイアログボックスを表示して<配置>をクリックし、<文字列の方向>で<縦書き>を選択します。

28 軸の目盛間隔を設定する

グラフを作成すると、目盛に表示される数値の間隔は自動的に設定されます。目盛の間隔が広すぎたり、狭すぎたりすると見づらくなるので、目盛の間隔を変更して見やすくします。

1 目盛の間隔を変更する

1 縦軸をクリックして、

2 <書式>タブをクリックし、

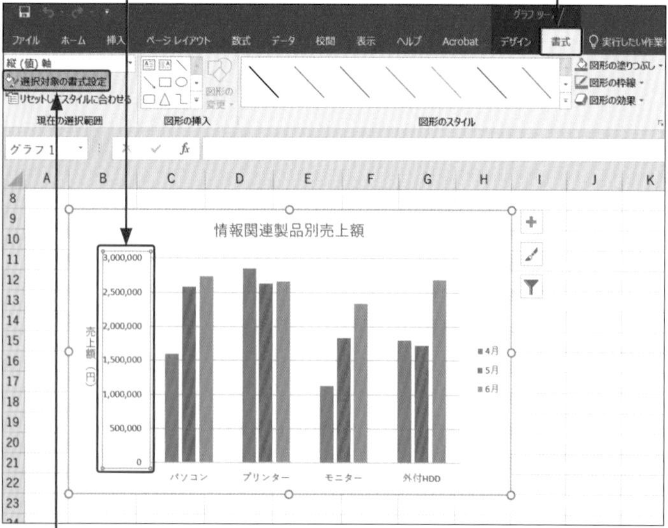

3 <選択対象の書式設定>をクリックすると、

Memo

そのほかの<軸の書式設定>作業ウィンドウの表示方法

縦軸を右クリックし、ショートカットメニューの<軸の書式設定>をクリックすることでも、<軸の書式設定>作業ウィンドウを表示できます。

4 <軸の書式設定>作業ウィンドウが表示されます。

5 <軸のオプション>の<単位>に、目盛の間隔を数値（ここでは「1000000.0」）で入力し、

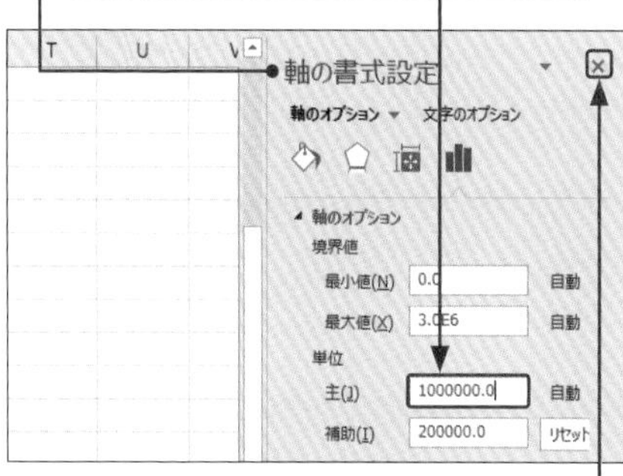

6 <閉じる>をクリックすると、

7 目盛の間隔が変更されます。

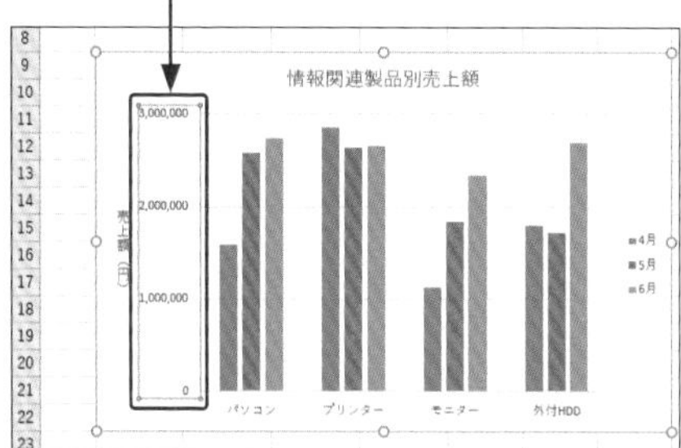

Hint

目盛間隔を元に戻すには

変更した目盛間隔を元の値（初期値）に戻すには、再度<軸の書式設定>作業ウィンドウを表示して、<リセット>をクリックします。なお、<リセット>をクリックすると、目盛間隔の変更に合わせて変更された<最大値>や<補助>などの項目も初期化されます。

Hint

目盛間隔の入力

目盛間隔など数値を入力する際は、数値をそのまま入力するほか、指数表記でも入力できます。たとえば「1000000.0」は「1.0E6（1.0掛ける10の6乗）」と入力することもできます。

Excel 2010の場合

Excel 2010の場合は、<軸の書式設定>ダイアログボックスの<目盛間隔>で<固定>をクリックしてオンにし、数値を入力します。また、変更した設定を元に戻すには、それぞれの設定項目で<自動>をオンにします。

軸のオプション
最小値 自動(A) 固定(F) 0.0
最大値 自動(U) 固定(I) 3.0E6
目盛間隔 自動(T) 固定(X) 1000000.0
補助目盛間隔 自動(O) 固定(E) 200000.0
軸を反転する(V)
対数目盛を表示する(L) 基数(B) 10
表示単位(U) なし
表示単位のラベルをグラフに表示する(S)
目盛の種類(J) なし
補助目盛の種類(I) なし
軸ラベル(A) 軸の下/左
横軸との交点
自動(O)

第3章 グラフを編集する

29 軸の表示単位を設定する

軸目盛に表示される数値の桁数が多いと、数値が読みづらくなるだけでなく、プロットエリアが狭くなりグラフが小さくなります。このような場合は、軸目盛の表示単位を変更します。

1 縦軸目盛の表示単位を変更する

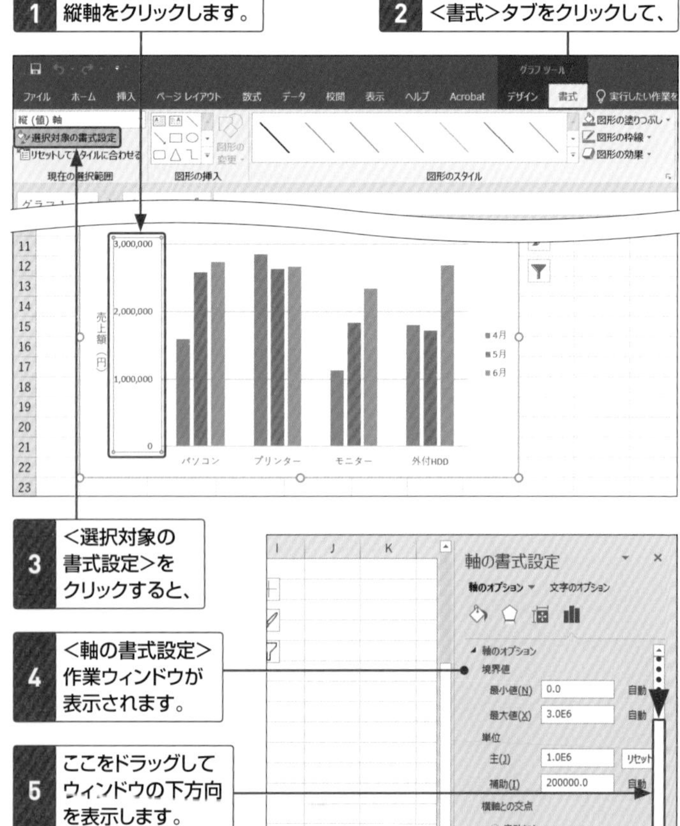

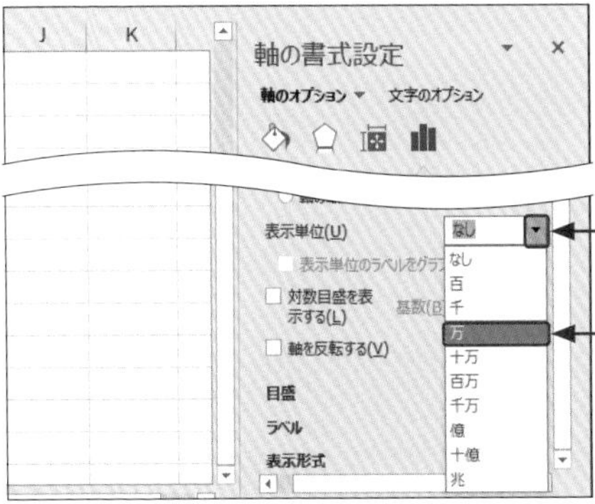

6 <表示単位>のここをクリックして、

7 表示単位（ここでは<万>）をクリックします。

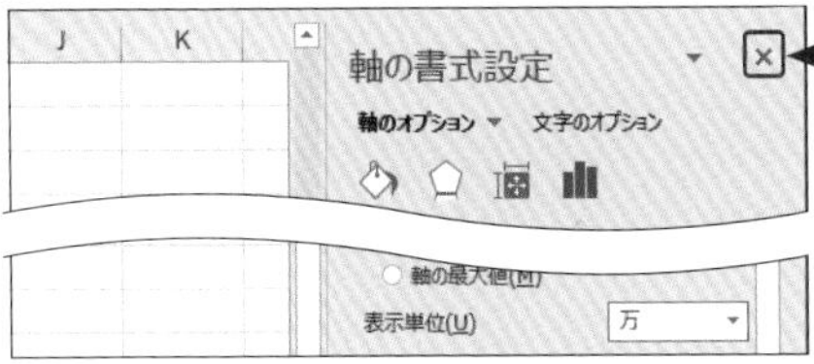

8 <閉じる>をクリックすると、

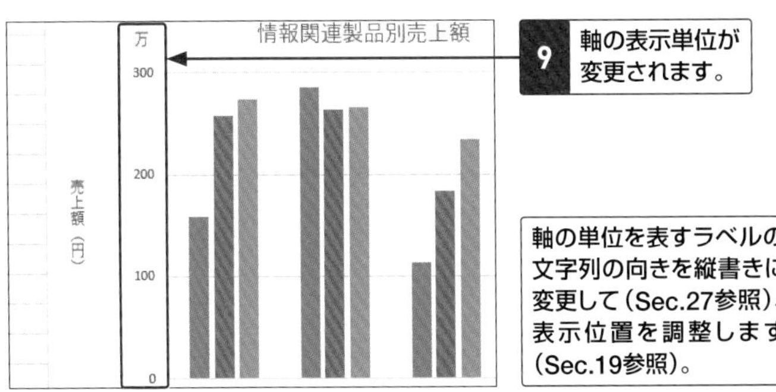

9 軸の表示単位が変更されます。

軸の単位を表すラベルの文字列の向きを縦書きに変更して（Sec.27参照）、表示位置を調整します（Sec.19参照）。

Memo

Excel 2010の場合

Excel 2010の場合は、軸をクリックして、<レイアウト>タブの<選択対象の書式設定>をクリックして表示される<軸の書式設定>ダイアログボックスで、<軸のオプション>にある<表示単位>で設定します。

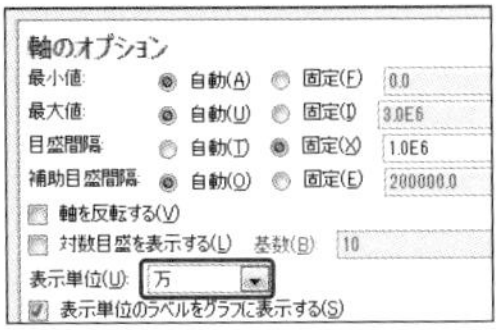

Section 30 目盛線を追加する

グラフを作成すると、目盛の間隔に合わせた横軸の目盛線が自動的に表示されますが、目盛線は縦軸にも表示できます。また、横軸や縦軸に補助目盛線を追加することもできます。

1 縦軸の目盛線を追加する

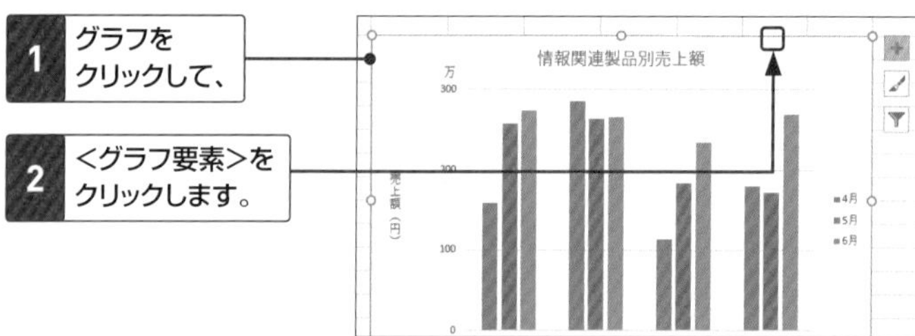

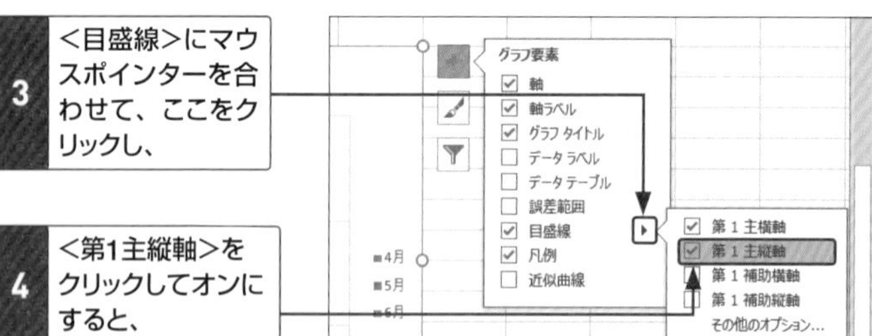

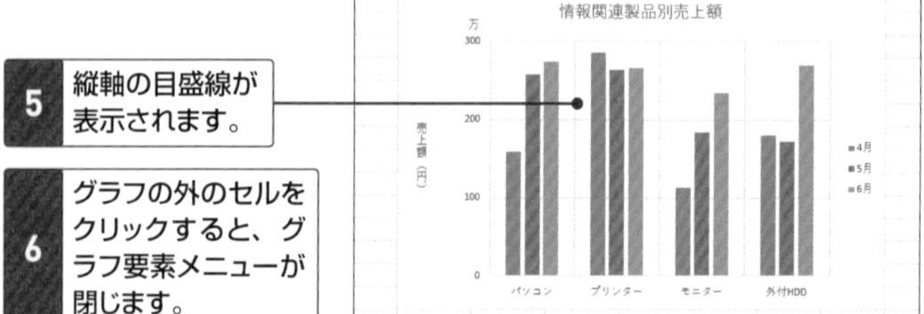

縦棒グラフの主縦軸目盛線は、隣り合うデータ系列の中間に表示されます。

2 横軸の補助目盛線を追加する

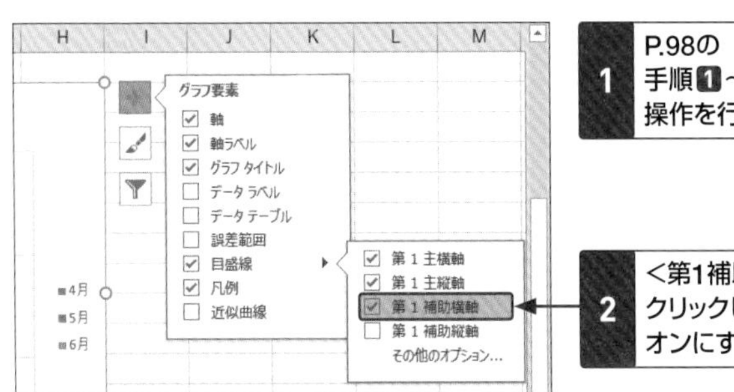

1 P.98の手順1〜3の操作を行います。

2 <第1補助横軸>をクリックしてオンにすると、

3 横軸の補助目盛線が表示されます。

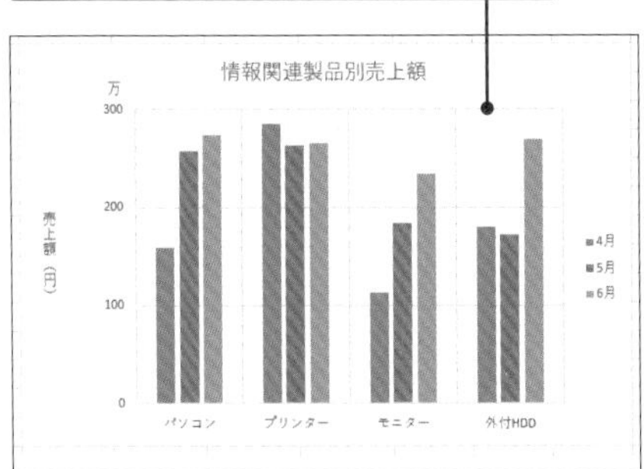

4 グラフの外のセルをクリックすると、グラフ要素メニューが閉じます。

Keyword

目盛線

目盛線とは、データを読み取りやすいように表示される線のことです。補助目盛線は、目盛線と目盛線の間に表示される、補助的な目盛線のことです。

Memo

Excel 2010の場合

Excel 2010の場合は、<レイアウト>タブの<目盛線>をクリックして、<主縦軸目盛線>から<目盛線>をクリックします。

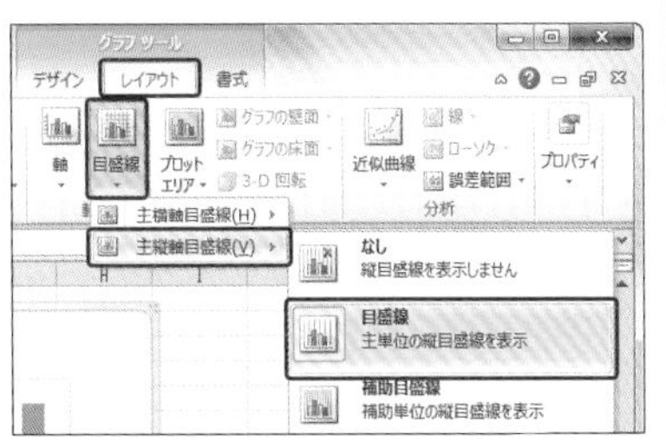

3 目盛線の色を変更する

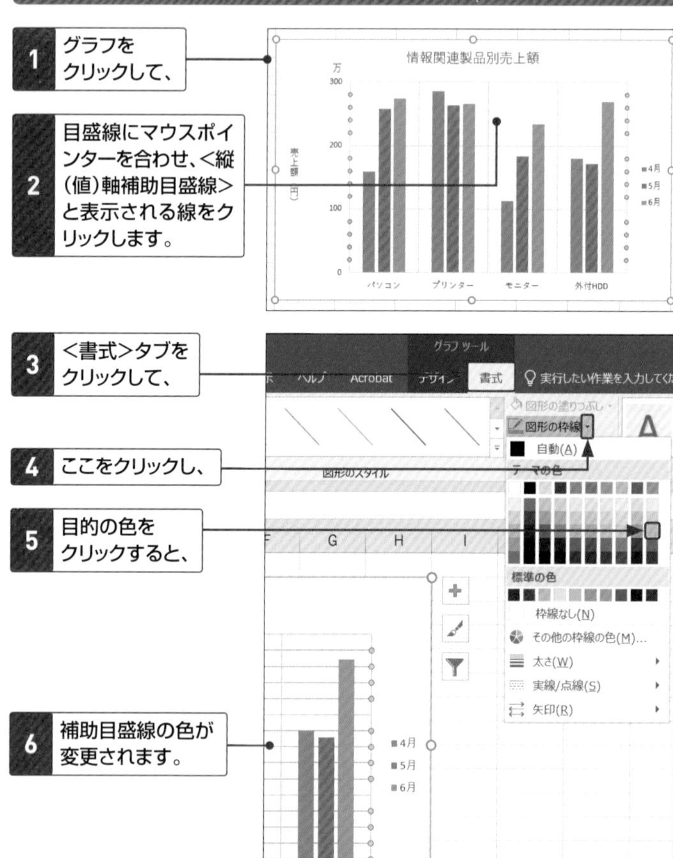

Hint

変更のリセット

変更した補助目盛線を元に戻したい場合は、補助目盛線を右クリックして、<リセットしてスタイルに合わせる>をクリックします。

4 目盛線の太さを変更する

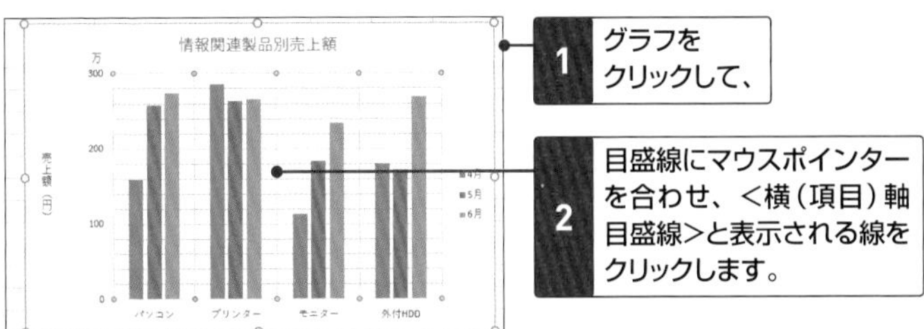

1 グラフをクリックして、

2 目盛線にマウスポインターを合わせ、<横（項目）軸目盛線>と表示される線をクリックします。

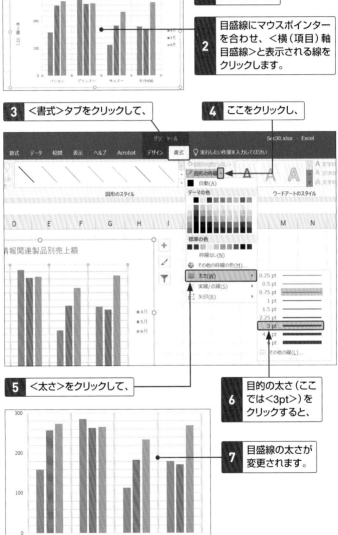

3 <書式>タブをクリックして、

4 ここをクリックし、

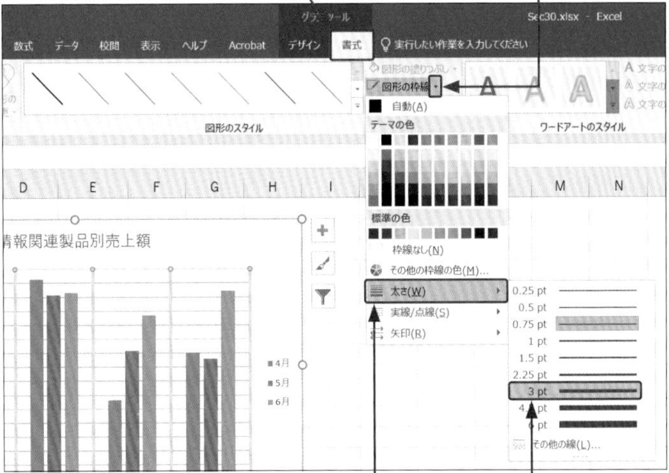

5 <太さ>をクリックして、

6 目的の太さ（ここでは<3pt>）をクリックすると、

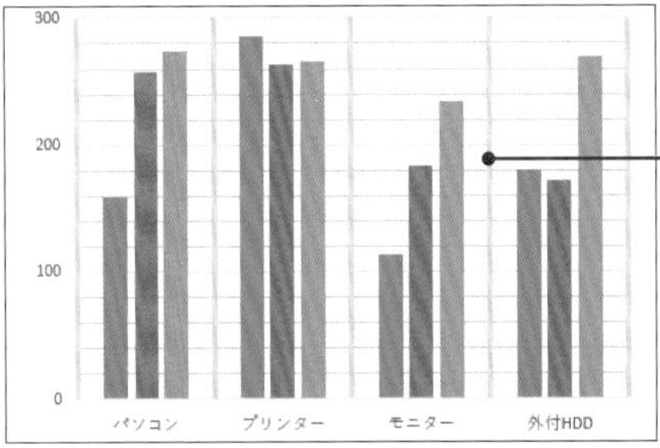

7 目盛線の太さが変更されます。

第3章 グラフを編集する

5 目盛線の線種を変更する

1 グラフをクリックして、

2 目盛線にマウスポインターを合わせ、<縦(値)軸補助目盛線>と表示される線をクリックします。

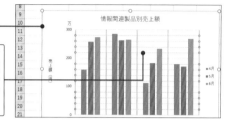

3 <書式>タブをクリックして、

4 ここをクリックして、

5 <実線／点線>をクリックし、

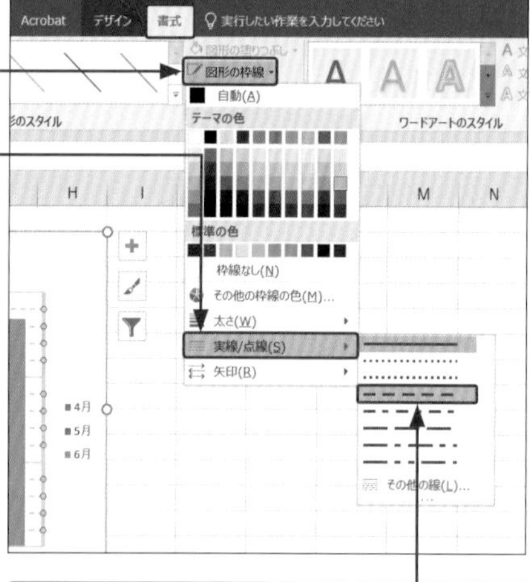

6 線種（ここでは<破線>）をクリックすると、

7 補助目盛線が破線に変更されます。

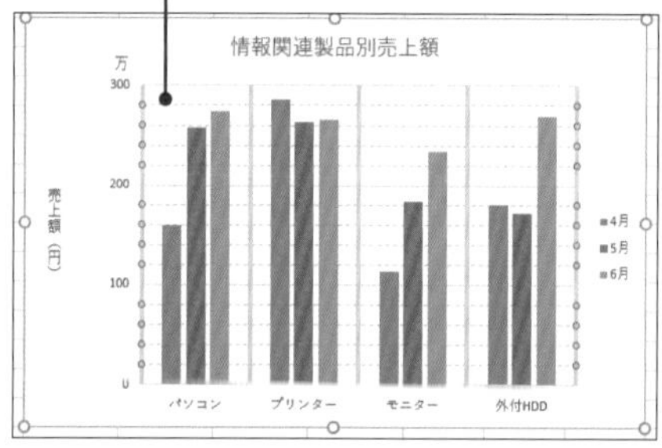

Memo 目盛線の表示

ここで使用しているグラフは、横軸に補助目盛線を表示しています（Sec.30参照）。

Hint 図形のスタイルを利用する

変更する目盛線または補助目盛線をクリックして選択し、<書式>タブの<図形のスタイル>グループの<その他>をクリックして表示されるスタイルの一覧から、線の色やスタイルを選択できます。

第4章

グラフを きれいに見せる

Section 31 グラフ全体のスタイルを変更する

グラフの色や背景色などグラフ全体のスタイルをまとめて変更するには、グラフスタイルを利用します。また、グラフ要素のレイアウトをまとめて変更する場合は、クイックレイアウトを利用します。

1 グラフにスタイルを適用する

1 グラフをクリックして、

2 <グラフスタイル>をクリックします。

3 ここをドラッグして、

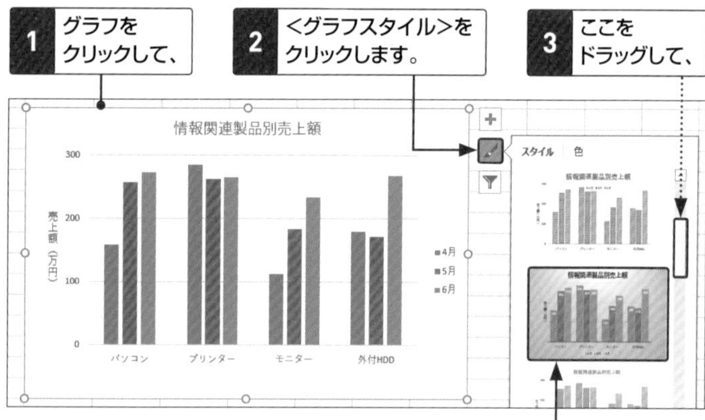

4 使用したいスタイル（ここでは<スタイル4>をクリックすると、

5 選択したスタイルがグラフに適用されます。

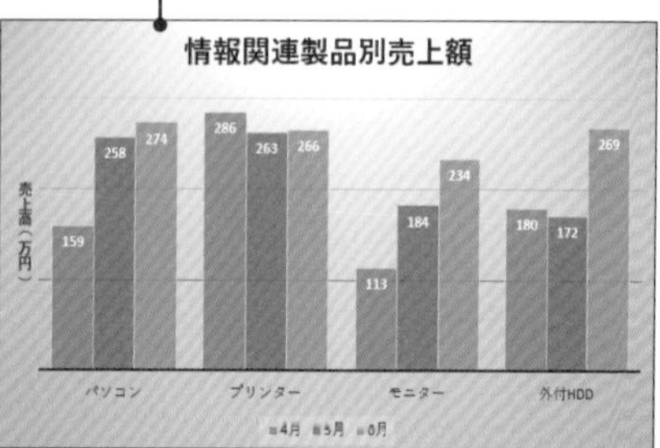

Memo

Excel 2010の場合

Excel 2010の場合は、グラフを選択して<デザイン>タブの<グラフのスタイル>の一覧から、スタイルを選択します。

なお、Excel 2019／2016／2013／Office 365でも利用できます。

2 グラフのレイアウトを変更する

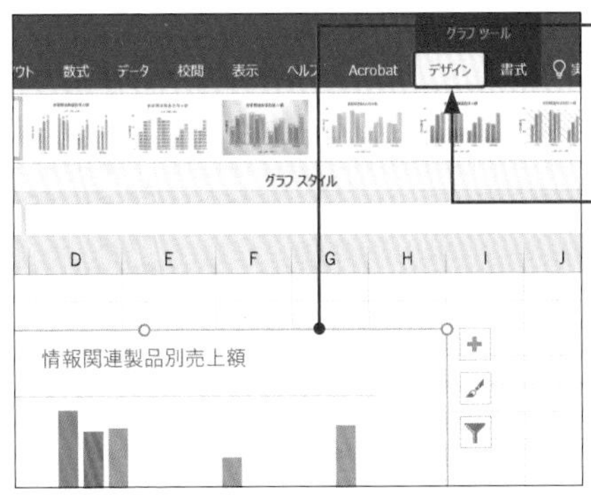

1 グラフをクリックして、

2 <デザイン>タブをクリックします。

3 <クイックレイアウト>をクリックして、

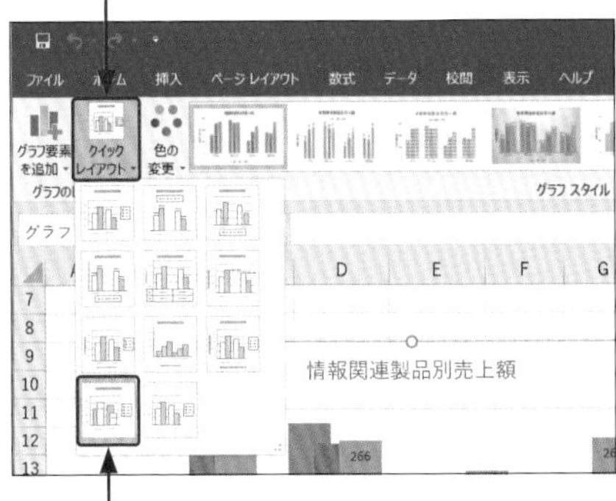

4 使用したいレイアウト(ここでは<レイアウト10>)をクリックすると、

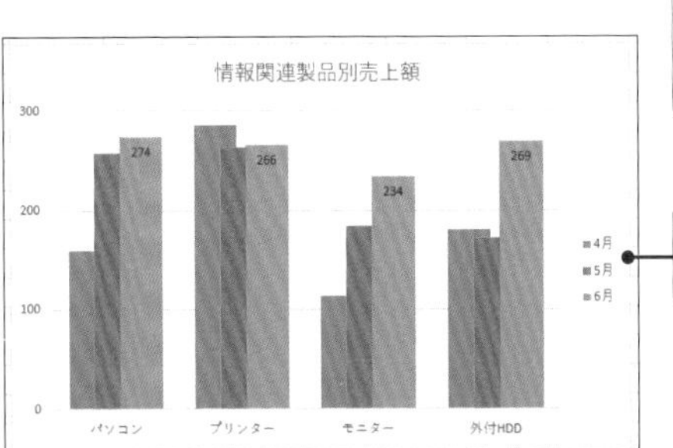

5 グラフのレイアウトが変更されます。

Memo

Excel 2010の場合

Excel 2010の場合は、グラフを選択して<デザイン>タブの<グラフのレイアウト>の一覧から、レイアウトを選択します。

Memo

スタイルやレイアウトを設定する際の注意

グラフスタイルの設定やレイアウトの変更を行うと、ユーザーが独自に行った書式設定なども変更されます。独自の書式設定にしたい場合は、先にスタイルやレイアウトを変更しておきます。

32 文字のサイズやフォントを変更する

グラフ内の文字サイズやフォントの変更は、＜ホーム＞タブの＜フォント＞グループを利用します。グラフ内のすべての文字を一括変更したり、特定のグラフ要素の文字サイズを変更したりできます。

1 グラフ全体の文字サイズを変更する

1 グラフをクリックして、

2 ＜ホーム＞タブをクリックします。

3 ＜フォントサイズ＞のここをクリックして、

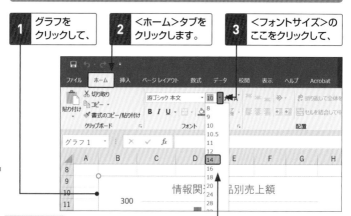

4 目的の文字サイズ（ここでは＜14＞）をクリックすると、

5 グラフ全体の文字サイズが変更されます。

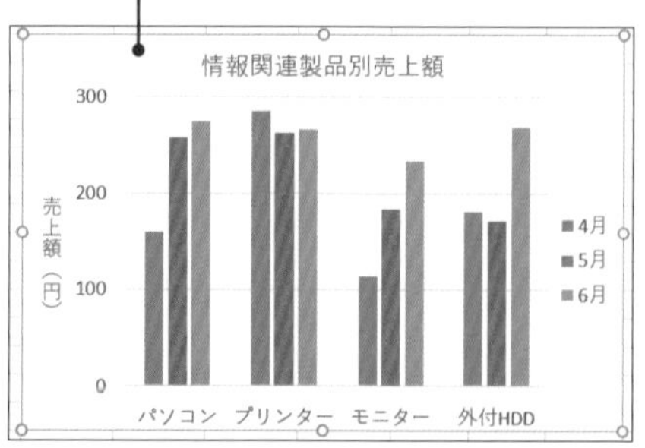

Memo

異なる文字サイズが混在する場合

グラフ上の文字のサイズが異なる場合に、グラフ全体で文字サイズを変更すると、サイズの一番小さい文字に対して指定したサイズが適用され、そのほかの文字は元の文字サイズに応じたサイズに変更されます。

2 特定のグラフ要素の文字サイズを変更する

ここでは、グラフタイトルの文字サイズを変更します。

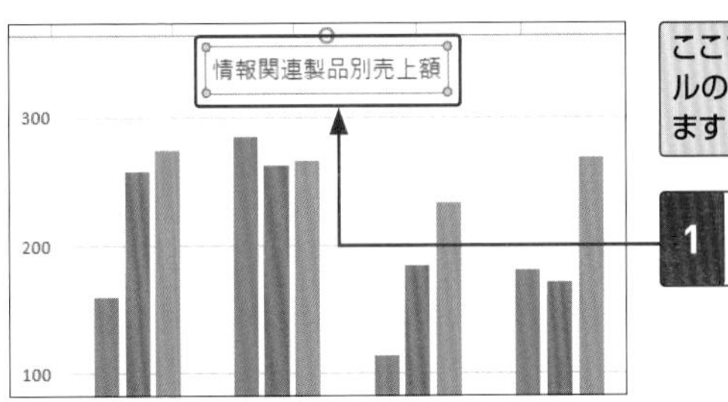

1 グラフタイトルをクリックして、

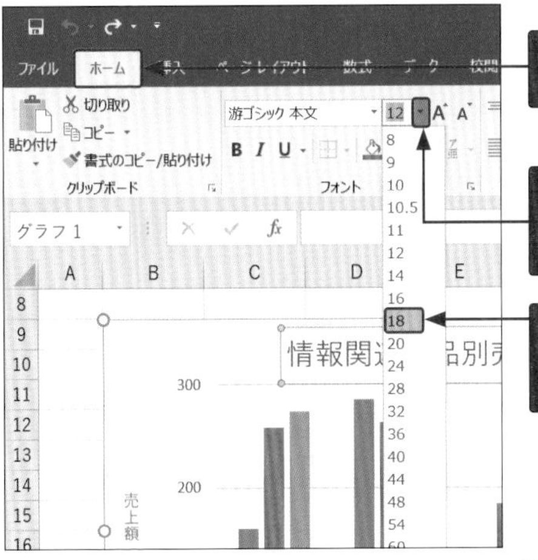

2 <ホーム>タブをクリックし、

3 <フォントサイズ>のここをクリックして、

4 目的の文字サイズ（ここでは<18>）をクリックすると、

5 グラフタイトルの文字サイズが変更されます。

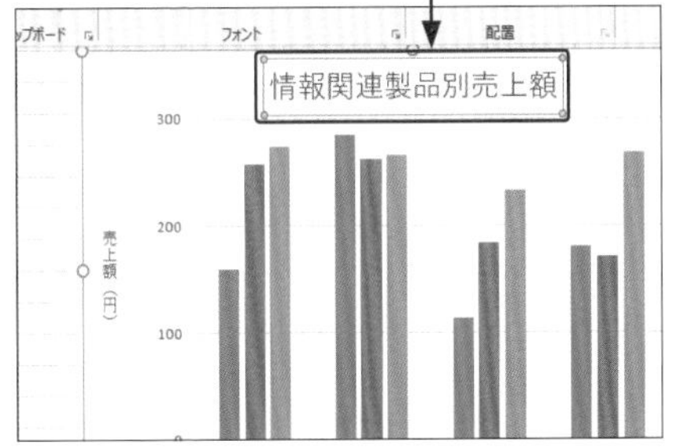

Memo

ミニツールバーを利用する

グラフタイトルの文字をドラッグすると表示されるミニツールバーの<フォントサイズ>を利用しても、文字サイズを変更できます。また、フォントの変更や文字装飾もできます。

第4章 グラフをきれいに見せる

3 特定のグラフ要素のフォントを変更する

ここでは、グラフタイトルのフォントを変更します。

1 グラフタイトルをクリックして、

2 <ホーム>タブをクリックします。

3 ここをクリックして、

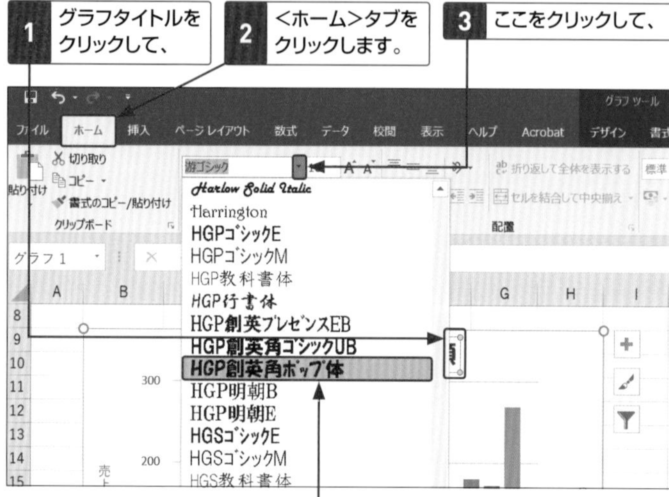

4 目的のフォント（ここでは<HGP創英角ポップ体>）をクリックすると、

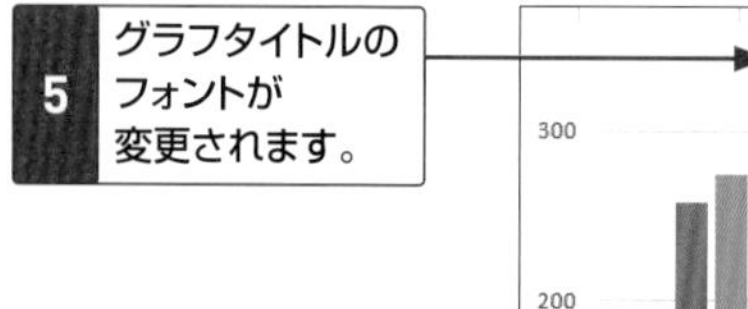

5 グラフタイトルのフォントが変更されます。

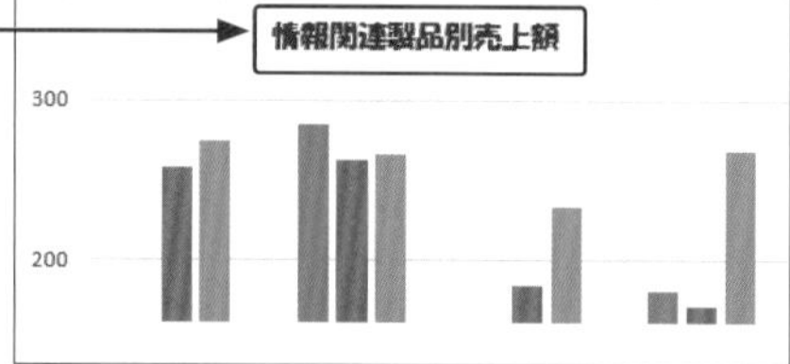

Hint

グラフ全体のフォントを変更する

グラフ全体のフォントをまとめて変更する場合は、グラフを選択してフォントを指定します。なお、グラフ全体のフォントを変更すると、タイトルなどの文字サイズが自動的に変更されてしまうことがあるので、文字サイズを変更する前にフォントを変更したほうがよいでしょう。

4 文字を装飾する

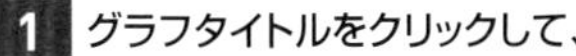

1 グラフタイトルをクリックして、

2 <ホーム>タブをクリックし、

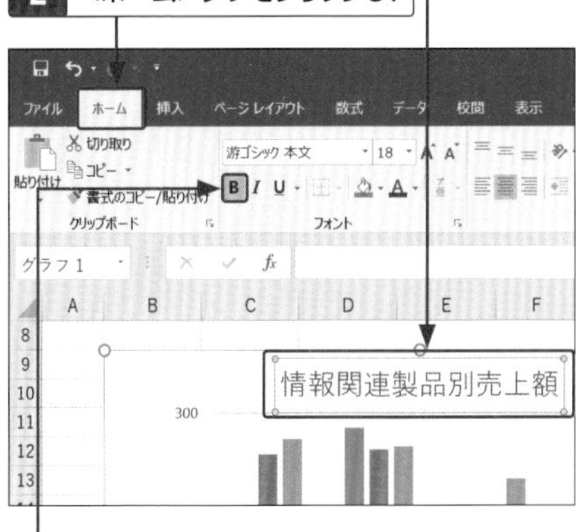

3 <太字>をクリックすると、

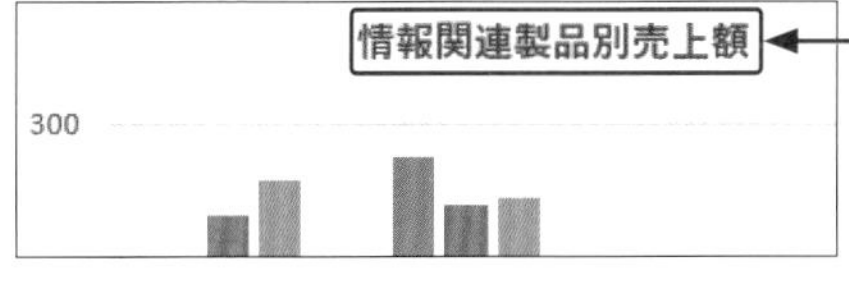

4 グラフタイトルの文字が太字に変更されます。

Hint そのほかの文字装飾

<斜体> *I* をクリックすると、文字が右斜めの斜体文字になります。また、<下線> U をクリックすると下線が、<下線>の ▾ をクリックして<二重下線>をクリックすると、文字に二重下線が引かれます。

Memo <フォント>ダイアログボックスを利用する

<ホーム>タブの<フォント>グループ右下の ⌟ をクリックすると、<フォント>ダイアログボックスが表示されます。<フォント>タブでは、文字のサイズ、フォント、装飾などを細かく設定できます。

33 文字の色を変更する

グラフ内の文字の色は、<書式>タブの<文字の塗りつぶし>から変更できます。グラフ全体の文字色をまとめて変更したり、特定のグラフ要素の文字色を個別に変更したりできます。

1 グラフ全体の文字色を変更する

1 グラフをクリックして、

2 <書式>タブをクリックします。

3 <文字の塗りつぶし>のここをクリックして、

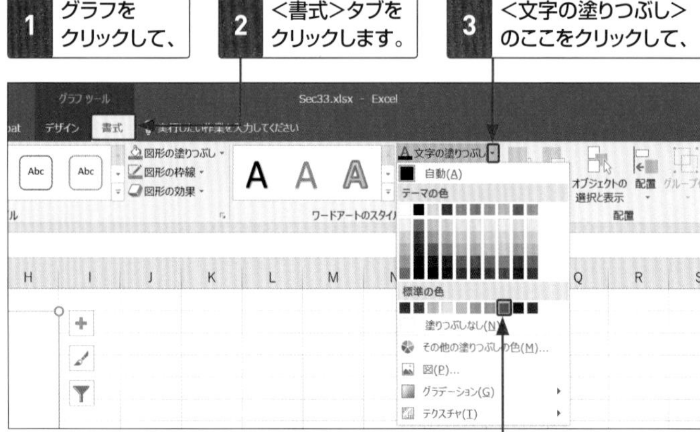

4 目的の色（ここでは<青>）をクリックすると、

5 グラフ全体の文字色が変更されます。

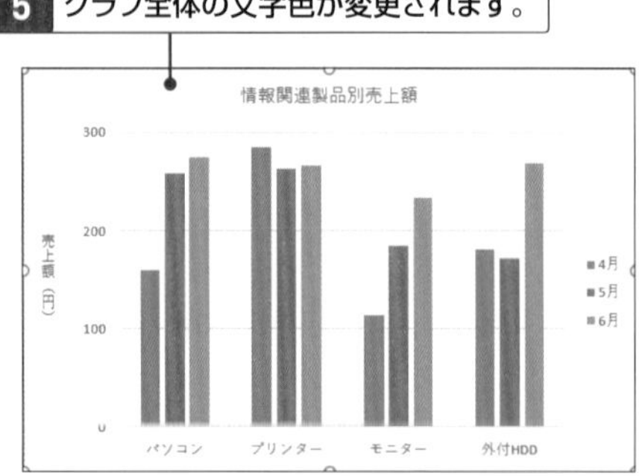

> **Memo**
> **そのほかの方法**
> <ホーム>タブの<フォントの色> を利用しても、文字色を変更できます。

2 特定のグラフ要素の文字色を変更する

ここでは、グラフタイトルの文字色を変更します。

1 グラフタイトルをクリックして、

2 <書式>タブをクリックします。

3 <文字の塗りつぶし>のここをクリックして、

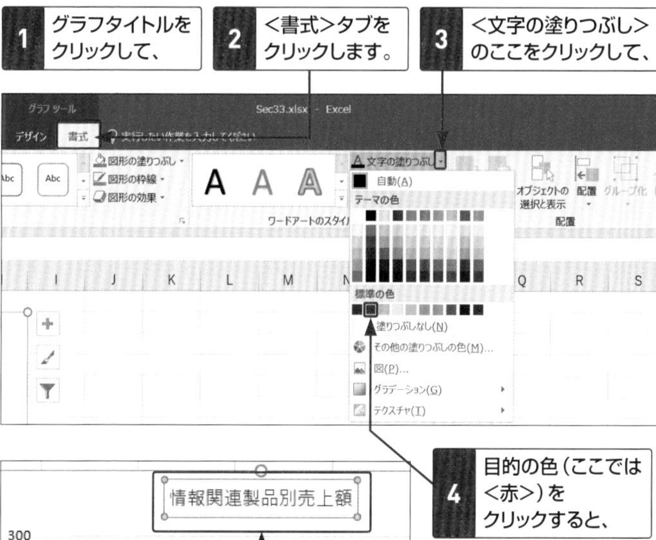

4 目的の色（ここでは<赤>）をクリックすると、

5 グラフタイトルの文字色が変更されます。

StepUp

一覧にない色を使う

手順4の一覧に目的の色がない場合は、<その他の塗りつぶしの色>をクリックします。<色の設定>ダイアログボックスが表示されるので、<標準>（あらかじめ用意されている色）や<ユーザー設定>（RGBやHSLを利用してユーザーが細かく設定できる色）で、独自の色を指定できます。

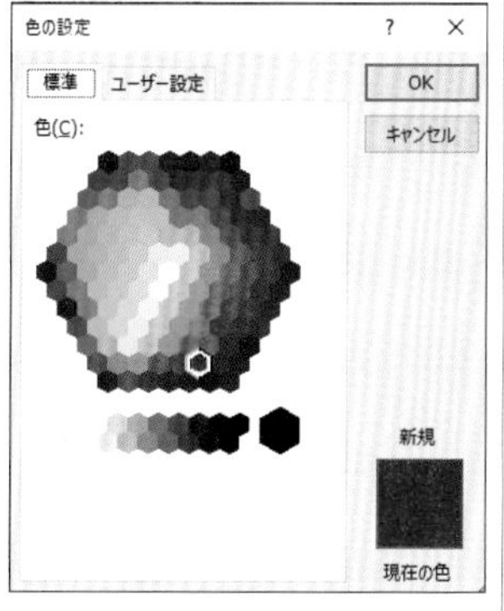

34 文字を装飾する

背景の塗りつぶしや枠線の色・スタイルの変更、影などの効果を設定できます。過度にならない範囲で設定すると、グラフを引き立たせる効果があります。

1 背景に色を付ける

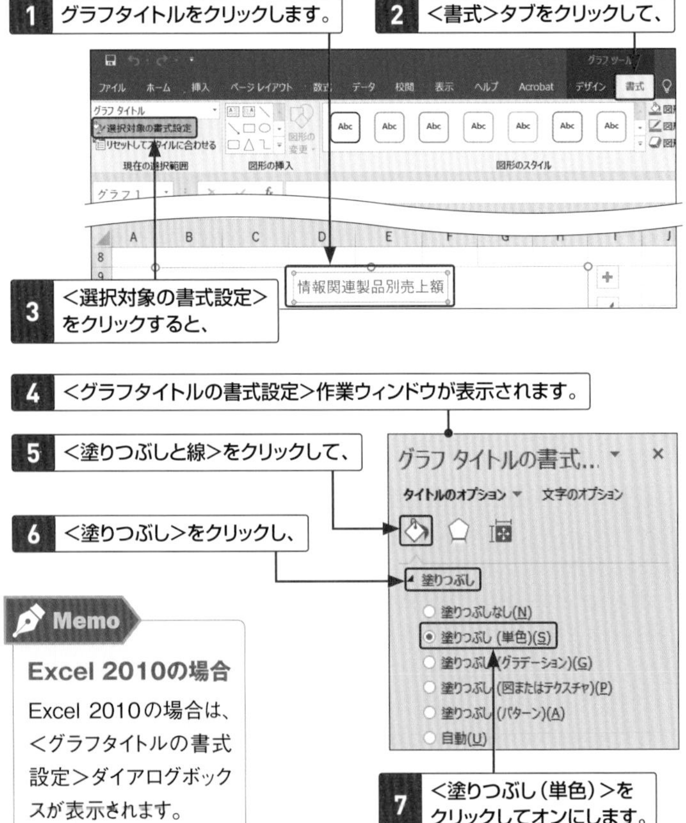

1 グラフタイトルをクリックします。
2 <書式>タブをクリックして、
3 <選択対象の書式設定>をクリックすると、
4 <グラフタイトルの書式設定>作業ウィンドウが表示されます。
5 <塗りつぶしと線>をクリックして、
6 <塗りつぶし>をクリックし、
7 <塗りつぶし（単色）>をクリックしてオンにします。
情報関連製品別売上額
グラフ タイトルの書式...
タイトルのオプション
文字のオプション
塗りつぶし
塗りつぶしなし(N)
塗りつぶし（単色）(S)
塗りつぶし（グラデーション）(G)
塗りつぶし（図またはテクスチャ）(P)
塗りつぶし（パターン）(A)
自動(U)

Memo

Excel 2010の場合

Excel 2010の場合は、<グラフタイトルの書式設定>ダイアログボックスが表示されます。

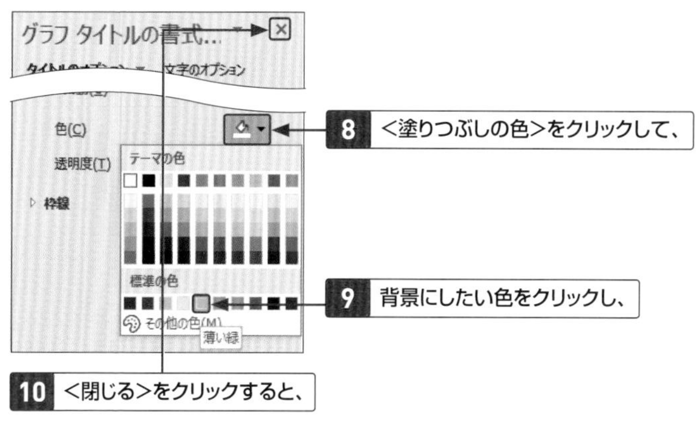

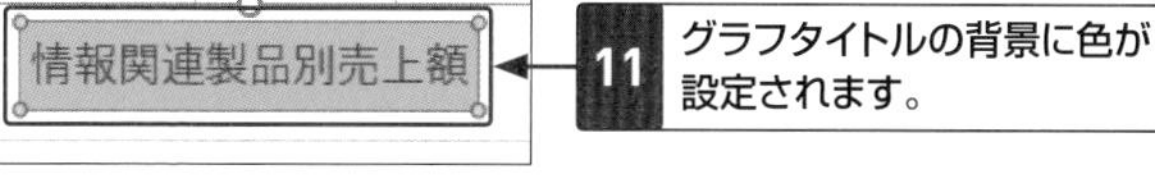

2 枠線の色とスタイルを変更する

1 前ページの手順1～3の操作で<グラフタイトルの書式設定>作業ウィンドウを表示します。

2 <枠線>（Excel 2010では<枠線の色>）をクリックして、

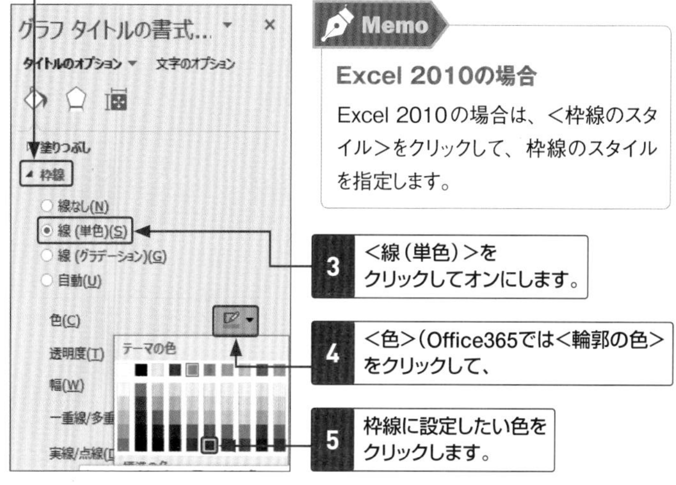

Memo

Excel 2010の場合

Excel 2010の場合は、<枠線のスタイル>をクリックして、枠線のスタイルを指定します。

Hint

作業ウィンドウの使い方

ここでは作業ウィンドウ(Excel 2010ではダイアログボックス)をいったん閉じ、次の設定の際に開き直していますが、開いたままで次の作業に移行することもできます。

Memo

そのほかの方法

<書式>タブの<図形の塗りつぶし>や<図形の枠線>などを利用しても、グラフ要素の書式を設定できます(Sec.35参照)。

Hint

フォントや文字色の設定

グラフタイトルのフォントや文字サイズ、文字色などを変更する場合は、<ホーム>タブの<フォント>グループの各コマンドや、<書式>タブのコマンドを利用します(Sec.32、33参照)。

6 枠線の太さを指定します。

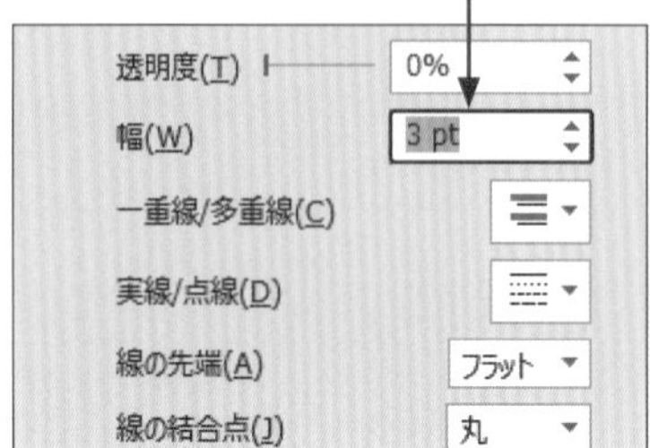

7 <一重線/多重線>をクリックして、

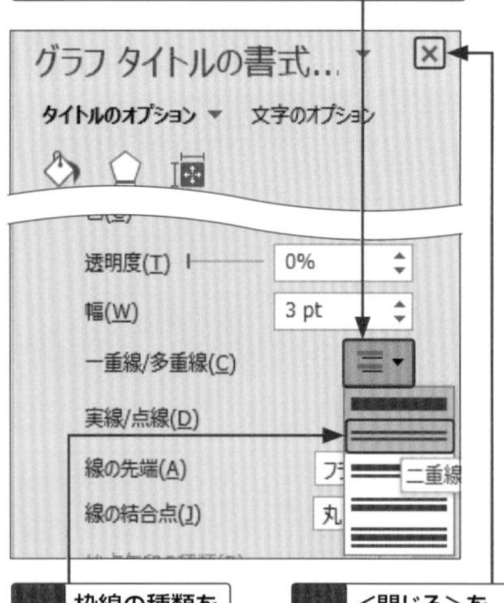

8 枠線の種類をクリックし、

9 <閉じる>をクリックすると、

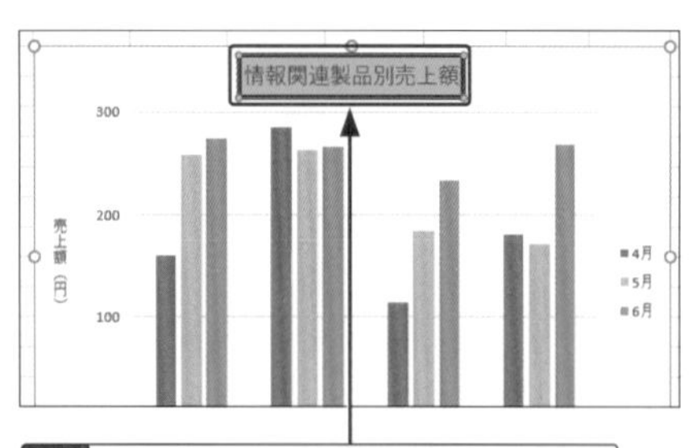

10 枠線の色とスタイルが変更されます。

3 グラフタイトルに効果を設定する

1 P.112の手順1～3の操作で<グラフタイトルの書式設定>作業ウィンドウを表示します。

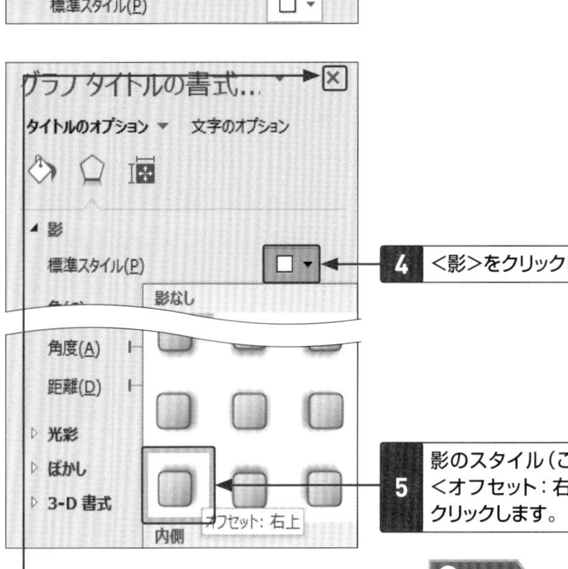

2 <効果>をクリックして、

3 <影>をクリックします。

4 <影>をクリックして、

5 影のスタイル（ここでは<オフセット：右上>をクリックします。

6 <閉じる>をクリックすると、

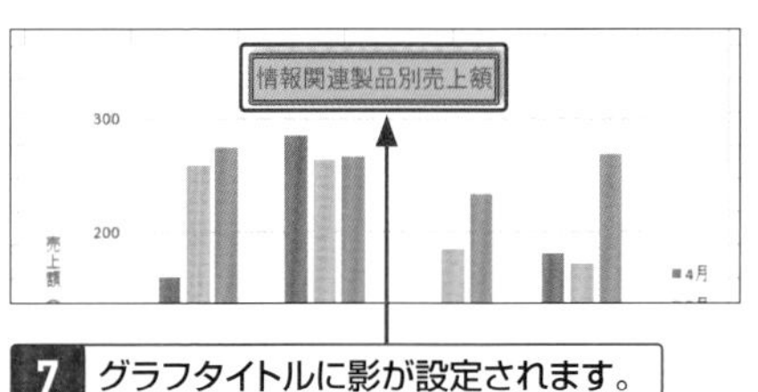

7 グラフタイトルに影が設定されます。

Hint

グラフ要素の書式をリセットするには

設定した書式を解除するには、対象のグラフ要素を右クリックして、<リセットしてスタイルに合わせる>をクリックします。

35 データ系列の色を変更する

作成直後のグラフは初期設定の色が付きますが、すべてのデータ系列の色をまとめて変更したり、特定のデータ系列の色を変更したりできます。また、グラデーションなども設定できます。

1 データ系列の色をまとめて変更する

1 グラフをクリックして、

2 <デザイン>タブをクリックします。

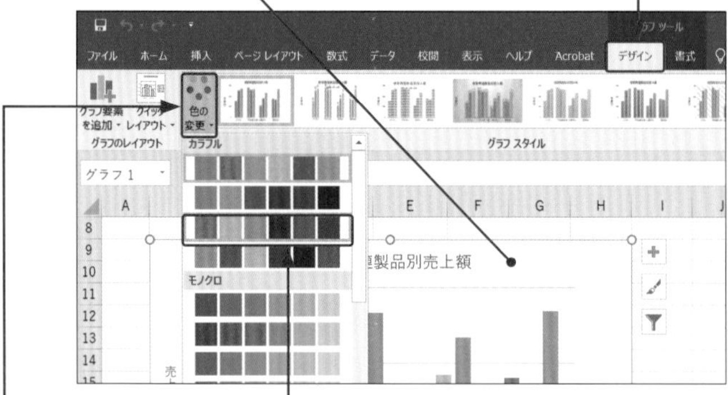

3 <色の変更>をクリックして、

4 設定したい色(ここでは<カラフルなパレット3>)をクリックすると、

5 データ系列の色がまとめて変更されます。

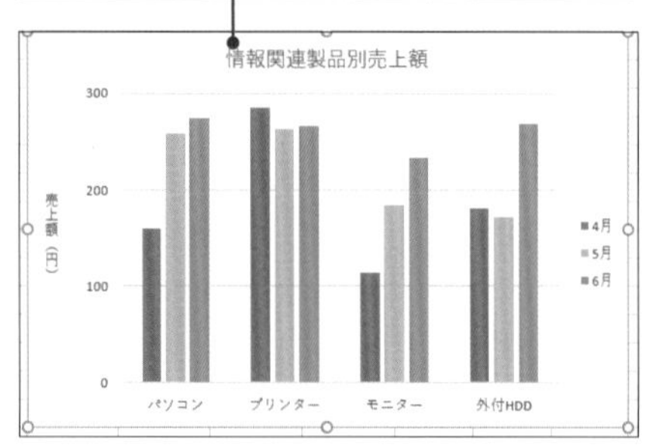

Memo

Excel 2010の場合

Excel 2010の場合は、<デザイン>タブの<グラフのスタイル>でデータ系列の色を変更できます。

2 特定のデータ系列の色を変更する

1 データ系列をクリックして、

2 <書式>タブをクリックします。

3 <図形の塗りつぶし>のここをクリックして、

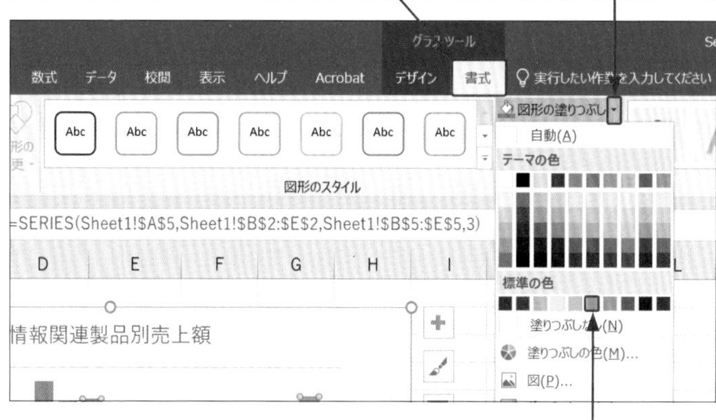

4 設定したい色(ここでは<緑>)をクリックすると、

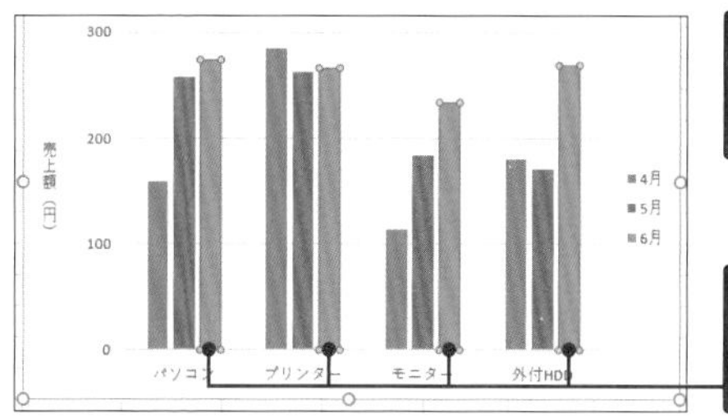

5 選択したデータ系列の色が変更されます。

StepUp

グラデーションやテクスチャを設定する

上記の手順4で<グラデーション>や<テクスチャ>をクリックすると、データ系列にグラデーションやテクスチャ(疑似的に表現した物体表面の質感や模様)を設定できます。ただし、これらを設定する場合は、グラフが見づらくならないものを選択しましょう。

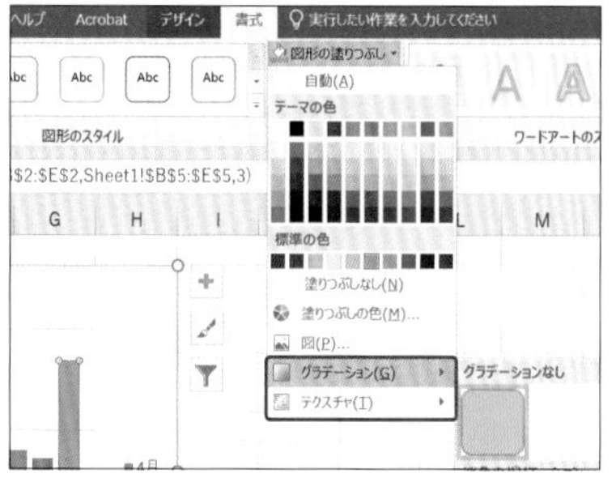

3 特定のデータマーカーの色を変更する

1 データ系列をクリックします。

同じ系列のデータマーカーが選択されます。

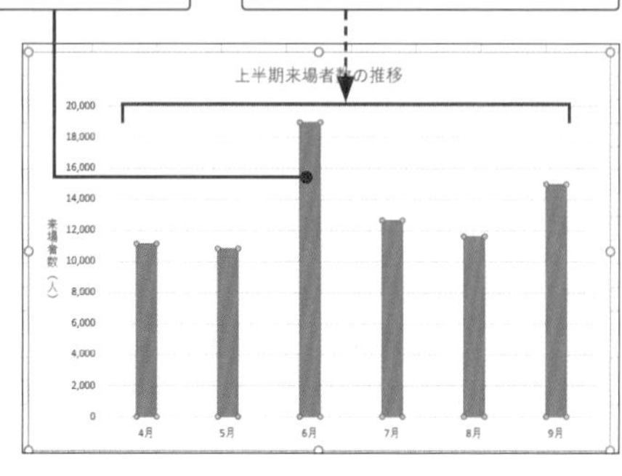

Keyword

データマーカーとデータ系列

個々の数値を表すためのグラフ要素を「データマーカー」といい、関連するデータマーカーの集まりを「データ系列」といいます。

2 再度クリックすると、クリックしたデータマーカーだけが選択されます。

3 <書式>タブをクリックして、

4 <図形の塗りつぶし>のここをクリックし、

5 目的の色（ここでは<赤>）をクリックすると、

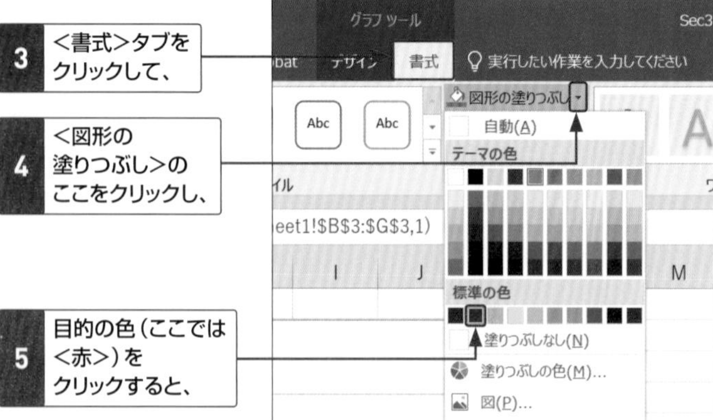

第4章 グラフをきれいに見せる

上半期来場者数の推移

20,000
18,000
16,000
14,000
12,000
10,000
8,000
6,000
4,000
2,000
0

来場者数（人）

4月 5月 6月 7月 8月 9月

6 選択したデータマーカーの色が変更されます。

StepUp

図形のスタイルを適用する

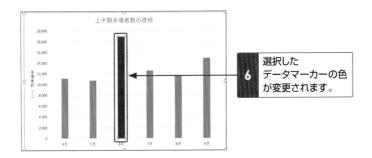

データマーカーを目立たせるには、色を変更するだけでなく、あらかじめ書式が設定されているスタイルを選択し、適用するという方法もあります。
スタイルを変更するグラフ要素を選択し、<図形のスタイル>グループの<その他>をクリックして、一覧から選択します。

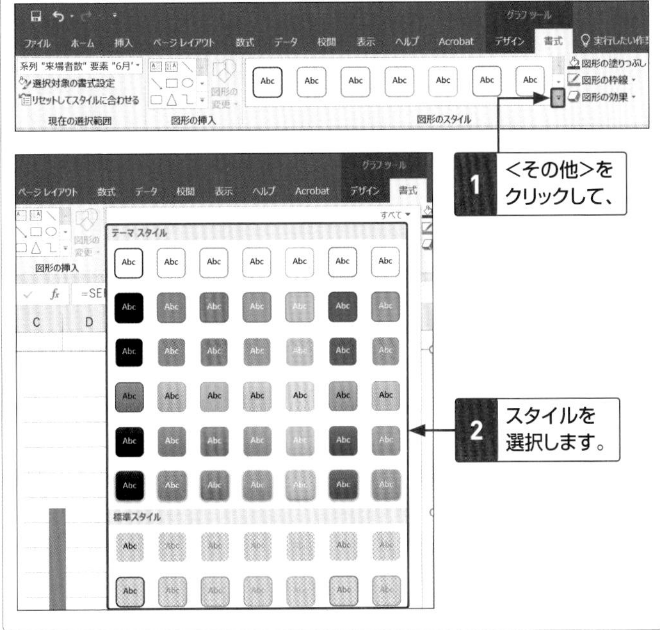

36 データ系列の重なりや太さを変更する

棒グラフは、同じ系列の棒を重ねることができます。また、棒を細くしたり、太くしたりするには要素の間隔を調整します。データ系列が多い場合は、これらを利用してグラフを見やすくしましょう。

1 同じ系列の棒を重ねて表示する

1 データ系列をクリックします。

2 <書式>タブをクリックして、

3 <選択対象の書式設定>をクリックすると、

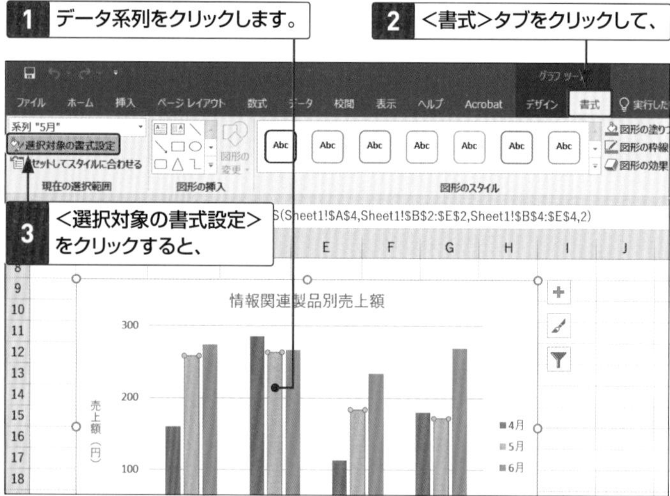

4 <データ系列の書式設定>作業ウィンドウが表示されます。

5 <系列の重なり>のスライダーを右方向にドラッグして、

6 <閉じる>をクリックすると、

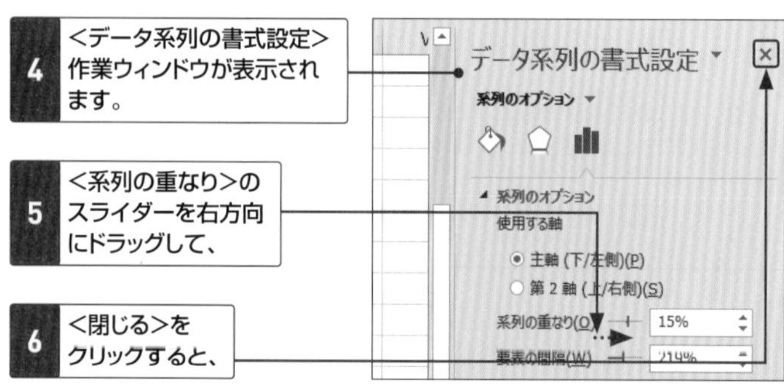

7 グラフの棒が重なって表示されます。

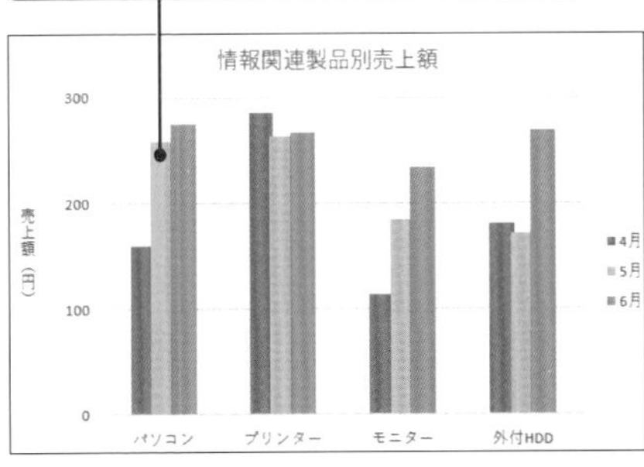

> **Memo**
>
> **系列の重なり**
>
> 系列の重なりが「-（マイナス）」の場合は系列同士が離れて表示され、「+（プラス）」の場合は重なります。「0%」の場合は、ぴったりくっついた状態で表示されます。

2 グラフの棒を細くする／太くする

1 前ページの手順 1 ～ 3 の操作で<データ系列の書式>作業ウィンドウを表示します。

2 <要素の間隔>のスライダーを右方向にドラッグして、

3 <閉じる>をクリックすると、

4 グラフの棒が細くなります。

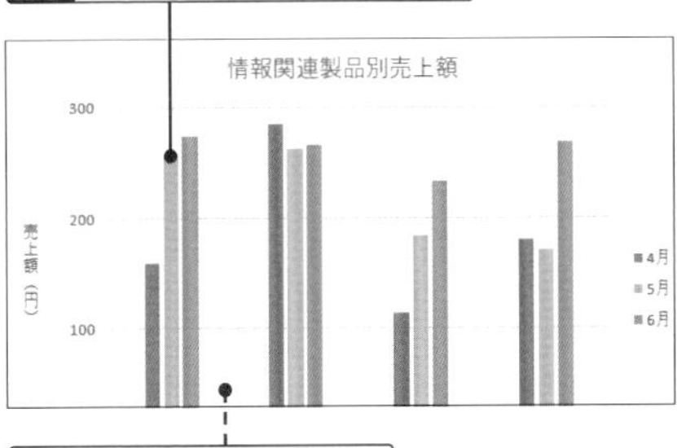

要素の間隔が広がります。

> **Memo**
>
> **グラフの棒の太さの変更**
>
> グラフの棒の太さは、要素の間隔を調整すると自動的に調整されます。

> **Memo**
>
> **棒を太くする**
>
> 手順 2 でスライダーを左方向にドラッグすると、要素の間隔が狭くなり、グラフの棒が太くなります。

Section 37 データ系列に影などの効果を付ける

グラフのデータ系列には、丸み（面取り）や影などの効果を付けることができます。データ系列に効果を付けると見栄えがよくなるので、プレゼンテーションでグラフを使う場合などに効果的です。

1 棒グラフに丸みを付ける

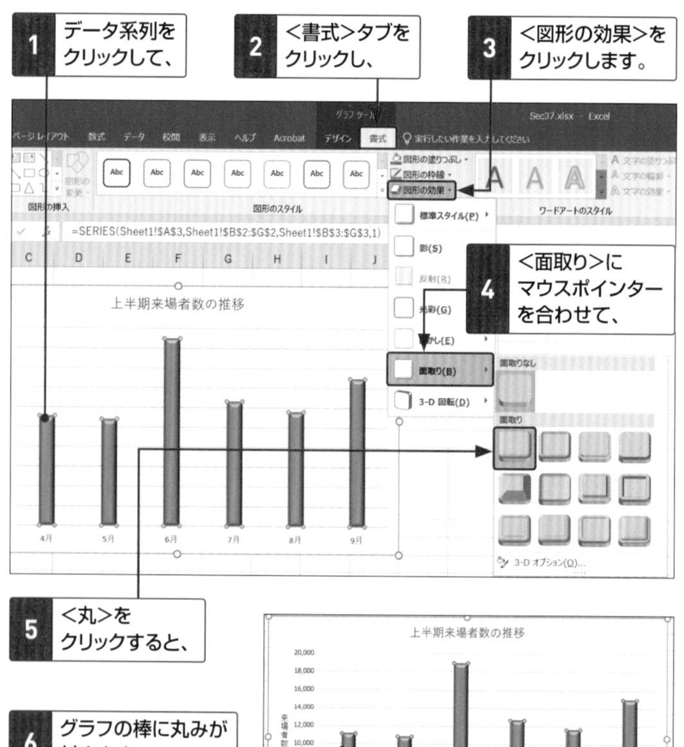

1 データ系列をクリックして、
2 <書式>タブをクリックし、
3 <図形の効果>をクリックします。
4 <面取り>にマウスポインターを合わせて、
5 <丸>をクリックすると、
6 グラフの棒に丸みが付きます。
上半期来場者数の推移
=SERIES(Sheet1!$A$3,Sheet1!$B$2:$G$2,Sheet1!$B$3:$G$3,1)

2 棒グラフに影を付ける

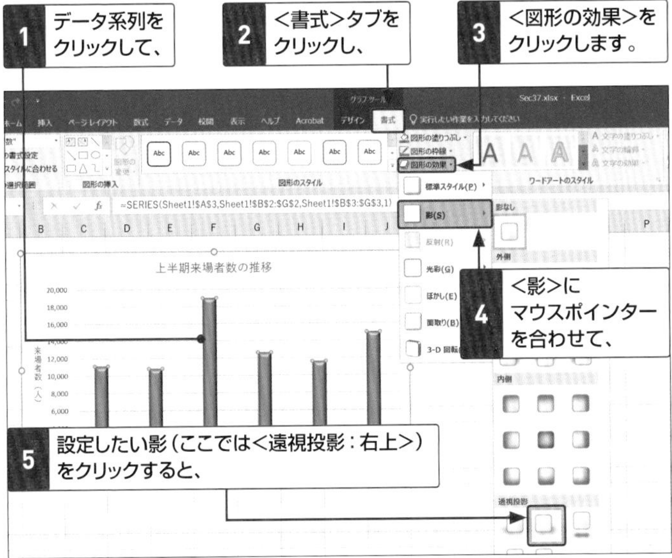
1 データ系列をクリックして、
2 <書式>タブをクリックし、
3 <図形の効果>をクリックします。
4 <影>にマウスポインターを合わせて、
5 設定したい影（ここでは<遠視投影：右上>）をクリックすると、
上半期来場者数の推移

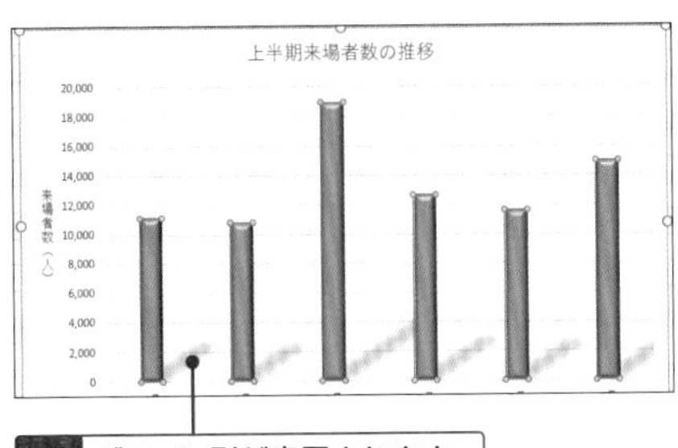
上半期来場者数の推移

6 グラフに影が表示されます。

Memo

そのほかの方法

図形の効果は、<データ系列の書式設定>作業ウィンドウで設定することもできます（Sec.36参照）。

Hint

図形の効果

図形の効果はデータ系列だけでなく、グラフタイトルやグラフエリアなどのグラフ要素にも設定できます（Sec.38参照）。１つのグラフ上で複数のグラフ要素に図形の効果を設定する場合は、同じ設定をすると統一感が出て見栄えがよくなります。

38 グラフの背景や周囲を装飾する

作成した直後のグラフエリアは無地（白地）の簡素なデザインですが、背景色やテクスチャ、写真などを設定したり、影やスタイル、3-D書式を設定したりすると、見栄えがよくなります。

1 グラフエリアにテクスチャを表示する

1 グラフエリアをクリックして、

2 <書式>タブをクリックし、

3 <図形の塗りつぶし>のここをクリックします。

4 <テクスチャ>にマウスポインターを合わせて、

5 テクスチャ（ここでは<しずく>）をクリックすると、

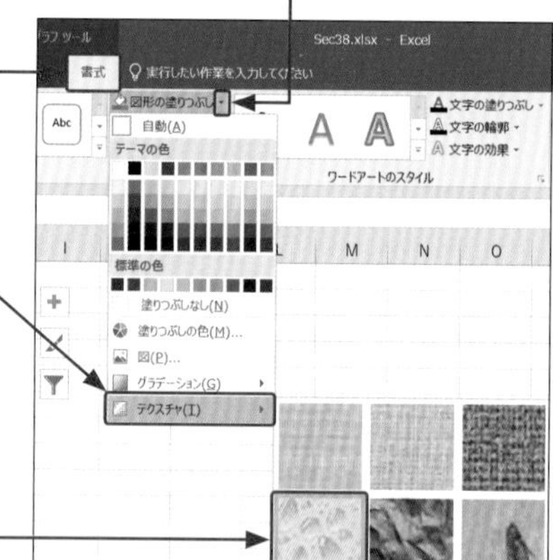

6 グラフエリアにテクスチャが付きます。

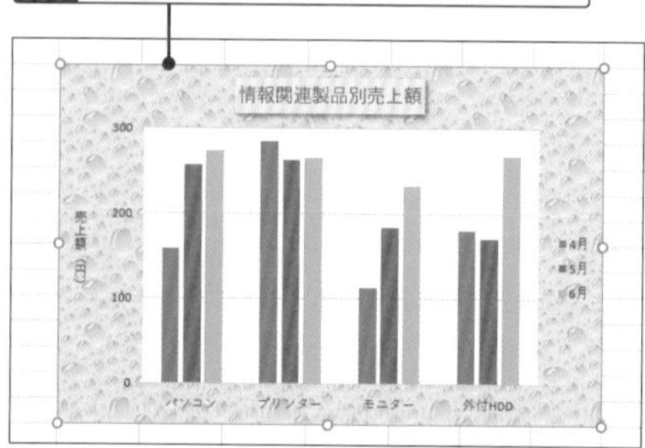

Memo

グラフエリアの設定

ここではテクスチャを設定しましたが、手順3の一覧で単色やグラデーションを設定することもできます。

2 グラフの背景（プロットエリア）に色を付ける

1 プロットエリアをクリックして、

2 <書式>タブをクリックし、

3 <図形の塗りつぶし>のここをクリックして、

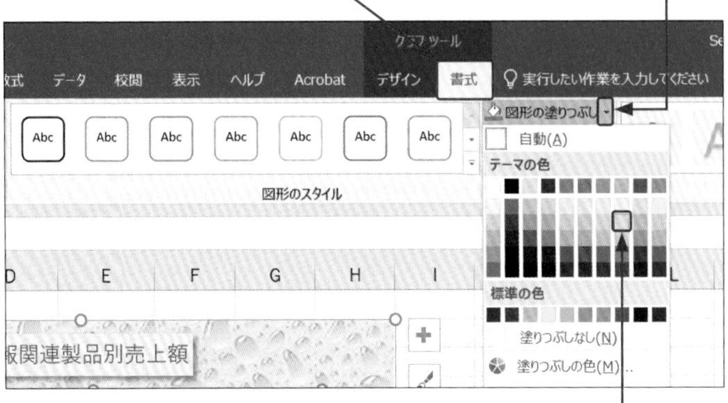

4 目的の色をクリックすると、

5 グラフの背景に色が付きます。

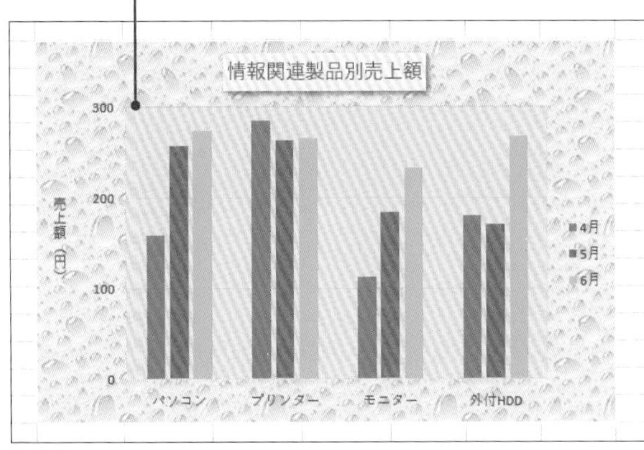

Hint

ほかのグラフ要素に色を付ける

凡例など、ほかのグラフ要素に色を付ける場合は、目的の要素を選択して本ページの操作をします。グラデーションやテクスチャの設定をすることもできます。

3 グラフエリアに影を付ける

1 グラフエリアをクリックして、

2 <書式>タブをクリックし、

3 <図形の効果>をクリックします。

4 <影>にマウスポインターを合わせて、

5 影の種類(ここでは<オフセット:中央>)をクリックすると、

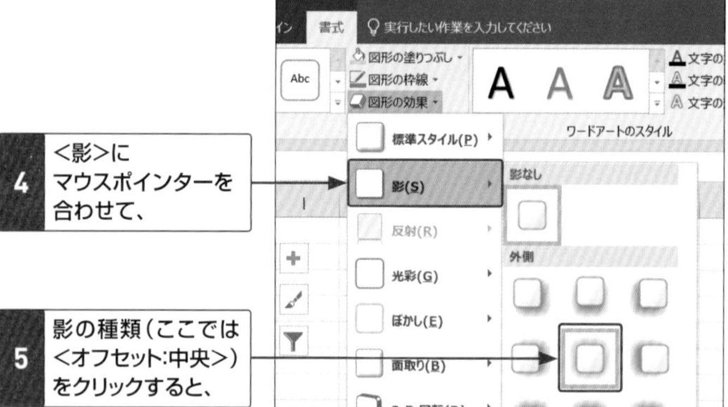

6 グラフエリアに影が付きます。

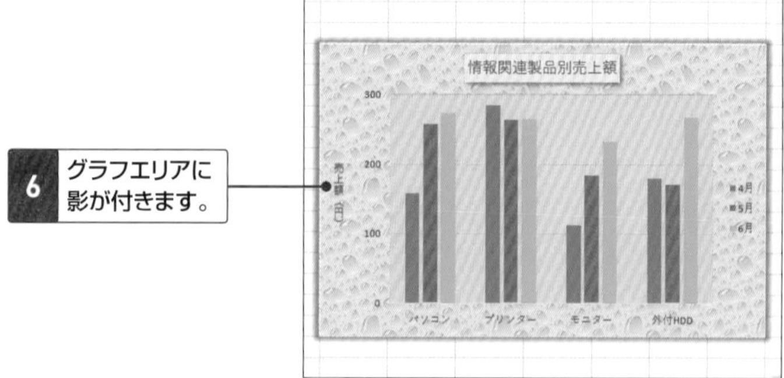

第4章 グラフをきれいに見せる

4 グラフの角を丸くして立体感を付ける

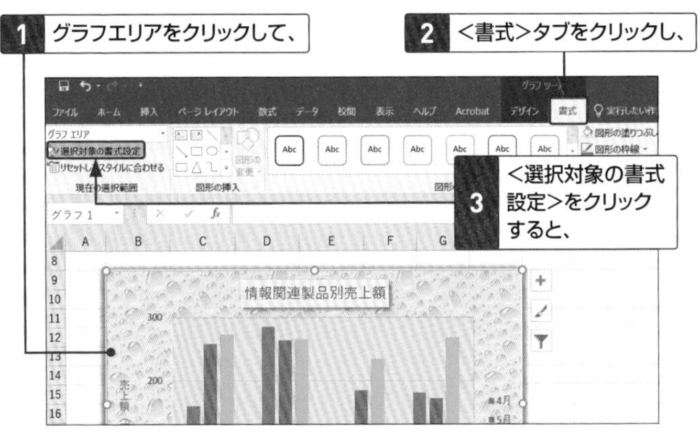

1 グラフエリアをクリックして、

2 <書式>タブをクリックし、

3 <選択対象の書式設定>をクリックすると、

ファイル
ホーム
挿入
ページレイアウト
数式
データ
校閲
表示
ヘルプ
Acrobat
デザイン
書式
グラフ エリア
選択対象の書式設定
リセットしてスタイルに合わせる
現在の選択範囲
図形の挿入
図形の塗りつぶし
図形の枠線
グラフ 1
情報関連製品別売上額
300
200
売上額
4月

4 <グラフエリアの書式設定>作業ウィンドウ（Excel 2010の場合は、<グラフエリアの書式設定>ダイアログボックス）が表示されます。

5 <塗りつぶしと線>をクリックし、

6 <枠線>をクリックして、

7 <自動>をクリックしてオンにします。

8 <角を丸くする>をクリックしてオンにします。

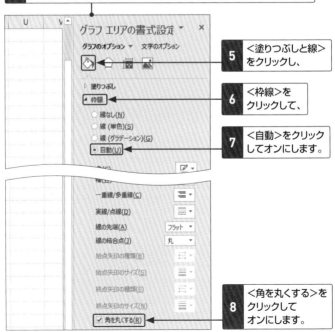

グラフ エリアの書式設定
グラフのオプション
文字のオプション
塗りつぶし
枠線
線なし(N)
線 (単色)(S)
線 (グラデーション)(G)
自動(U)
一重線/多重線(C)
実線/点線(D)
線の先端(A)
フラット
線の結合点(J)
丸
始点矢印の種類(B)
始点矢印のサイズ(S)
終点矢印の種類(E)
終点矢印のサイズ(N)
角を丸くする(R)

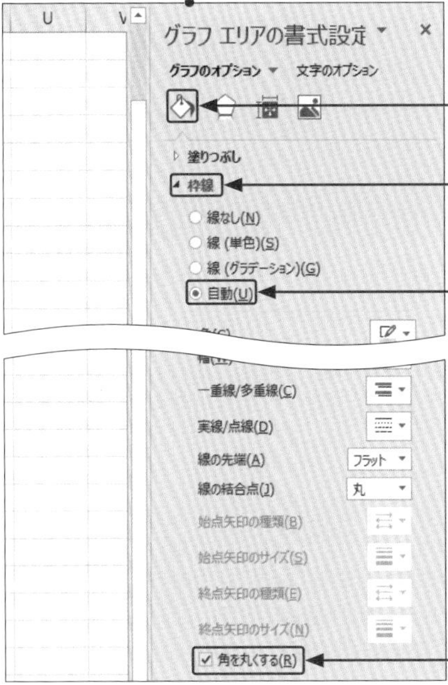

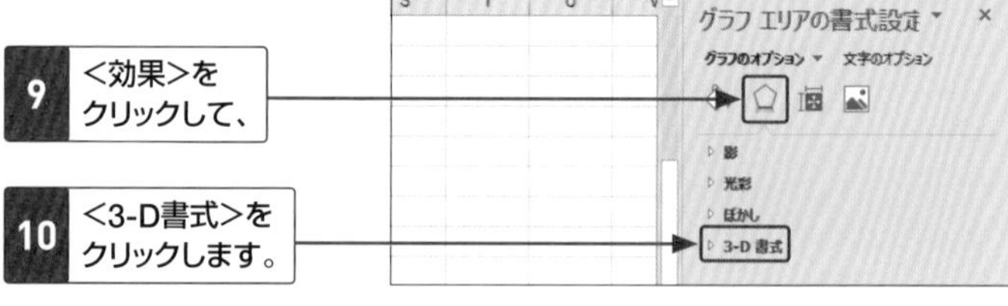

9 ＜効果＞をクリックして、

10 ＜3-D書式＞をクリックします。

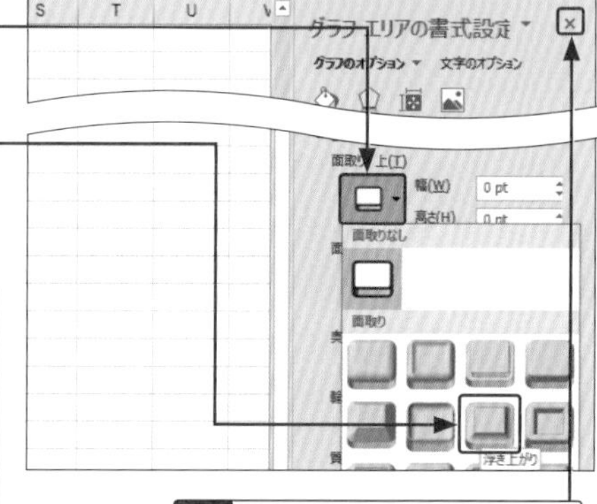

11 ＜面取り：上＞をクリックして、

12 ＜浮き上がり＞をクリックし、

13 ＜閉じる＞をクリックすると、

14 グラフエリアの角が丸くなり、グラフに立体感が出ます。

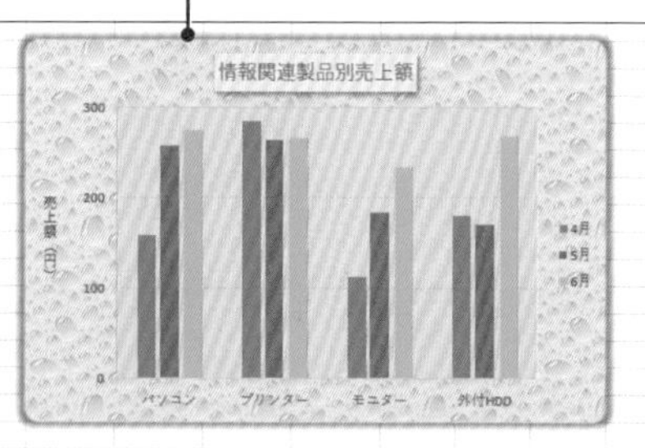

StepUp

グラフエリアに写真を挿入する

グラフエリアの背景に写真を入れることもできます。＜図形の塗りつぶし＞の▾をクリックして、＜図＞をクリックします(P.124参照)。表示される＜図の挿入＞画面で画像ファイルを指定して挿入します。

Hint

書式をリセットするには

グラフに設定した書式をまとめてリセットするには、グラフを右クリックして、＜リセットしてスタイルに合わせる＞をクリックします。ただし、角を丸くした場合はP.127手順8で＜角を丸くする＞をクリックして、オフにする必要があります。

39 グラフをテンプレートとして登録する

作成したグラフは、テンプレートとして登録できます。グラフの書式やスタイルなどを登録しておくと、同じグラフを作成する際に、一から設定する必要がないので作業を省力化できます。

1 グラフをテンプレートとして保存する

1 保存するグラフを右クリックして、

2 ＜テンプレートとして保存＞をクリックします。

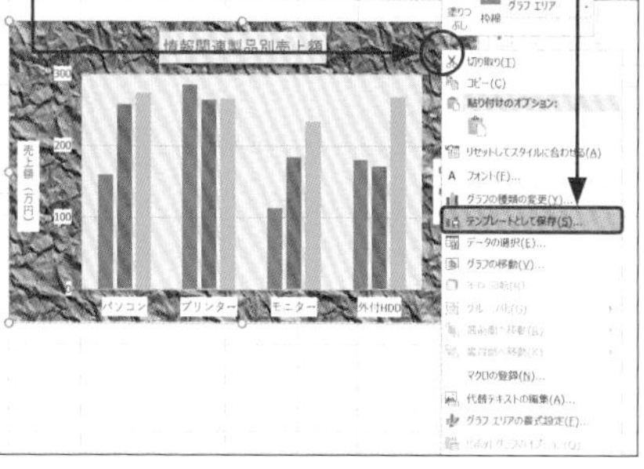

> **Memo**
>
> **Excel 2010の場合**
>
> Excel 2010の場合は、＜デザイン＞タブをクリックして、＜テンプレートとして保存＞をクリックし、ファイル名を入力して保存します。

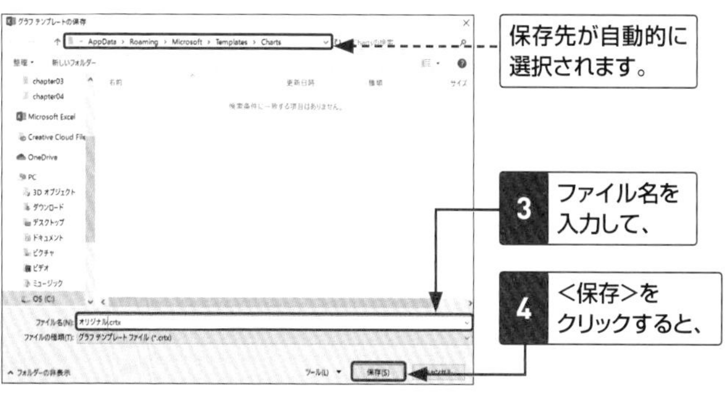

保存先が自動的に選択されます。

3 ファイル名を入力して、

4 ＜保存＞をクリックすると、

5 グラフがテンプレートとして保存されます。

ここで入力したファイル名が、テンプレート名として表示されます。

2 登録したテンプレートを利用する

1 グラフにするセル範囲を選択して、

2 <挿入>タブをクリックし、

3 <おすすめグラフ>をクリックします。

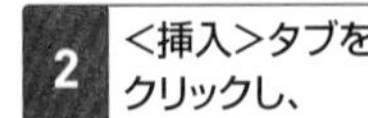

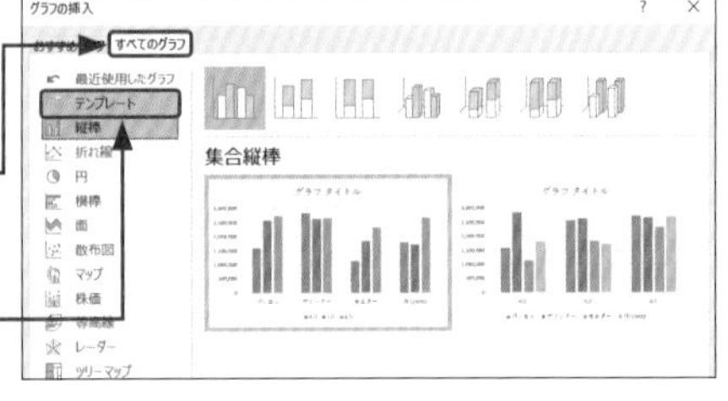

4 <すべてのグラフ>をクリックして、

5 <テンプレート>をクリックします。

6 使用するテンプレートをクリックして、

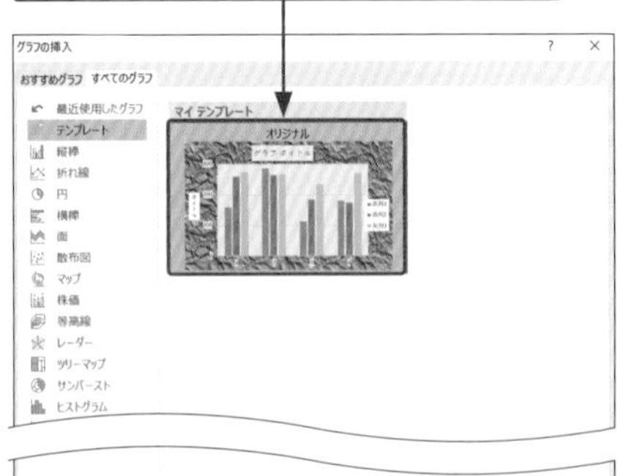

7 <OK>をクリックすると、

Memo

Excel 2010の場合

Excel 2010の場合は、<挿入>タブをクリックして、<グラフ>グループの右下の をクリックし、テンプレートを選択します。

Memo

保存される書式

テンプレートとして登録されるのは、グラフエリアやデータ系列、グラフタイトル、軸ラベルなどの書式です。必要な箇所はグラフ作成後に適宜修正します。

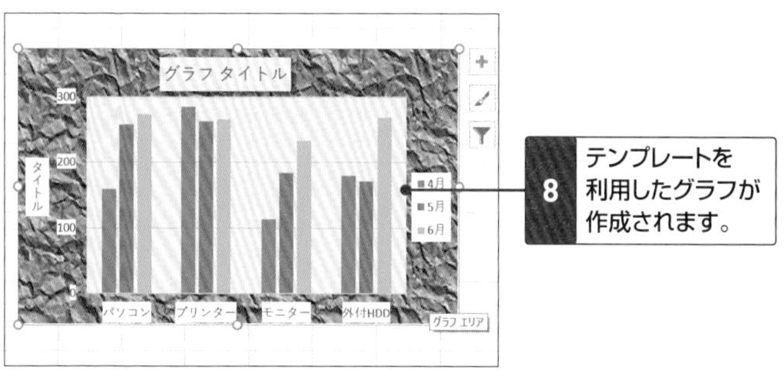

8 テンプレートを利用したグラフが作成されます。

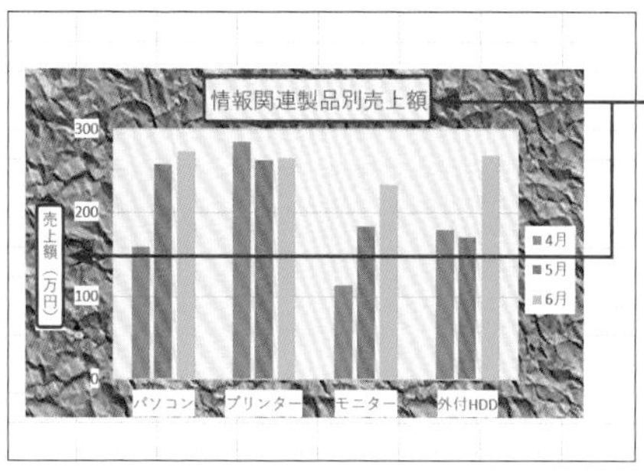

9 グラフタイトルを入力し（Sec.17参照）、軸ラベルを内容に合わせて設定します。

3 登録したテンプレートを削除する

1 セル範囲を選択します。

2 <挿入>タブをクリックして、

3 ここをクリックします。

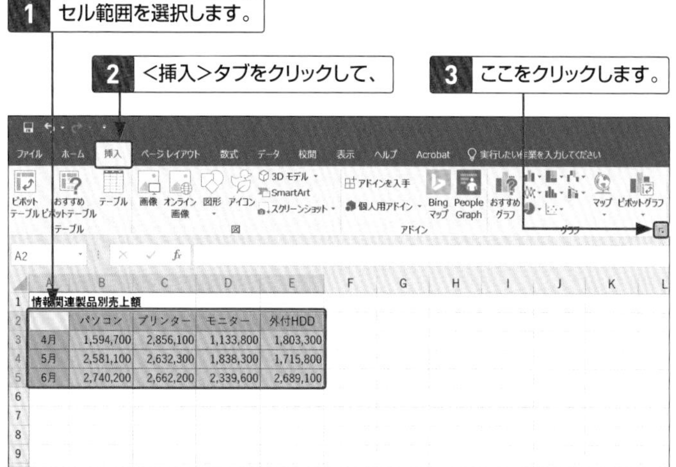

	A	B	C	D	E
1	情報関連製品別売上額				
2		パソコン	プリンター	モニター	外付HDD
3	4月	1,594,700	2,856,100	1,133,800	1,803,300
4	5月	2,581,100	2,632,300	1,838,300	1,715,800
5	6月	2,740,200	2,662,200	2,339,600	2,689,100

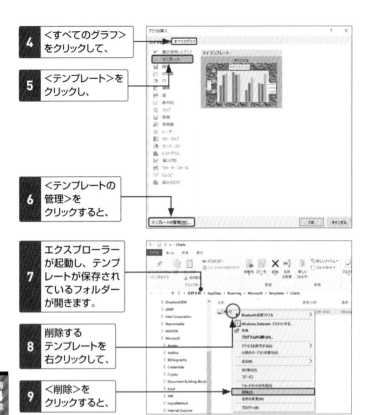

4 <すべてのグラフ>をクリックして、

5 <テンプレート>をクリックし、

6 <テンプレートの管理>をクリックすると、

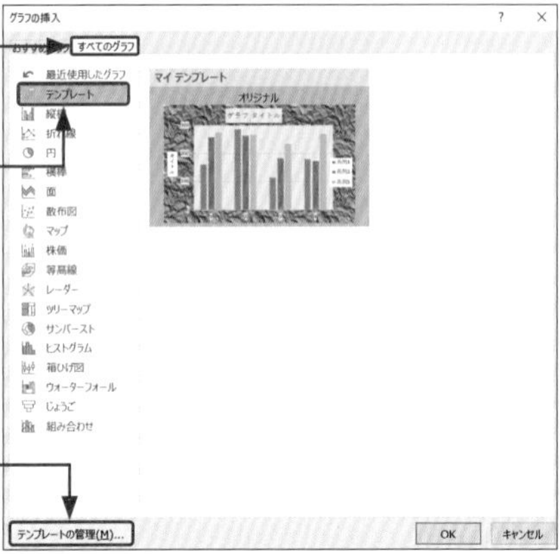

7 エクスプローラーが起動し、テンプレートが保存されているフォルダーが開きます。

8 削除するテンプレートを右クリックして、

9 <削除>をクリックすると、

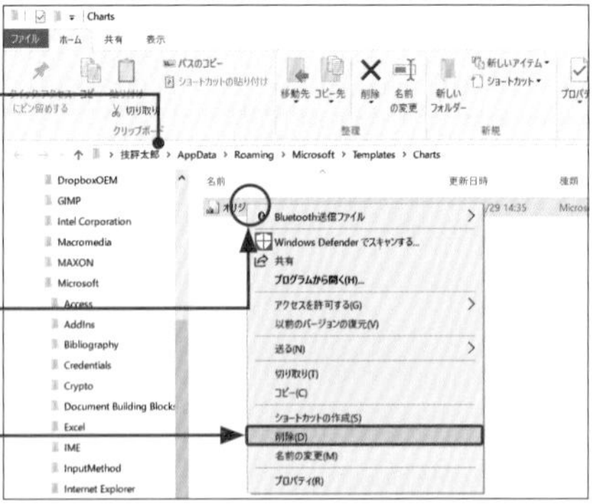

10 保存したテンプレートが削除されます。

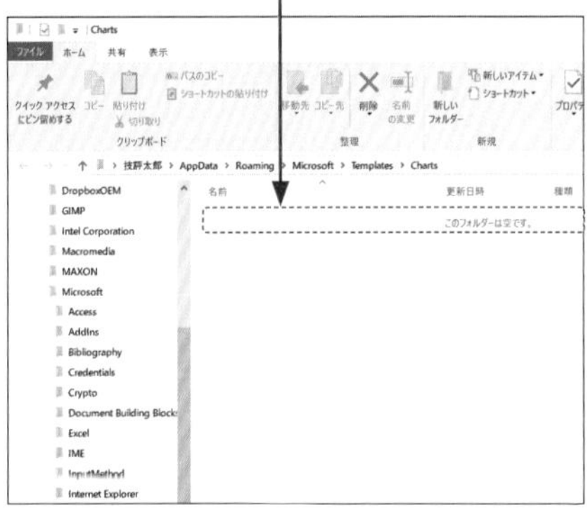

Memo

そのほかの方法

手順**7**の画面で、不要なテンプレートをクリックして選択します。この状態でエクスプローラーの<ホーム>タブの<削除>をクリックするか、Deleteを押すことでも削除できます。

第5章

情報を わかりやすく伝える

Section

40 データの並び順を入れ替える

グラフのデータ系列の順番を変更するには、データソースの選択を利用してグラフ上で入れ替えます。また、項目の順番を入れ替えたいときは、元データを並べ替えます。

1 凡例項目（データ系列）の並び順を変更する

1 グラフを選択します。

2 <デザイン>タブをクリックして、

3 <データの選択>をクリックすると、

4 <データソースの選択>ダイアログボックスが表示されます。

5 並び順を変更したいデータ系列（ここでは「パソコン」）をクリックして、

6 <下へ移動>（または<上へ移動>）をクリックします。

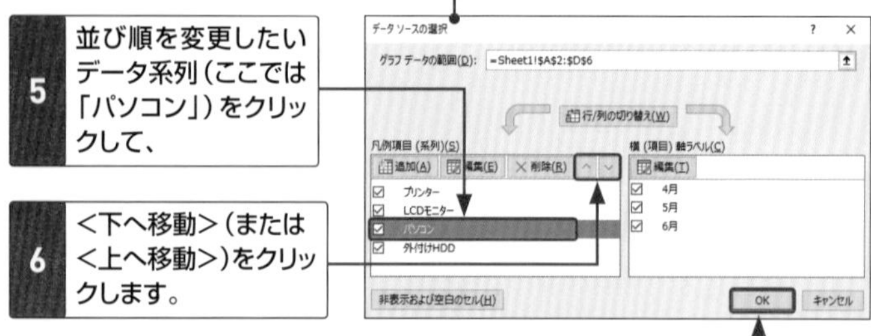

7 目的の位置に移動したら、<OK>をクリックすると、

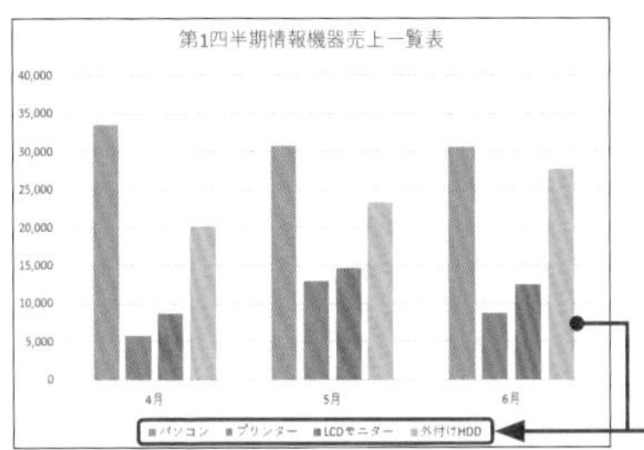

8 凡例項目の並び順が変更されます。

2 項目の順番を入れ替える

1 並べ替えたいセルをクリックします。

2 <ホーム>タブの<並べ替えとフィルター>をクリックして、

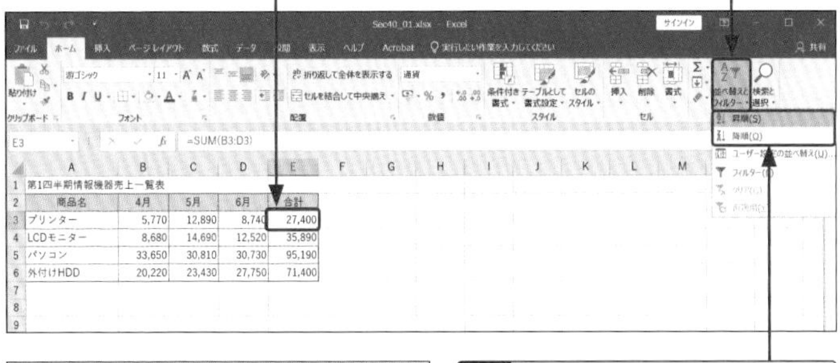

	A	B	C	D	E
1	第1四半期情報機器売上一覧表				
2	商品名	4月	5月	6月	合計
3	プリンター	5,770	12,890	8,740	27,400
4	LCDモニター	8,680	14,690	12,520	35,890
5	パソコン	33,650	30,810	30,730	95,190
6	外付けHDD	20,220	23,430	27,750	71,400

3 <昇順>（または<降順>）をクリックすると、

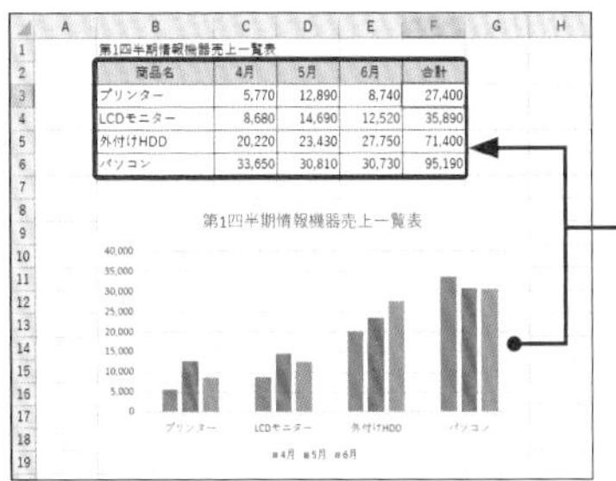

商品名	4月	5月	6月	合計
プリンター	5,770	12,890	8,740	27,400
LCDモニター	8,680	14,690	12,520	35,890
外付けHDD	20,220	23,430	27,750	71,400
パソコン	33,650	30,810	30,730	95,190

4 元データの表が並べ替わり、グラフにも反映されます。

Hint

元データの並べ替え

グラフの元データを任意の順番で並べ替えをする場合は、行を選択して<ホーム>タブの<切り取り>をクリックして、挿入したい位置の行番号を右クリックし、<切り取ったセルの挿入>をクリックします。

41 元データの値を表示する

データラベルとは、データ系列に元データの値や文字列などを表示するラベルのことです。グラフにデータラベルを表示すると、グラフを見ただけで正確なデータを把握できるようになります。

1 データ系列に値を表示する

1 値を表示するデータ系列をクリックして選択し、

2 <グラフ要素>をクリックします。

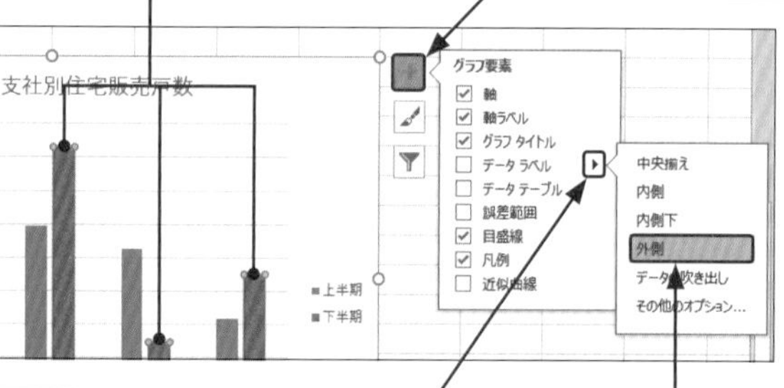

3 <データラベル>にマウスポインターを合わせて、ここをクリックし、

4 データラベルを表示する位置（ここでは<外側>）をクリックすると、

5 選択したデータ系列の外側に元データの値が表示されます。

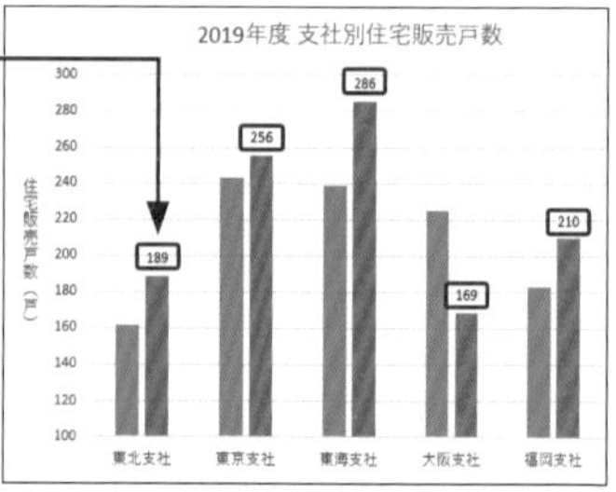

グラフの外のセルをクリックすると、グラフ要素メニューが閉じます。

Memo Excel 2010の場合

Excel 2010の場合は、データ系列を選択して<レイアウト>タブの<データラベル>をクリックし、データラベルを表示する位置をクリックして選択します。

2 特定のデータ要素に値を表示する

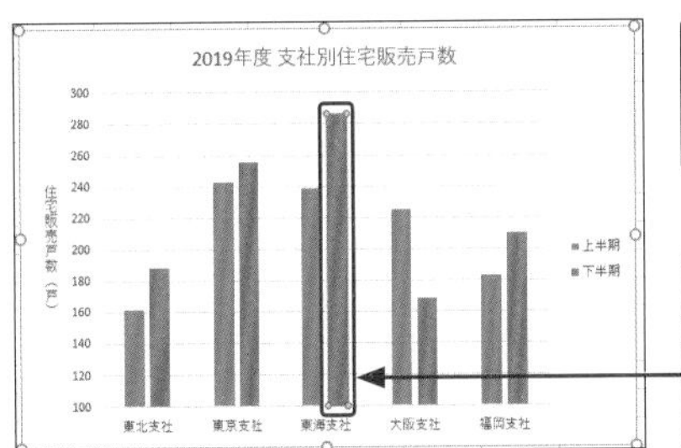

1 データ系列をクリックして選択して、

2 さらに特定のデータ系列をクリックすると、そのデータ要素だけが選択されます。

3 <グラフ要素>をクリックして、

4 <データラベル>にマウスポインターを合わせ、ここをクリックし、

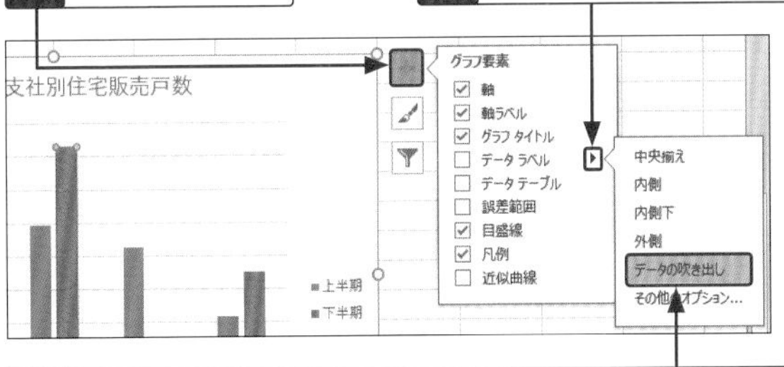

5 データラベルを表示する位置（ここでは<データの吹き出し>）をクリックすると、

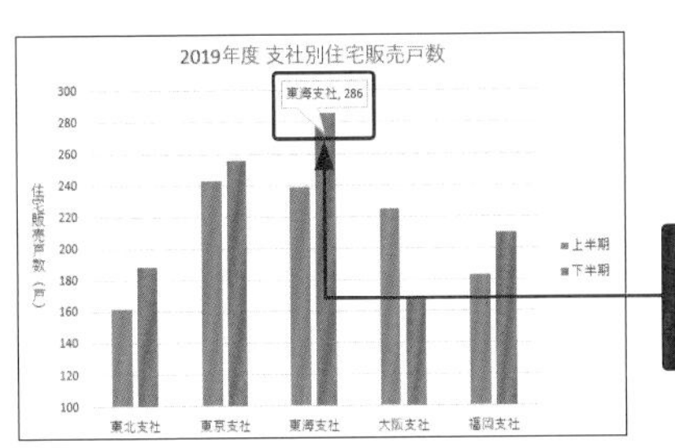

6 選択したデータ要素のみに、元データの値が表示されます。

Hint

すべてのデータ系列にデータラベルを表示させるには

グラフを選択して<グラフ要素> + をクリックし、<データラベル>をクリックしてオンにすると、すべてのデータ系列にデータラベルを表示できます。

3 データ系列に系列名と値を表示する

1 データ系列をクリックして選択し、

2 ＜グラフ要素＞をクリックします。

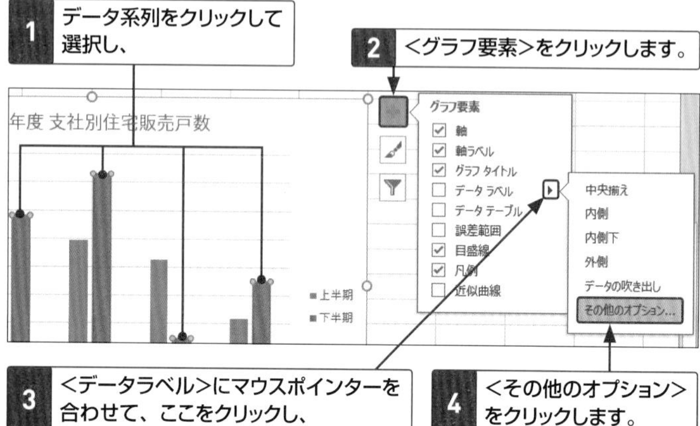

3 ＜データラベル＞にマウスポインターを合わせて、ここをクリックし、

4 ＜その他のオプション＞をクリックします。

5 ＜系列名＞と＜値＞をそれぞれクリックしてオンにします。

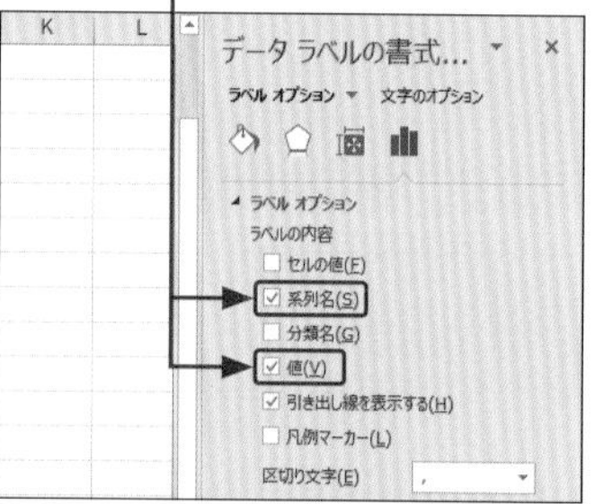

Memo

Excel 2010の場合

Excel 2010の場合は、＜レイアウト＞タブの＜データラベル＞をクリックして、＜その他のデータラベルのオプション＞をクリックして設定します。

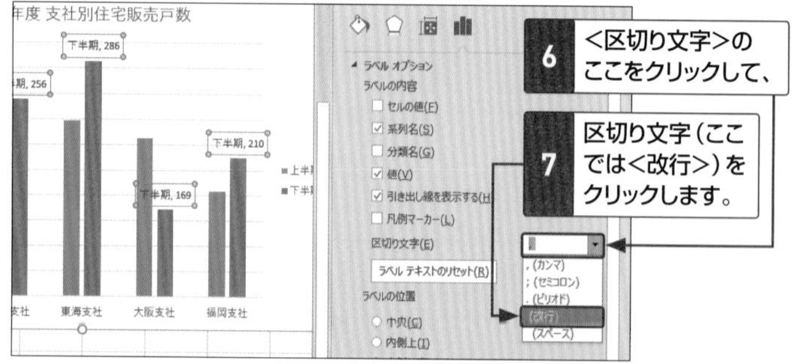

6 ＜区切り文字＞のここをクリックして、

7 区切り文字（ここでは＜改行＞）をクリックします。

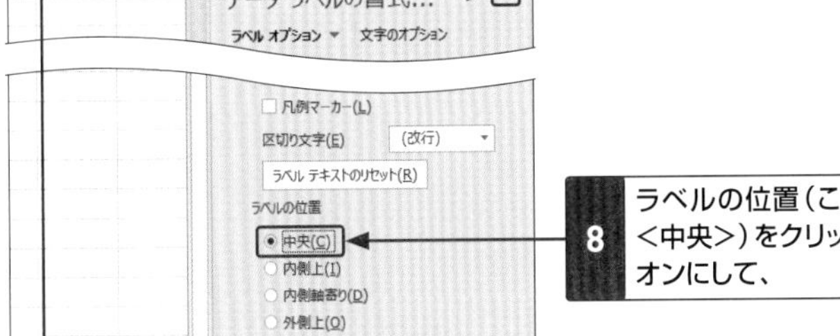

8 ラベルの位置（ここでは＜中央＞）をクリックしてオンにして、

9 ＜閉じる＞をクリックすると、

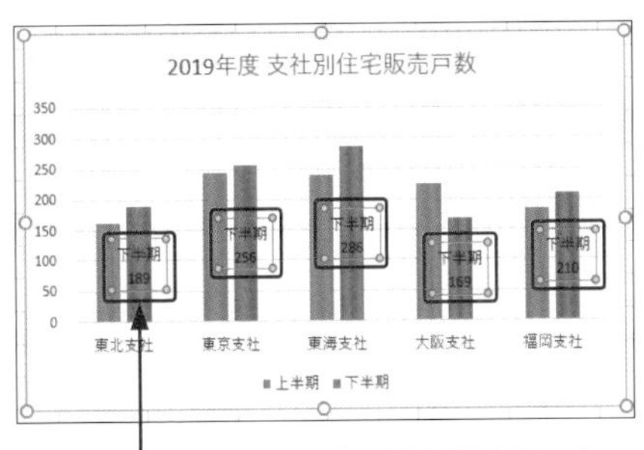

10 選択したデータ系列に、系列名と値が改行した状態で表示されます。

Hint

データラベルを削除するには

すべてのデータラベルを削除するには、＜グラフ要素＞ + をクリックして＜データラベル＞をオフにします。個々のデータラベルを削除するには、削除したいデータラベルを選択して Delete を押します。

StepUp

データラベルの文字の色を変更する

データラベルの文字の色を変更するには、＜データラベルの書式設定＞作業ウィンドウで＜文字のオプション＞をクリックして、＜文字の塗りつぶし＞をクリックし、＜塗りつぶしの色＞をクリックして色パレットから選択します。

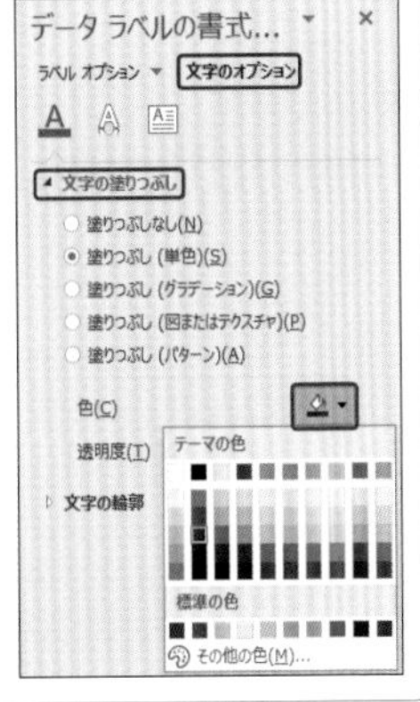

第5章 情報をわかりやすく伝える

42 元データを表形式で表示する

グラフの元データをデータテーブルとして、グラフエリア内に表示できます。データテーブルの表示は、グラフと表が離れているときに利用すると便利です。

1 データテーブルを表示する

1 グラフをクリックして、

2 <グラフ要素>をクリックします。

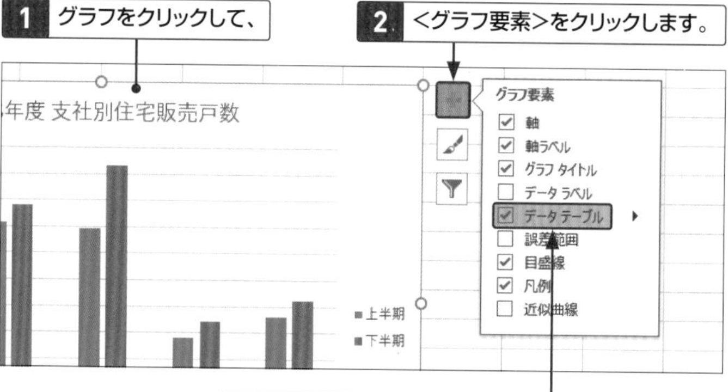

3 <データテーブル>をクリックしてオンにすると、

4 グラフの下に元データの値が表示されます。

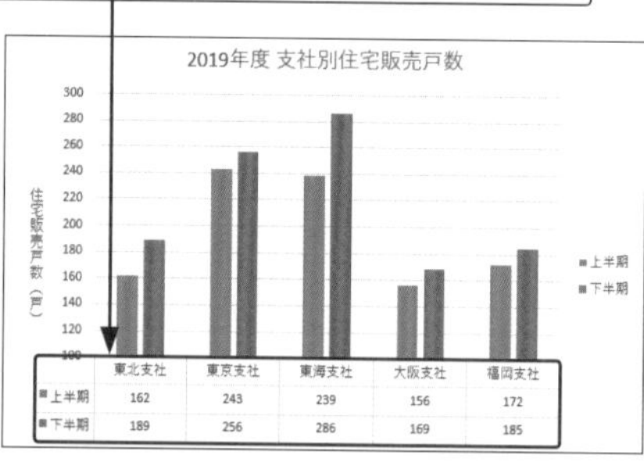

	東北支社	東京支社	東海支社	大阪支社	福岡支社
上半期	162	243	239	156	172
下半期	189	256	286	169	185

グラフの外のセルをクリックすると、グラフ要素メニューが閉じます。

Memo

Excel 2010の場合

Excel 2010の場合は、<レイアウト>タブの<データテーブル>をクリックして、<データテーブルの表示>または<凡例マーカー付きデータテーブルを表示>をクリックします。

2 データテーブルの書式を変更する

1 データテーブルをクリックします。

2 <書式>タブをクリックして、

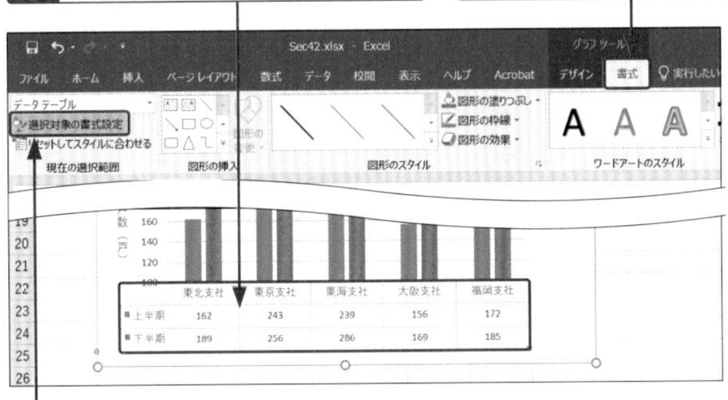

3 <選択対象の書式設定>をクリックすると、

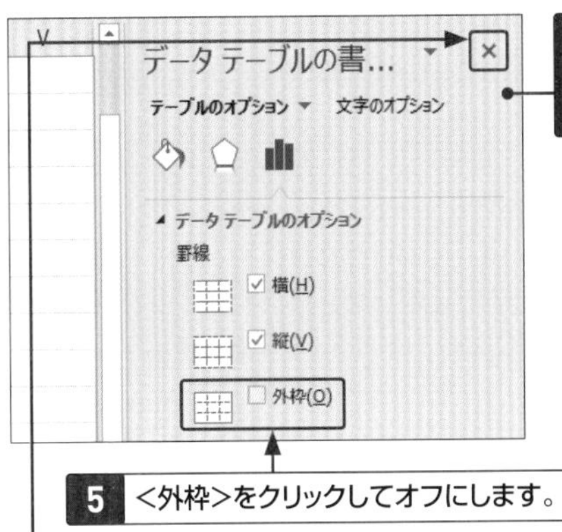

4 <データテーブルの書式設定>作業ウィンドウが表示されます。

5 <外枠>をクリックしてオフにします。

6 <閉じる>をクリックすると、

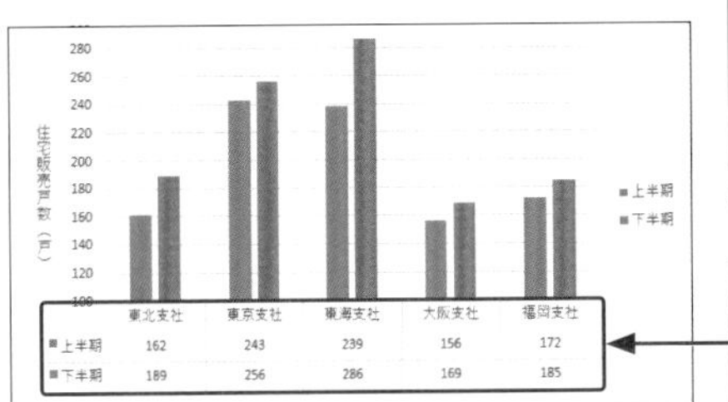

7 データテーブルの外枠が表示されなくなります。

Hint

データテーブルを削除するには

データテーブルを削除するには、<グラフ要素> をクリックして、<データテーブル>をオフにします。

第5章 情報をわかりやすく伝える

3 元データを図として貼り付ける

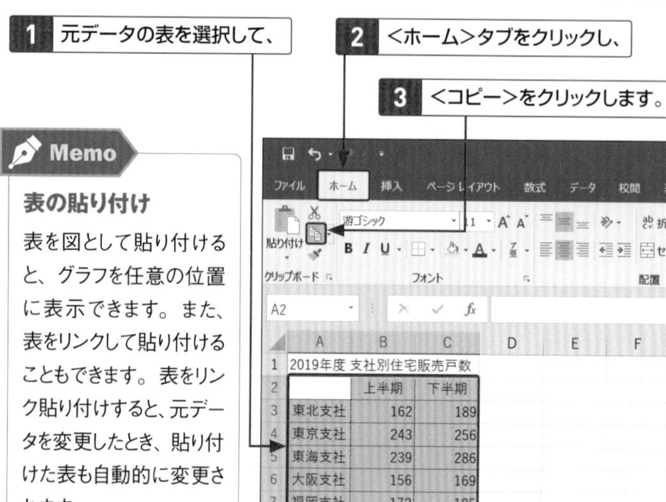

Memo

表の貼り付け

表を図として貼り付けると、グラフを任意の位置に表示できます。また、表をリンクして貼り付けることもできます。表をリンク貼り付けすると、元データを変更したとき、貼り付けた表も自動的に変更されます。

4 貼り付け先のセルをクリックして、

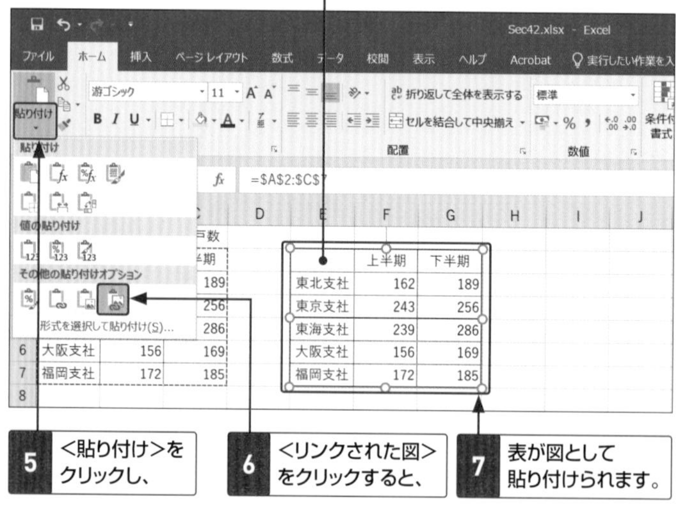

8 セルに貼り付けた表をグラフ上にドラッグして移動します。

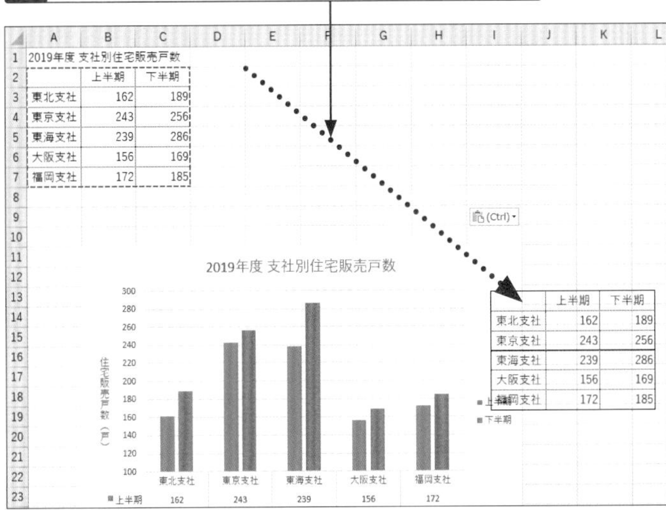

9 <塗りつぶしの色>のここをクリックして、

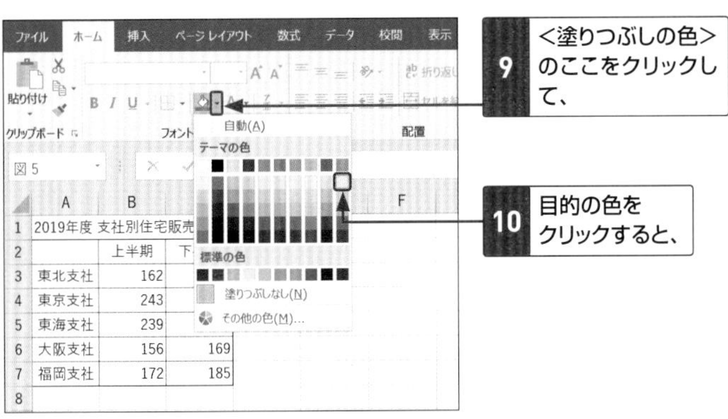

10 目的の色をクリックすると、

11 表に色が付きます。

12 表の周囲にあるハンドルをドラッグして、サイズを調整します。

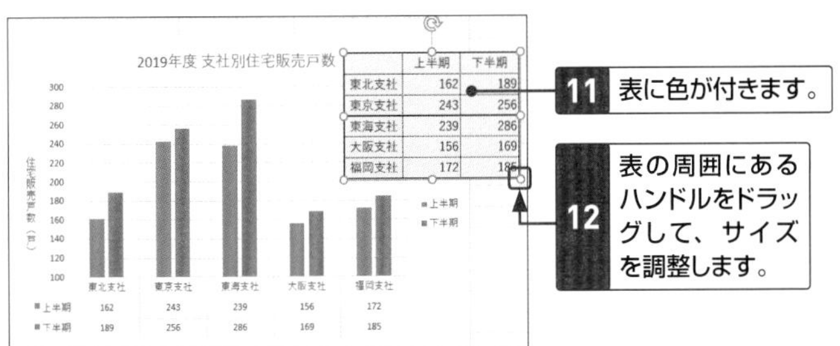

第5章 情報をわかりやすく伝える

43 軸の表示範囲を変更する

作成したグラフの縦軸に表示される軸目盛の範囲は、元データの数値に応じて自動的に設定されます。グラフの変化を強調して表示するには、軸目盛の表示範囲を元データに合わせて調整します。

1 縦軸目盛の最小値と最大値を変更する

1 縦軸をクリックします。

2 ＜書式＞タブをクリックして、

3 ＜選択対象の書式設定＞をクリックすると、

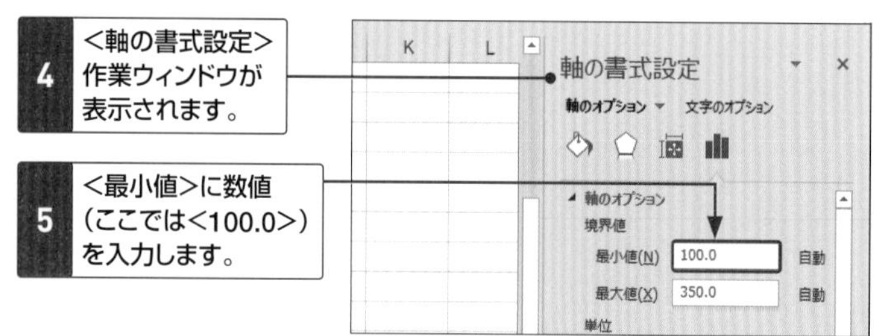

4 ＜軸の書式設定＞作業ウィンドウが表示されます。

5 ＜最小値＞に数値（ここでは＜100.0＞）を入力します。

6 <最大値>に数値(ここでは<300.0>)を入力して、

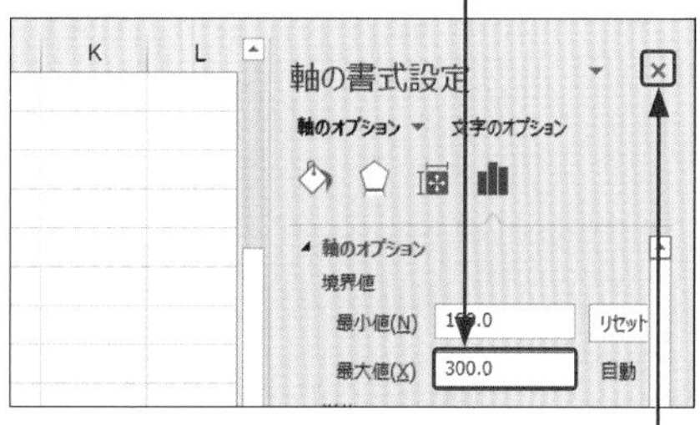

7 <閉じる>をクリックすると、

8 縦軸目盛の最小値と最大値が変更されて、目盛に合わせてグラフが調整されます。

Memo

Excel 2010の場合

Excel 2010の場合は、<軸の書式設定>ダイアログボックスの<最小値>または<最大値>で<固定>をクリックしてオンにし、それぞれの数値を入力します。また、変更した設定を元に戻すには、<自動>をクリックしてオンにします。

Hint

表示範囲を元に戻すには

変更した表示範囲を元に戻すには、再度<軸の書式設定>作業ウィンドウを表示して、<リセット>をクリックします。

44 目盛線とマーカーの位置を揃える

折れ線グラフの初期設定では、グラフの始点と終点はプロットエリアの両端から離れています。これをプロットエリアの両端に揃えるには、グラフの目盛線とマーカーの表示位置を揃えます。

1 グラフの目盛線とマーカーの表示位置を揃える

グラフスタイルで縦の目盛線を表示しています（Sec.30参照）。

折れ線グラフの初期設定では、マーカーが縦の目盛線の間に表示されます。

2019年4月 週別弁当販売数

1 横軸をクリックします。

2 <書式>タブをクリックして、

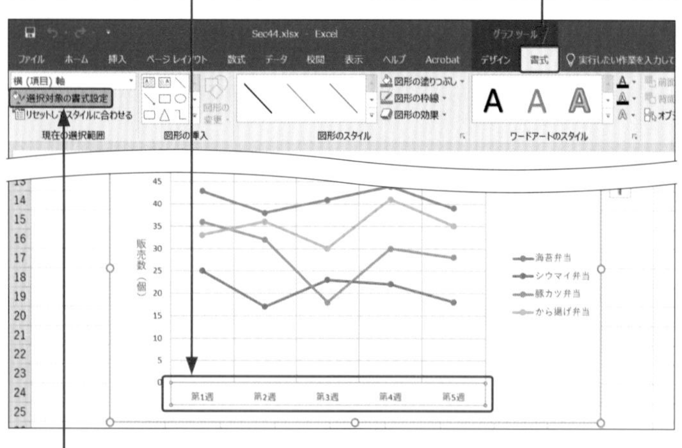

3 <選択対象の書式設定>をクリックすると、

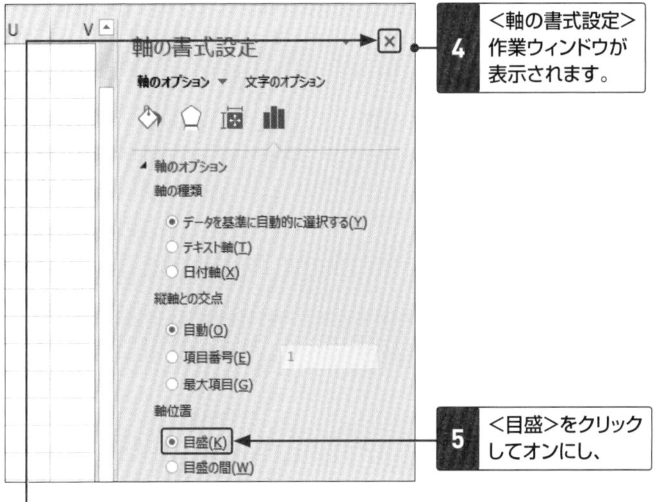

6 <閉じる>をクリックすると、

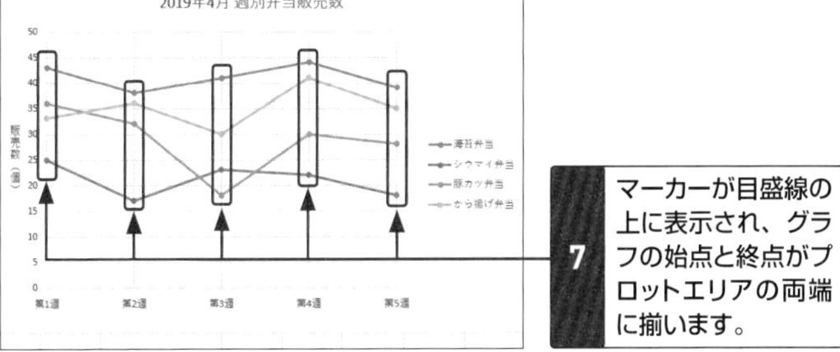

Memo

Excel 2010の場合

Excel 2010の場合は、手順4で<軸の書式設定>ダイアログボックスが表示されます。<軸のオプション>で<軸位置>の<目盛>をオンにして、<閉じる>をクリックします。

45 線の色とスタイルを変更する

折れ線グラフを作成すると、データ系列ごとに色分けされた線でグラフが描かれます。特定の折れ線やデータマーカーを強調したい場合は、線のスタイルや色を変更します。

1 特定の線のスタイルを変更する

1 スタイルを変更するデータ系列をクリックして、

2 <書式>タブをクリックします。

3 <図形の枠線>のここをクリックして、

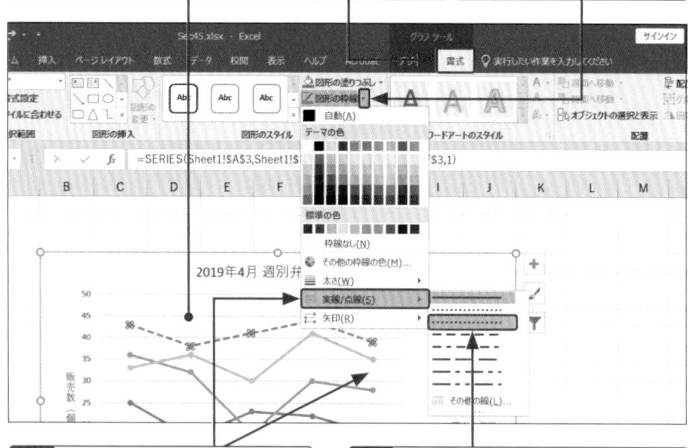

4 <実線／点線>にマウスポインターを合わせ、

5 線のスタイル（ここでは<点線（角）>）をクリックすると、

6 選択したデータ系列の線のスタイルが変更されます。

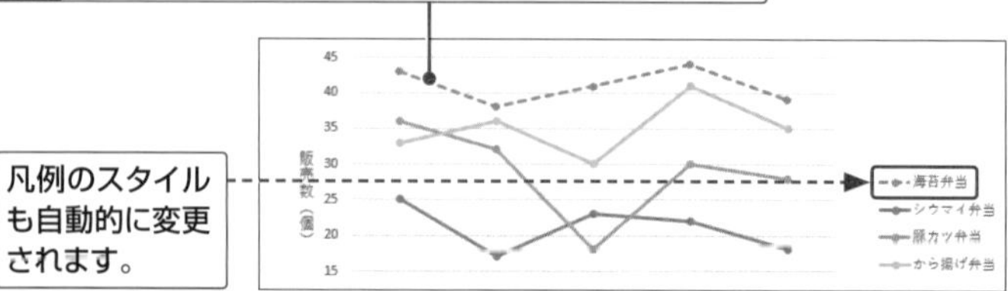

凡例のスタイルも自動的に変更されます。

2 特定のマーカーの色を変更する

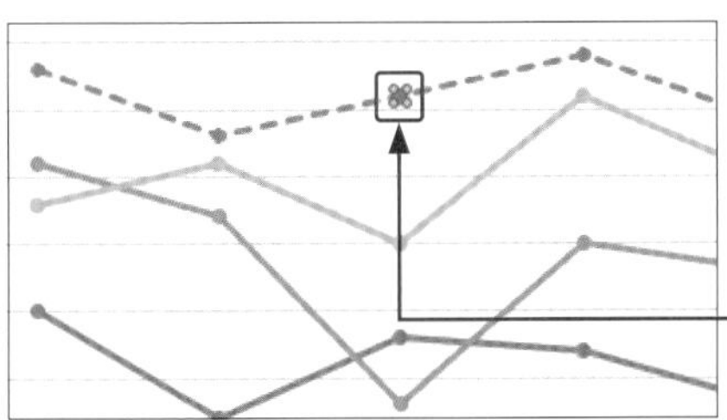

1 データ系列をクリックします。

2 マーカーをクリックすると、クリックしたマーカーだけが選択されます。

3 <書式>タブをクリックして、

4 <図形の塗りつぶし>のここをクリックし、

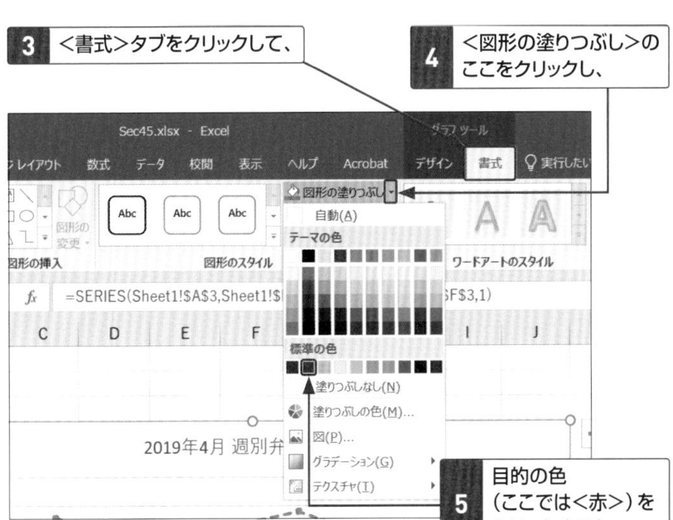

5 目的の色（ここでは<赤>）をクリックすると、

6 選択したマーカーの色が変更されます。

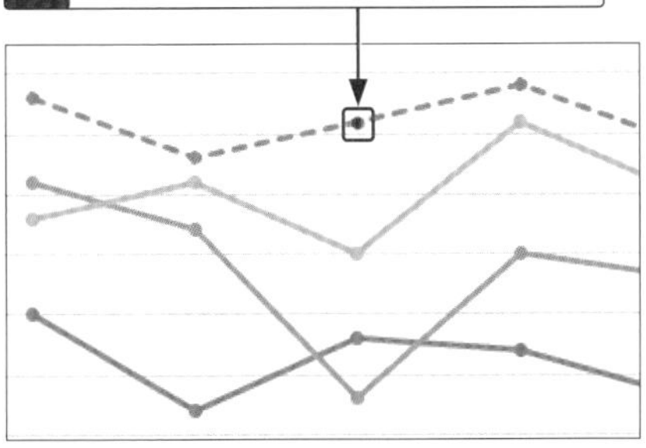

Keyword

データマーカーとデータ系列

個々の数値を表すためのグラフ要素を「データマーカー」といいます。折れ線グラフの場合は、それぞれの折れ線が「データ系列」になります。

第5章 情報をわかりやすく伝える

途切れている箇所を修正する

折れ線グラフを作成する場合、元データの表に空白セルがあると、折れ線が途切れて表示されます。途切れた折れ線をつなげて表示するには、途切れている前後の線を直接結んで表示します。

グラフの元になるデータに空白（何も入力されていない）セルがあると、

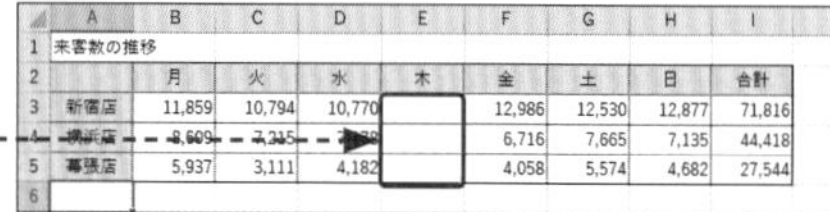

来客数の推移								
	月	火	水	木	金	土	日	合計
新宿店	11,859	10,794	10,770		12,986	12,530	12,877	71,816
横浜店	8,609	7,315	[illegible]		6,716	7,665	7,135	44,418
幕張店	5,937	3,111	4,182		4,058	5,574	4,682	27,544

折れ線グラフは途中で途切れて表示されます。

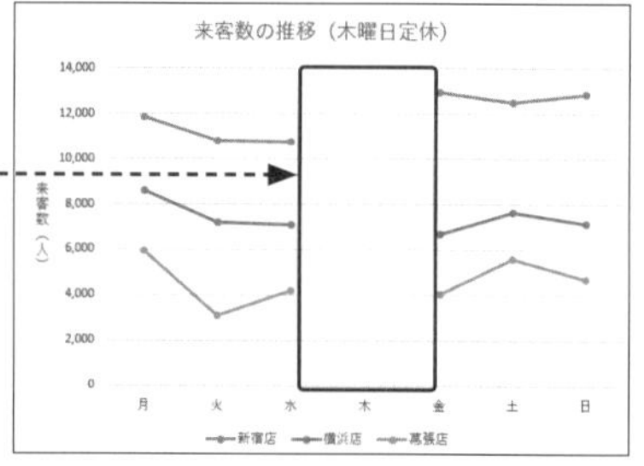

1 途切れた線を結んで表示する

1 グラフをクリックします。

2 <デザイン>タブをクリックして、

3 <データの選択>をクリックすると、

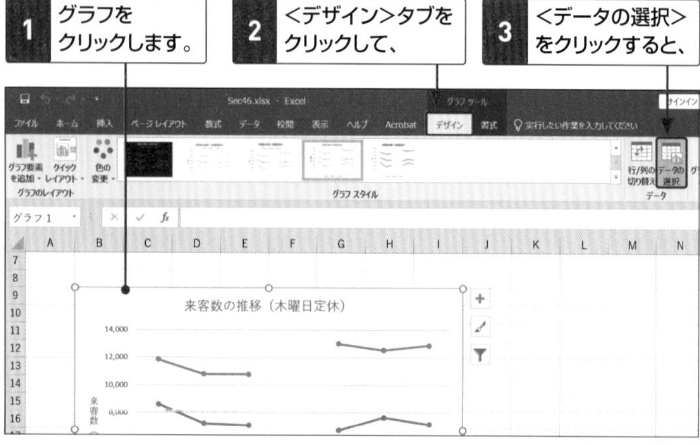

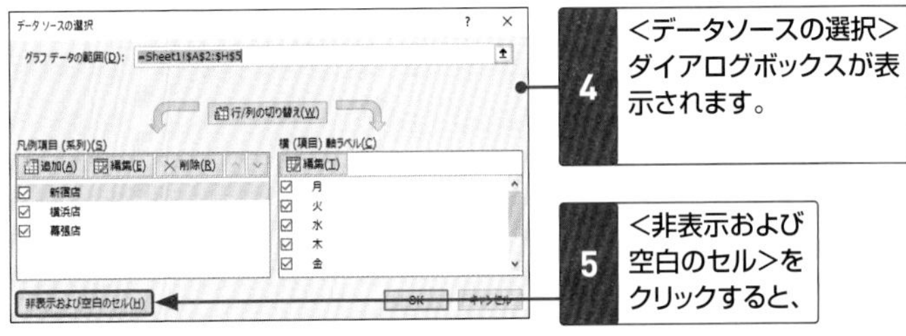

4 <データソースの選択>ダイアログボックスが表示されます。

5 <非表示および空白のセル>をクリックすると、

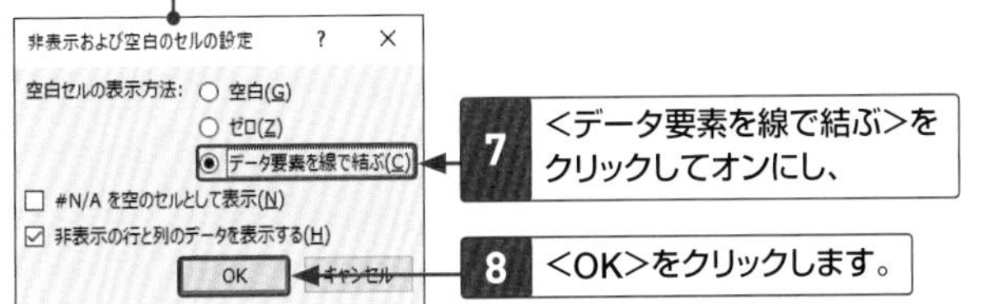

6 <非表示および空白のセルの設定>ダイアログボックスが表示されます。

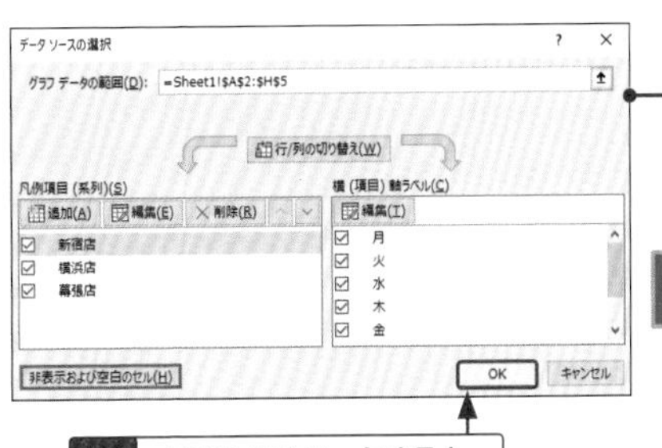

7 <データ要素を線で結ぶ>をクリックしてオンにし、

8 <OK>をクリックします。

9 <データソースの選択>ダイアログボックスに戻ります。

10 <OK>をクリックすると、

11 途切れた線がつながって表示されます。

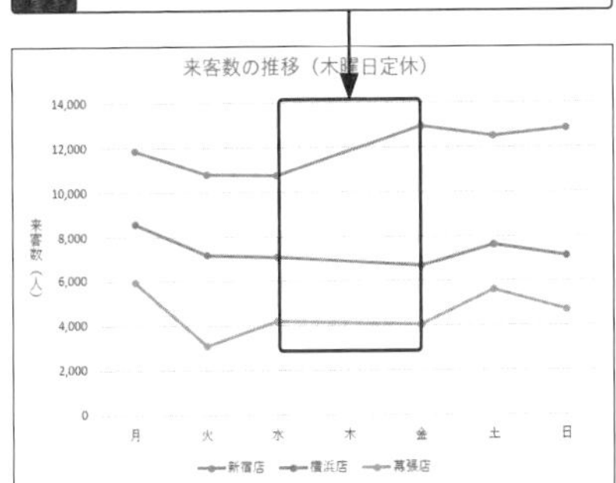

Memo

非表示の行と列のデータを表示する

列や行を非表示にした際、その部分にグラフの元になるデータが入力されている場合は、グラフの一部が表示されなくなります。<非表示および空白のセルの設定>ダイアログボックスの<非表示の行と列のデータを表示する>をオンにすると、行や列を非表示にしても、グラフには影響がありません。

2 データのない横（項目）軸ラベルを非表示にする

1 グラフをクリックします。

2 <デザイン>タブをクリックして、

3 <データの選択>をクリックすると、

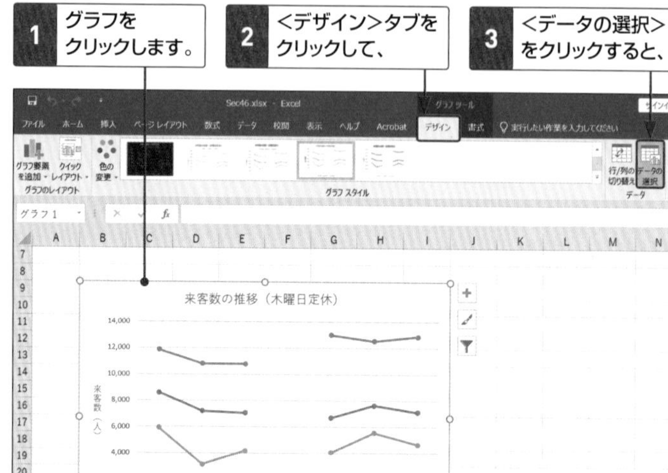

4 <データソースの選択>ダイアログボックスが表示されます。

5 <横（項目）軸ラベル>で非表示にする項目（ここでは<木>）をクリックしてオフにして、

6 <OK>をクリックすると、

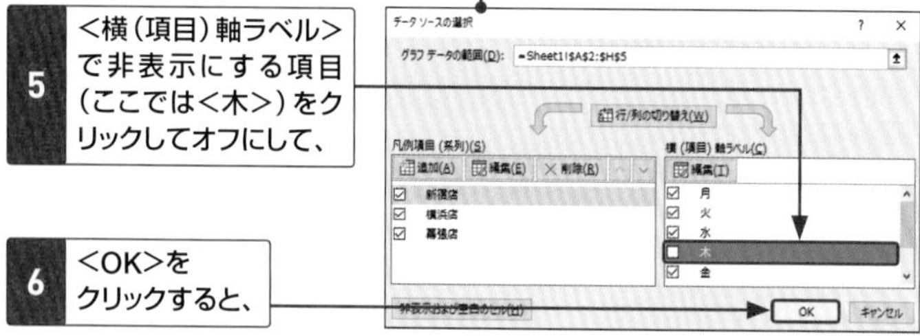

7 データのない横（項目）軸ラベルが非表示になり、途切れた線がつながって表示されます。

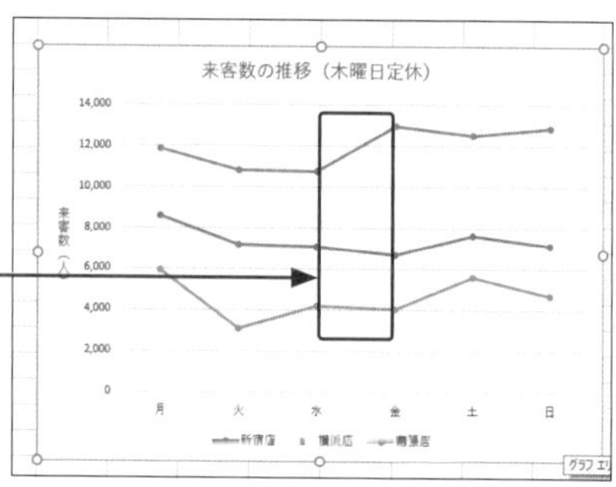

第5章 情報をわかりやすく伝える

Excel 2010の場合

Excel 2010の場合は、<データソースの選択>ダイアログボックスを表示し、折れ線グラフにするデータをドラッグして選択します。

1 グラフを選択して<データソースの選択>ダイアログボックスを表示します。

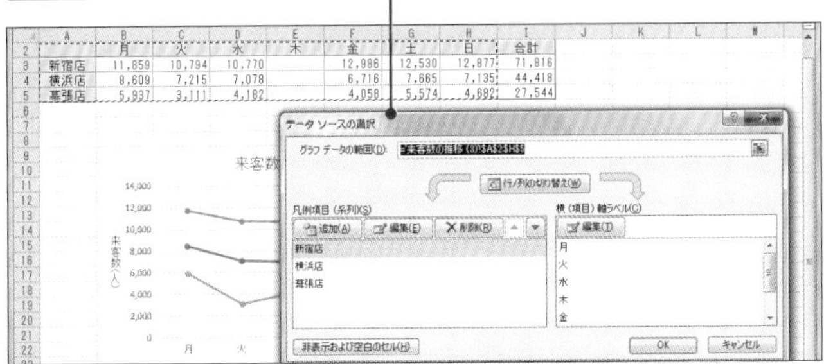

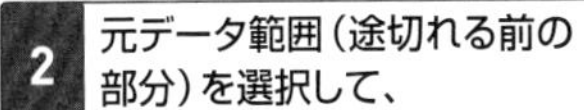

2
元データ範囲（途切れる前の部分）を選択して、

3 Ctrl を押しながら途切れた後の部分を選択します。

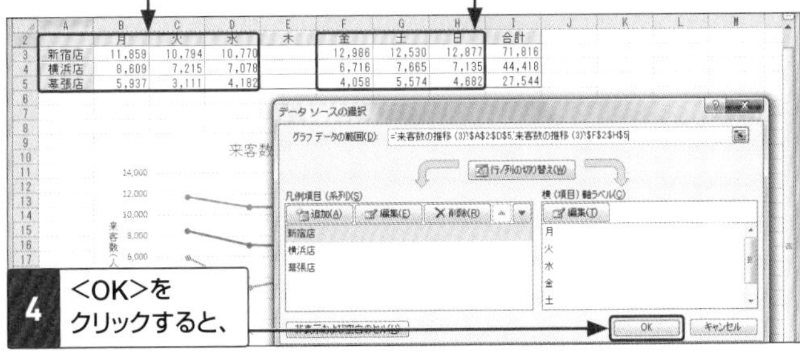

4 <OK>をクリックすると、

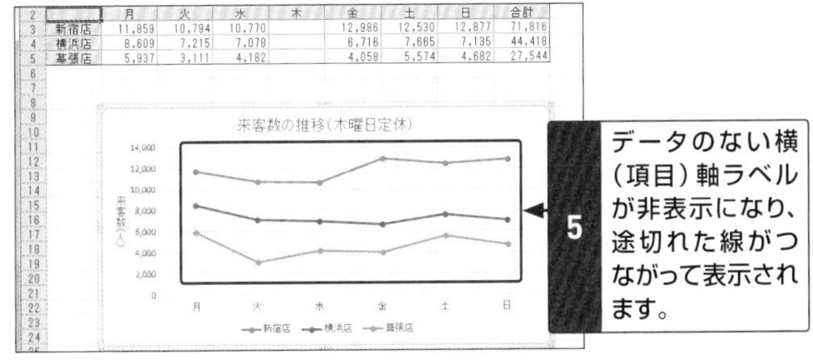

5 データのない横（項目）軸ラベルが非表示になり、途切れた線がつながって表示されます。

基準線を追加する

合格ラインなど、グラフに基準となる線を追加すると、ひと目でさまざまな情報を把握できるようになります。基準線を表示するには基準のデータを作成し、第2軸を表示して設定を変更します。

1 組み合わせグラフを作成する

ここでは、「合格点」の値を基準線にします。

1 グラフにするデータ範囲を選択して、

2 <挿入>タブをクリックし、

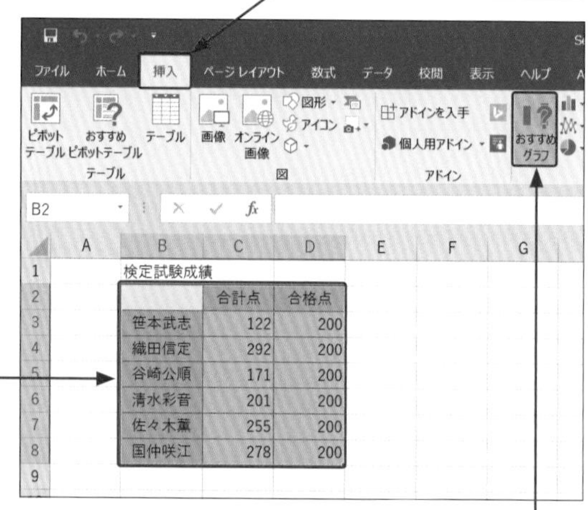

3 <おすすめグラフ>をクリックします。

Memo

Excel 2010の場合

Excel 2010の場合は、集合縦棒グラフを作成後、基準線（第2軸）にしたいデータ系列をクリックして、<デザイン>タブの<グラフの種類の変更>をクリックし、<折れ線>を選択します。

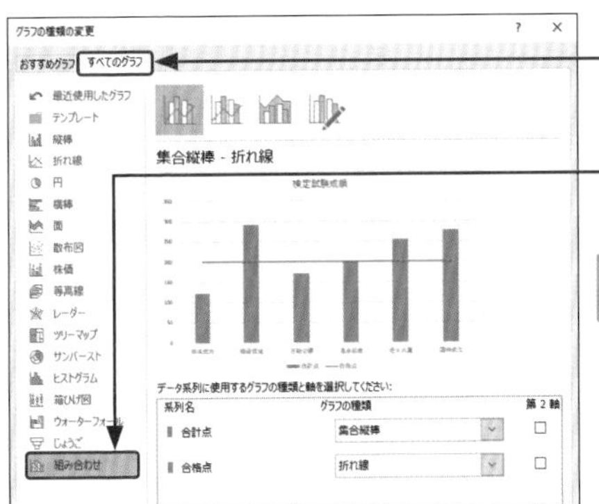

4 <すべてのグラフ>をクリックして、

5 <組み合わせ>をクリックします。

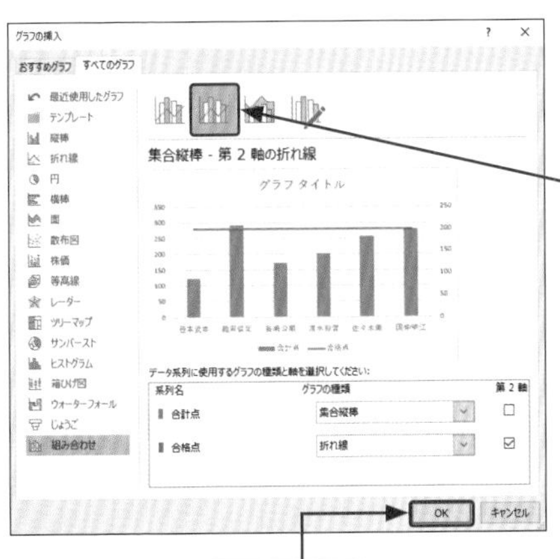

6 <集合縦棒-第2軸の折れ線>をクリックして、

7 <OK>をクリックすると、

> **Memo**
>
> **Excel 2010の場合**
>
> Excel 2010の場合は、折れ線にしたグラフ系列をクリックして、<レイアウト>タブの<選択範囲の書式設定>をクリックし、第2軸を選択します。

8 縦棒と折れ線の組み合わせグラフが作成されます。

9 グラフタイトルを入力します(Sec.17参照)。

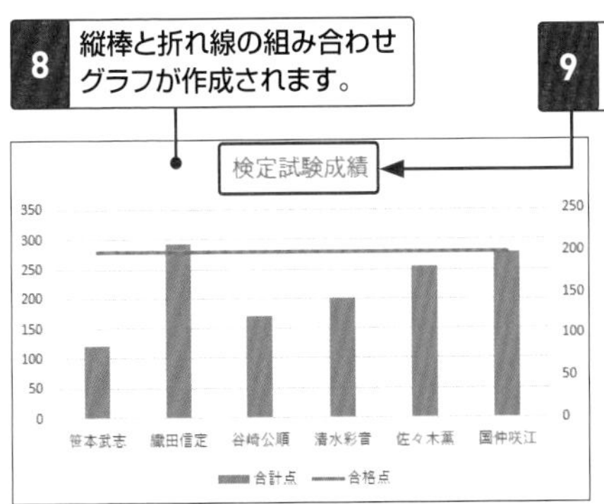

2 基準線（第2軸）の設定を変更する

1 第2軸の縦軸をクリックします。

2 <書式>タブをクリックして、

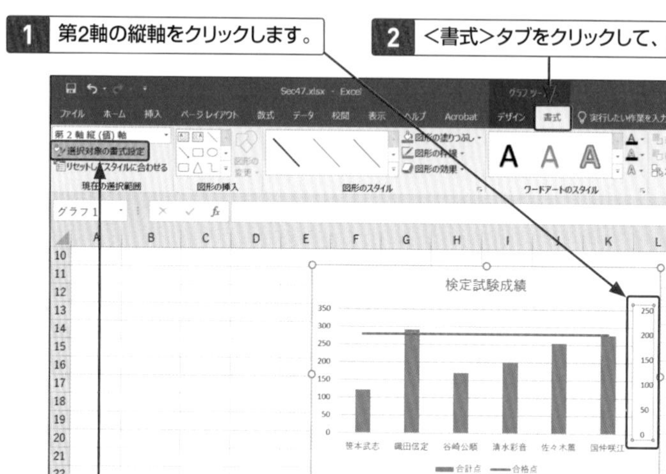

3 <選択対象の書式設定>をクリックすると、

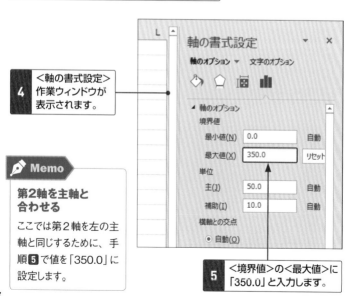

4 <軸の書式設定>作業ウィンドウが表示されます。

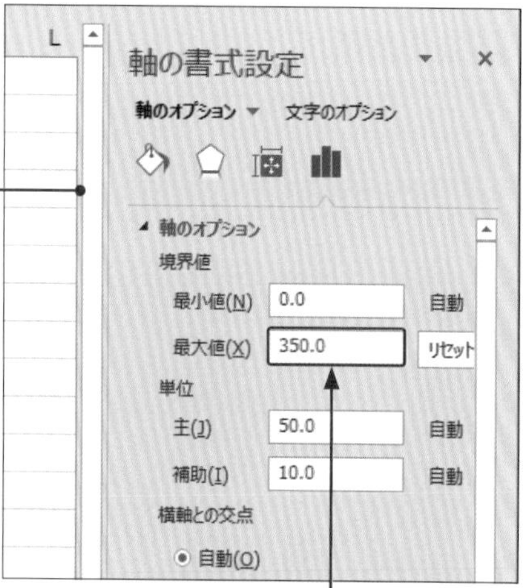

軸の書式設定
軸のオプション　文字のオプション
軸のオプション
境界値
最小値(N) 0.0 自動
最大値(X) 350.0 リセット
単位
主(J) 50.0 自動
補助(I) 10.0 自動
横軸との交点
自動(O)

5 <境界値>の<最大値>に「350.0」と入力します。

Memo

第2軸を主軸と合わせる

ここでは第２軸を左の主軸と同じするために、手順5で値を「350.0」に設定します。

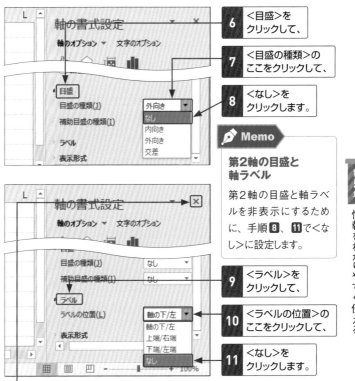

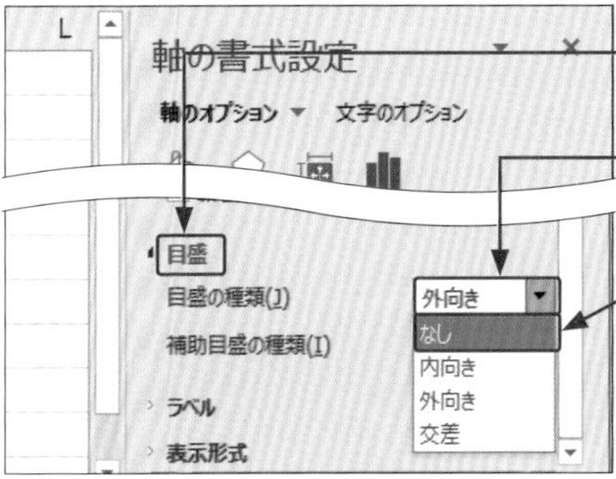

6 ＜目盛＞をクリックして、

7 ＜目盛の種類＞のここをクリックして、

8 ＜なし＞をクリックします。

> **Memo**
>
> **第2軸の目盛と軸ラベル**
>
> 第2軸の目盛と軸ラベルを非表示にするために、手順 **8**、**11** で＜なし＞に設定します。

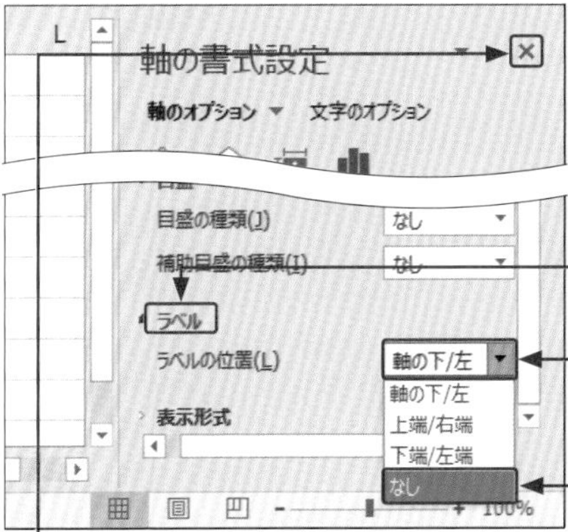

9 ＜ラベル＞をクリックして、

10 ＜ラベルの位置＞のここをクリックして、

11 ＜なし＞をクリックします。

12 ＜閉じる＞をクリックすると、

13 第2軸が左の主軸と同じになり、目盛と軸ラベルが非表示になります。

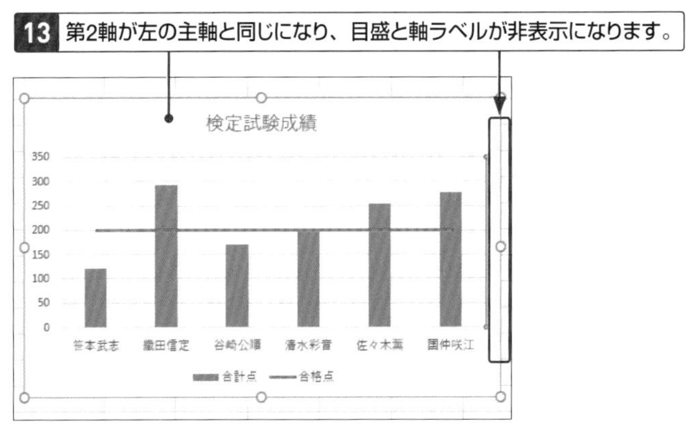

第5章 情報をわかりやすく伝える

3 基準線をプロットエリアの両端まで伸ばす

1 グラフをクリックして、＜グラフ要素＞をクリックします。

2 ＜軸＞にマウスポインターを合わせて、ここをクリックし、

3 ＜第2横軸＞をクリックしてオンにし、

4 グラフの外のセルをクリックして、グラフ要素メニューを閉じます。

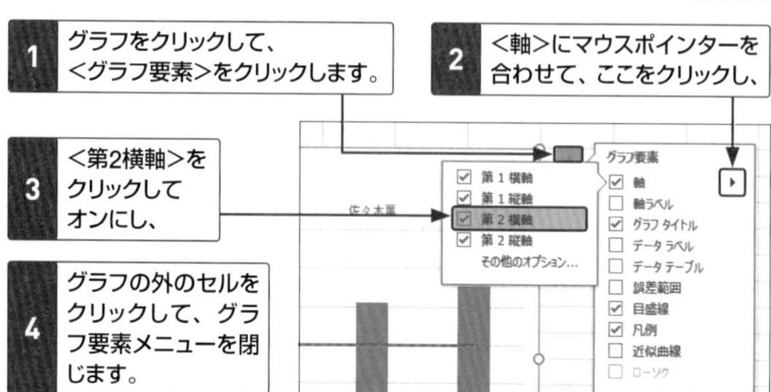

5 第2横軸をクリックします。

6 ＜書式＞タブをクリックして、

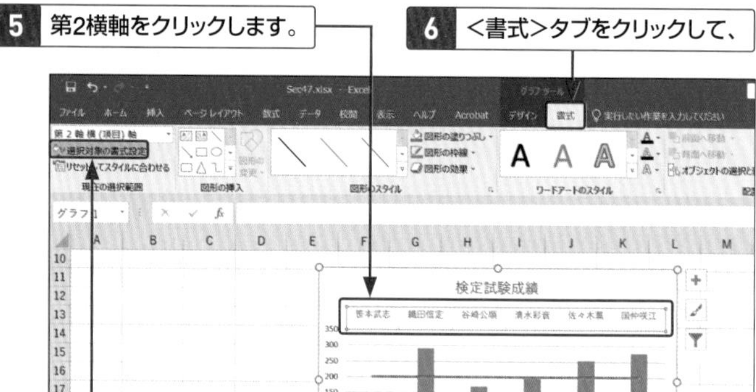

7 ＜選択範囲の書式設定＞をクリックすると、

8 ＜軸の書式設定＞作業ウィンドウが表示されます。

9 ＜軸位置＞の＜目盛＞をクリックしてオンにし、

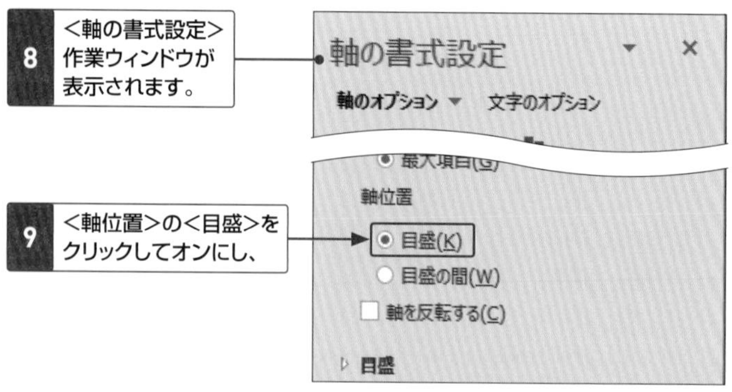

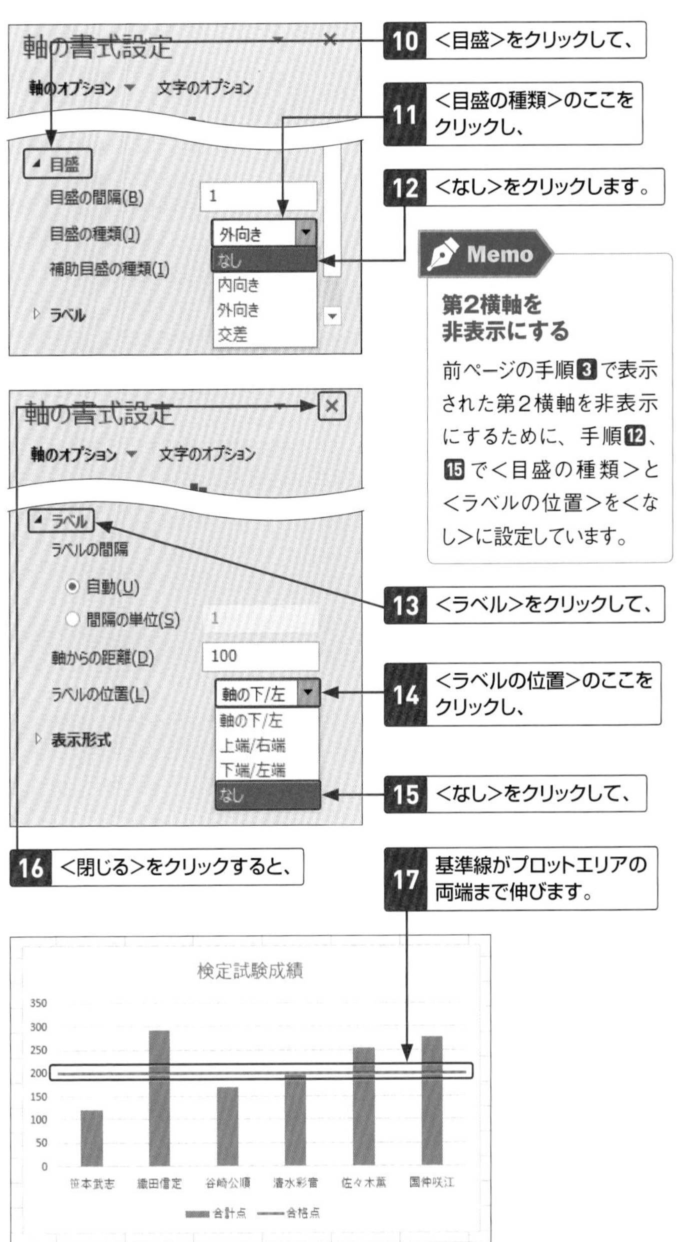

Memo

第2横軸を非表示にする

前ページの手順3で表示された第2横軸を非表示にするために、手順12、15で＜目盛の種類＞と＜ラベルの位置＞を＜なし＞に設定しています。

第5章 情報をわかりやすく伝える

48 基準値で背景を塗り分ける

グラフの背景を基準値で塗り分けると、グラフから正確な数値を読み取らなくても、視覚的に情報を読み取れるようになります。背景の塗り分けには、基準値で作成した面グラフを応用します。

1 元になる組み合わせグラフを作成する

1 グラフにするデータ範囲を選択して、

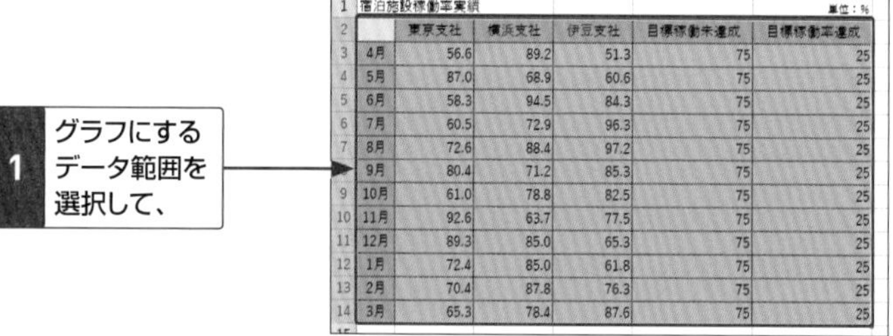
宿泊施設稼働率実績　単位：%

	東京支社	横浜支社	伊豆支社	目標稼働未達成	目標稼働率達成
4月	56.6	89.2	51.3	75	25
5月	87.0	68.9	60.6	75	25
6月	58.3	94.5	84.3	75	25
7月	60.5	72.9	96.3	75	25
8月	72.6	88.4	97.2	75	25
9月	80.4	71.2	85.3	75	25
10月	61.0	78.8	82.5	75	25
11月	92.6	63.7	77.5	75	25
12月	89.3	85.0	65.3	75	25
1月	72.4	85.0	61.8	75	25
2月	70.4	87.8	76.3	75	25
3月	65.3	78.4	87.6	75	25

2 <挿入>タブをクリックし、

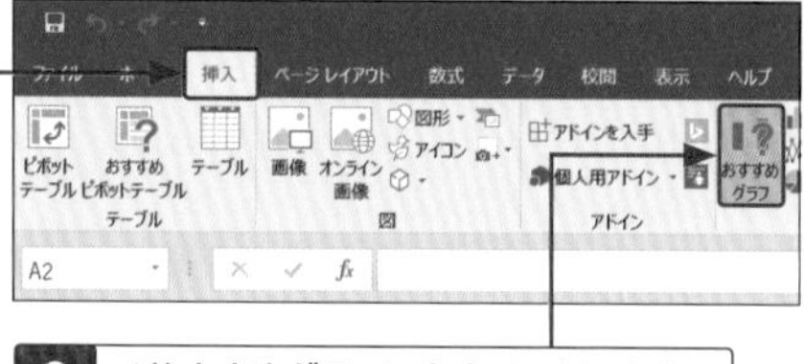

3 <おすすめグラフ>をクリックします。

4 <すべてのグラフ>をクリックして、

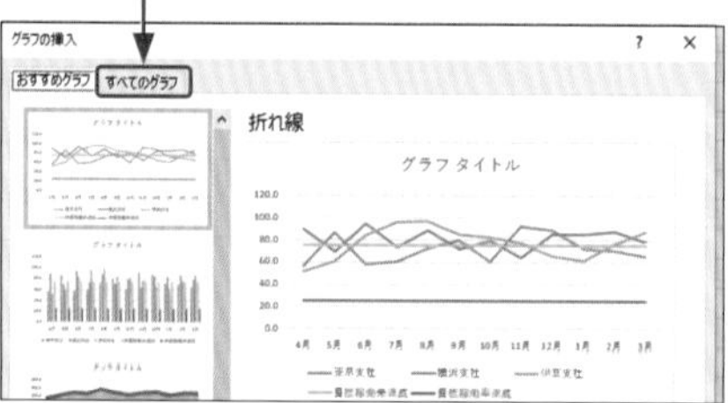

Memo

Excel 2010の場合

Excel 2010の場合は、マーカー付き折れ線グラフを作成後、基準線にしたいデータ系列をクリックして、<デザイン>タブの<グラフの種類の変更>をクリックし、<面グラフ>を選択します。

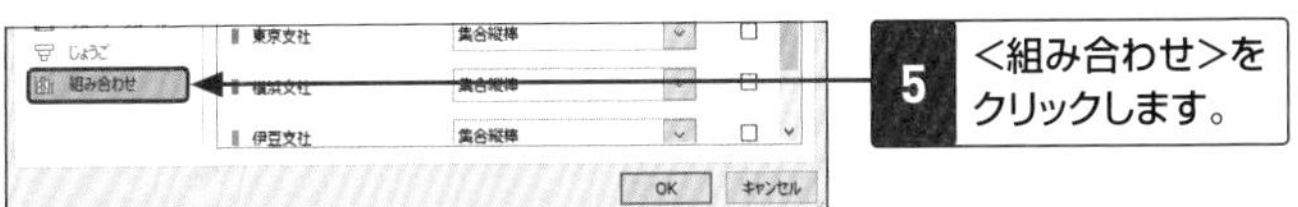

5 <組み合わせ>をクリックします。

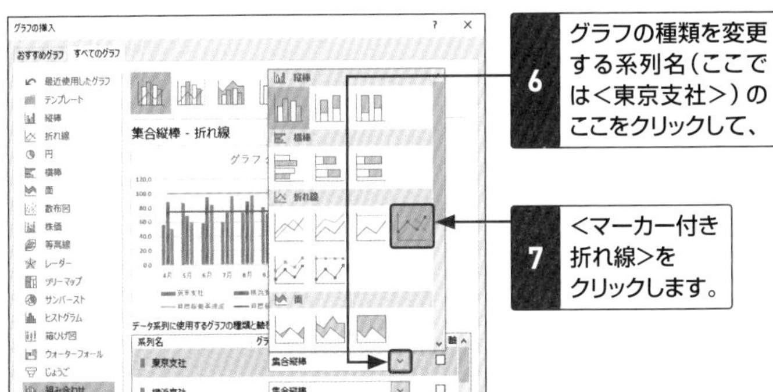

6 グラフの種類を変更する系列名(ここでは<東京支社>)のここをクリックして、

7 <マーカー付き折れ線>をクリックします。

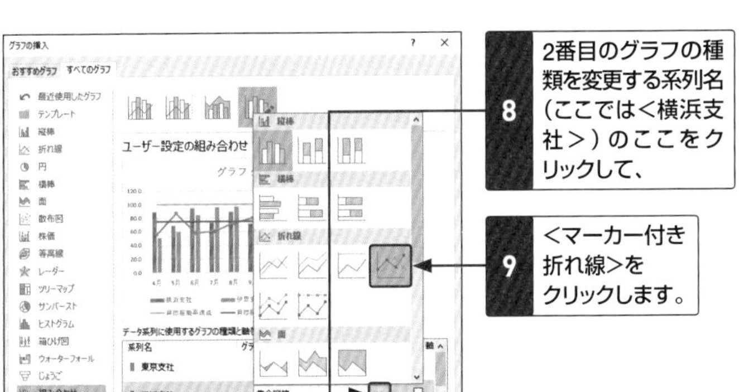

8 2番目のグラフの種類を変更する系列名(ここでは<横浜支社>)のここをクリックして、

9 <マーカー付き折れ線>をクリックします。

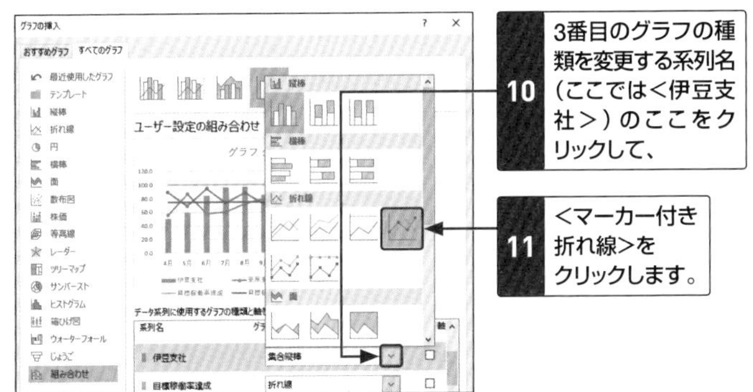

10 3番目のグラフの種類を変更する系列名(ここでは<伊豆支社>)のここをクリックして、

11 <マーカー付き折れ線>をクリックします。

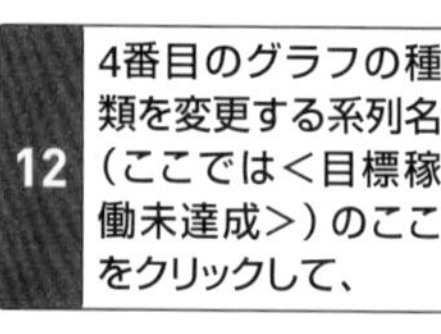

12 4番目のグラフの種類を変更する系列名(ここでは<目標稼働未達成>)のここをクリックして、

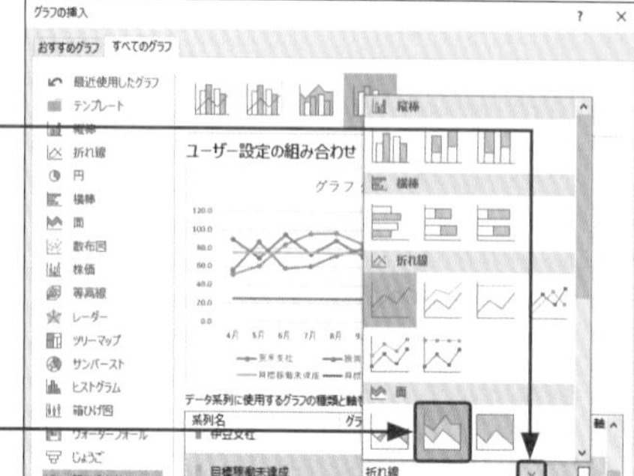

13 <積み上げ面>をクリックします。

14 5番目のグラフの種類を変更する系列名(ここでは<目標稼働率達成>)のここをクリックして、

15 <積み上げ面>をクリックします。

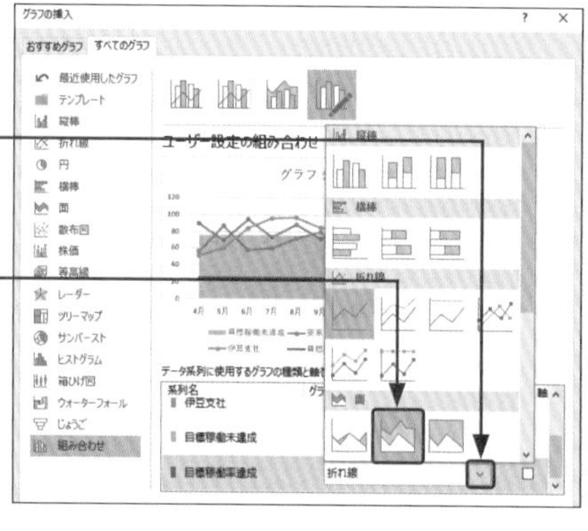

Hint

積み上げ面グラフ

この例では、積み上げ面グラフの最大値が100%になるように、目標稼働未達成の割合を75%、達成した割合を25%としています。

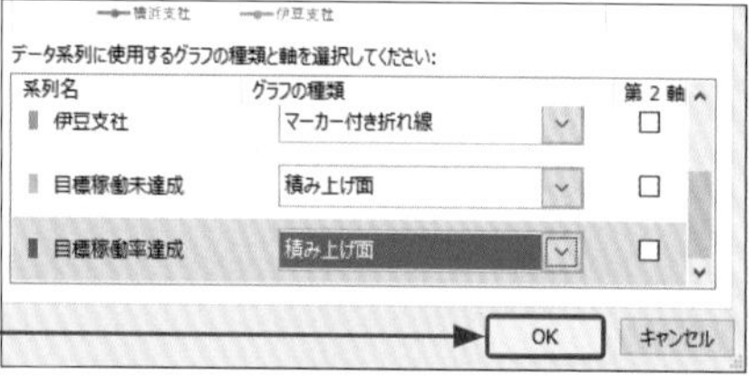

16 <OK>をクリックすると、

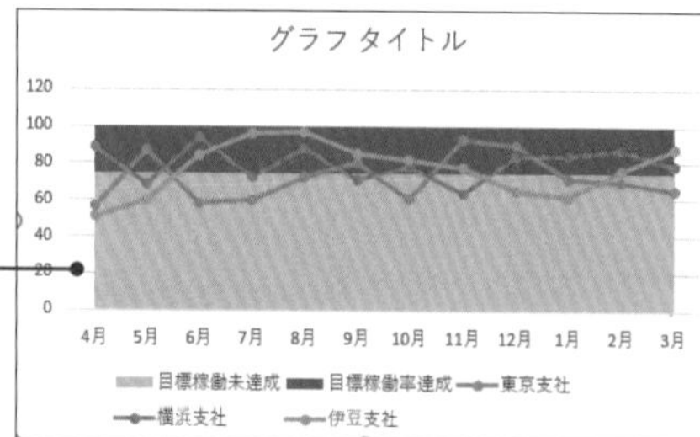

17 基準値で背景色を塗り分けた複合グラフが作成されます。

2 グラフのスタイルを変更する

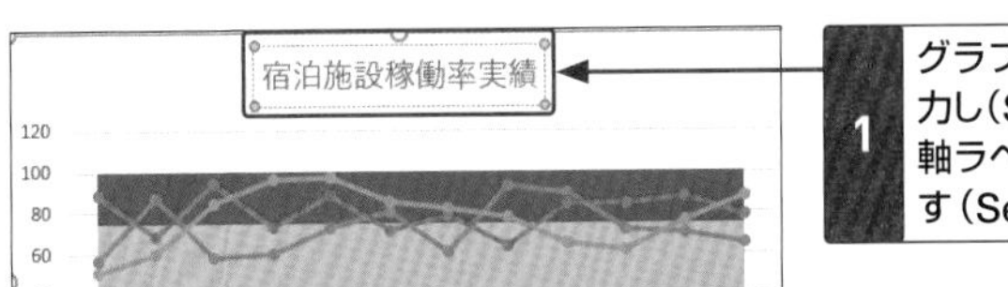

1 グラフタイトルを入力し（Sec.17参照）、軸ラベルを追加します（Sec.26参照）。

2 グラフをクリックして選択して、

3 <デザイン>タブをクリックし、

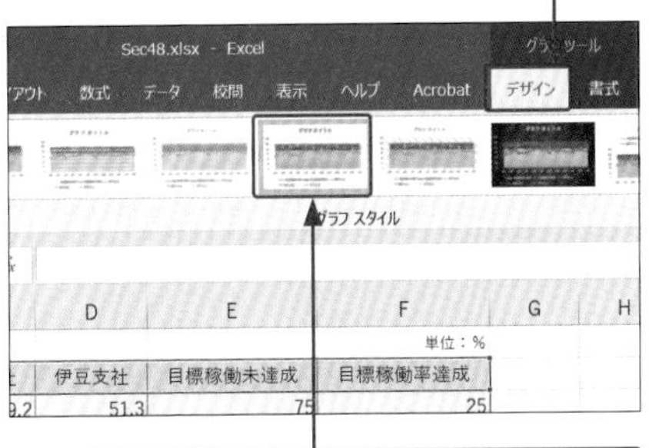

4 グラフのスタイルをクリックすると、

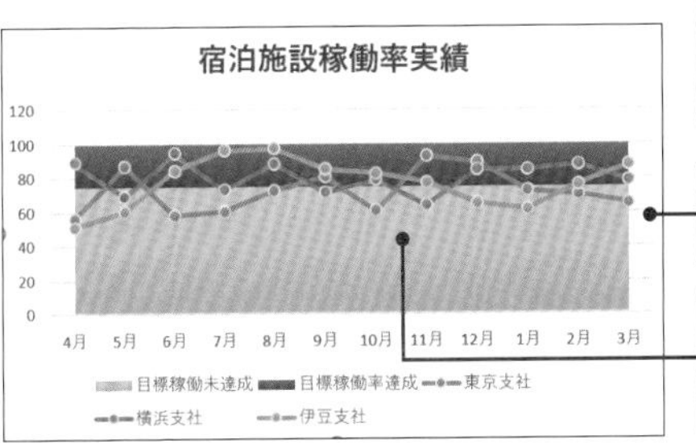

5 グラフのスタイルが変更されます。

6 手前の基準値の面グラフをクリックして、

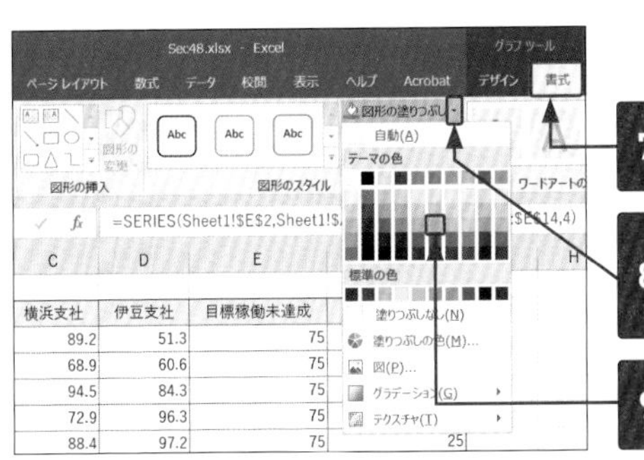

7 <書式>タブをクリックし、

8 <図形の塗りつぶし>のここをクリックして、

9 グラフの色をクリックすると、

> **Hint**
>
> **グラフのスタイルの設定**
>
> グラフの色などを変更したあとにグラフのスタイルやクイックレイアウトで設定を行と、グラフの色の変更などの設定が変わってしまいます。このため、スタイルの変更などは、先に行います。

10 塗りつぶしの色が変わります。

11 奥側の基準値の面グラフをクリックして、

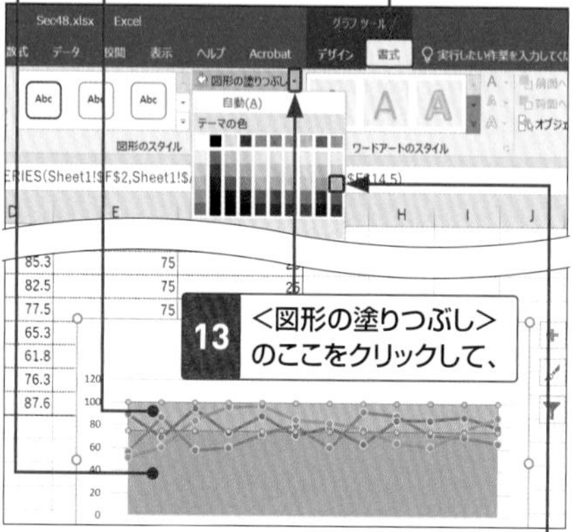

> **Memo**
>
> **塗り分けに使用する色**
>
> グラフの背景を色で塗り分けする場合は、その基準値の意味がわかりやすいものにします。この例では宿泊施設の目標稼働率が75%なので、75%以上を緑色に、75%以下の未達成はオレンジ色に塗り分けています。

12 <書式>タブをクリックし、

13 <図形の塗りつぶし>のここをクリックして、

14 グラフの色をクリックすると、

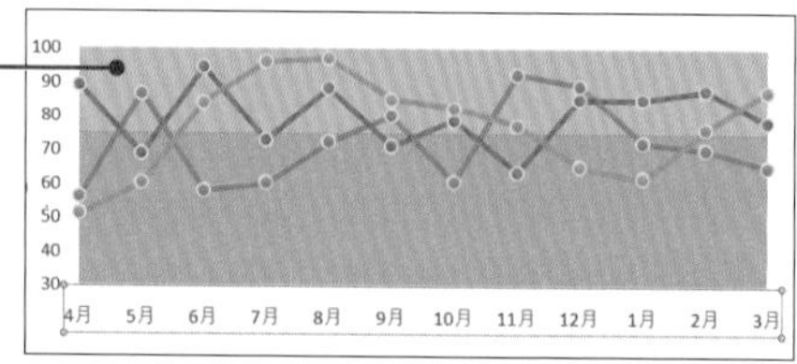

15 グラフの背景色を変更できます。

3 軸の書式設定を行う

1 縦軸をクリックします。

2 <書式>タブをクリックし、

3 <選択対象の書式設定>をクリックすると、

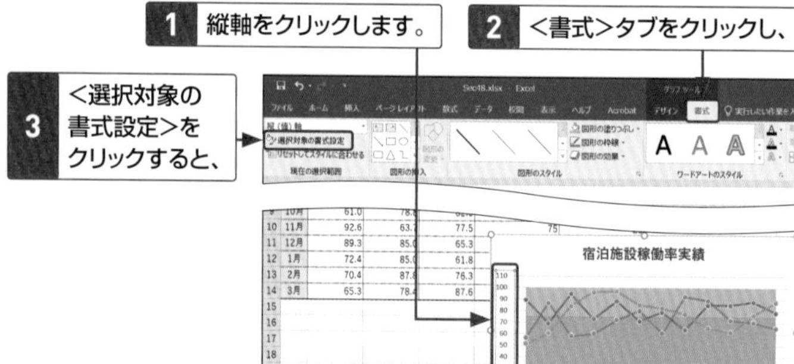

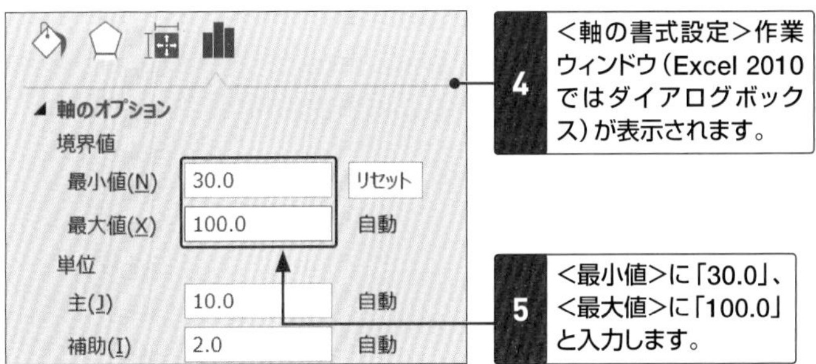

4 <軸の書式設定>作業ウィンドウ(Excel 2010ではダイアログボックス)が表示されます。

5 <最小値>に「30.0」、<最大値>に「100.0」と入力します。

6 <閉じる>をクリックすると、

7 最大値が100%のグラフになります。

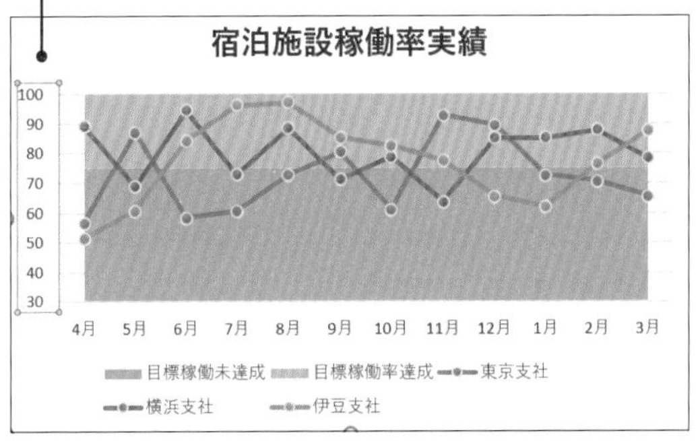

Hint

横軸の書式設定

上記のグラフで、横軸をクリックして、<軸の書式設定>作業ウィンドウで<軸位置>の<目盛>をクリックしてオンにすると、グラフがプロットエリアの両端まで伸びます。

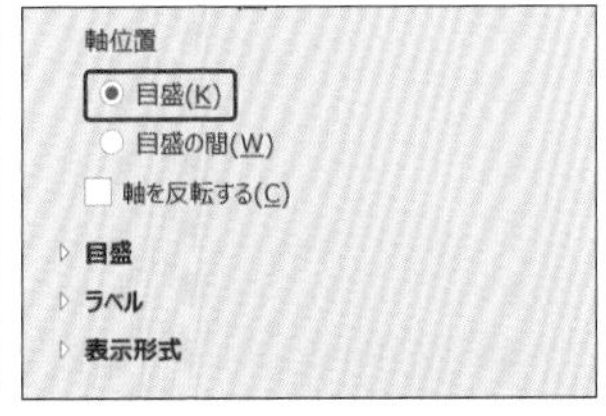

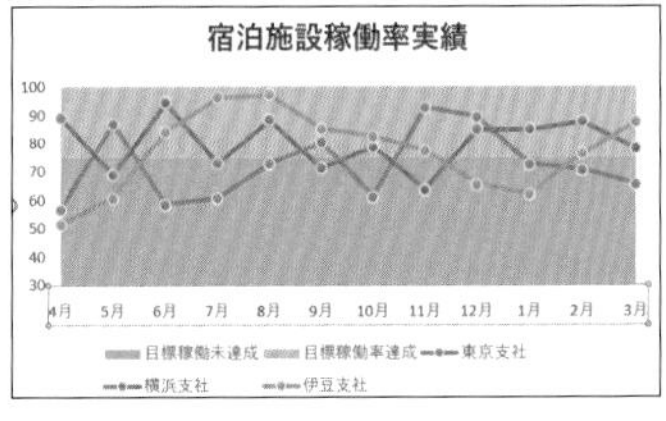

49 グラフの一部を切り離す

円グラフで特定のデータ要素を目立たせる場合は、データ要素を切り離して表示すると効果的です。また、データラベルの表示位置を個別に調整すると、グラフが見やすくなります。

1 特定のデータ要素を切り離す

1 切り離すデータ要素をクリックします。

2 再度クリックすると、その要素だけが選択されます。

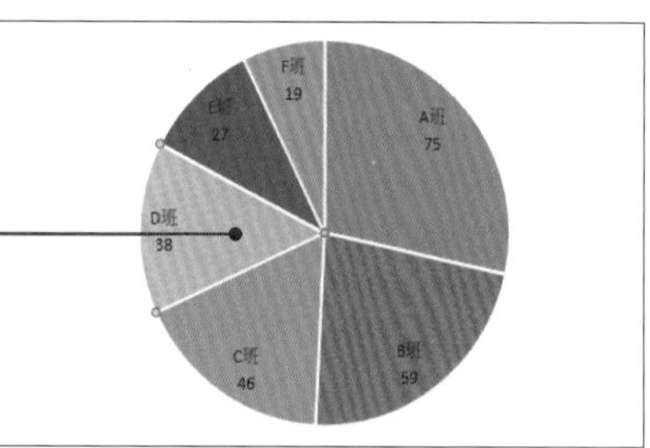

3 切り離すデータ要素にマウスポインターを合わせ、✥に変わった状態でドラッグすると、

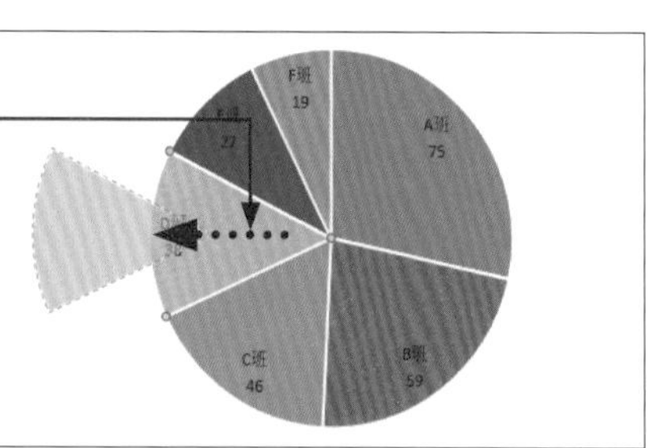

Memo

3D-円グラフ

3D-円グラフ（Sec.55参照）でも、同様に切り離すことができます。

4 特定のデータ要素を切り離すことができます。

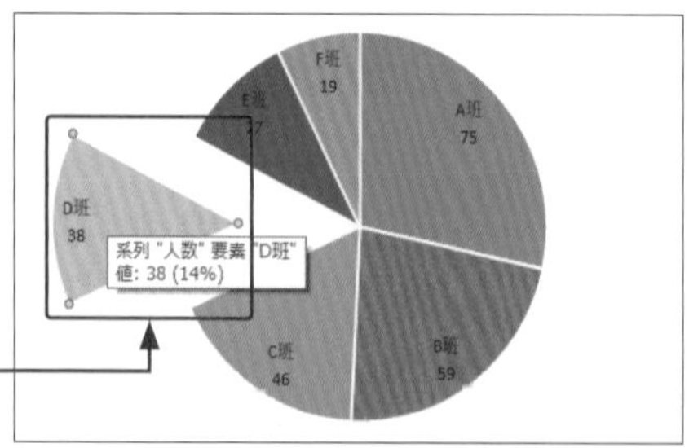

2 データラベルの位置を個別に調整する

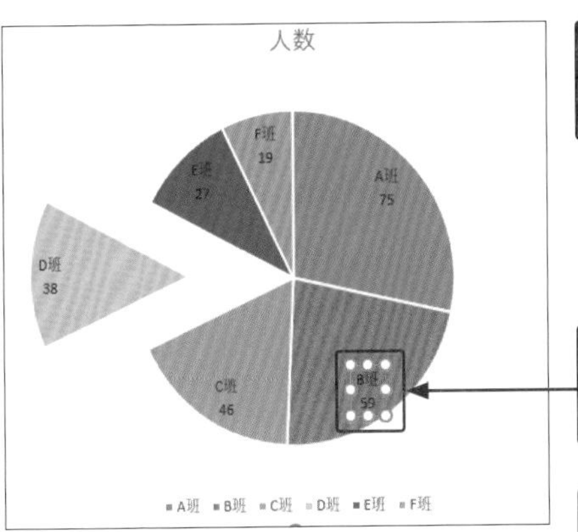

1 移動させたいデータラベルをクリックします。

2 再度クリックすると、そのデータラベルだけが選択されます。

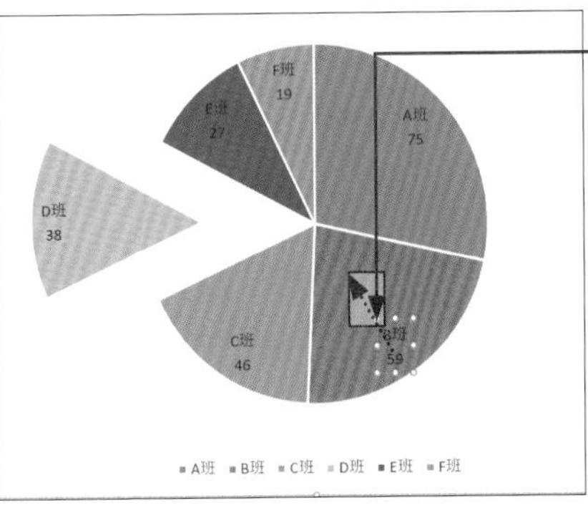

3 データラベルの枠線上にマウスポインターを合わせ、✣に変わった状態でドラッグすると、

StepUp

データラベルの配置

グラフをクリックして、<デザイン>タブの<グラフの要素を追加>をクリックし、<データラベル>をクリックすると表示されるメニューから、データラベルの配置をまとめて調整することもできます。Excel 2010の場合は、<レイアウト>タブの<データラベル>をクリックします。

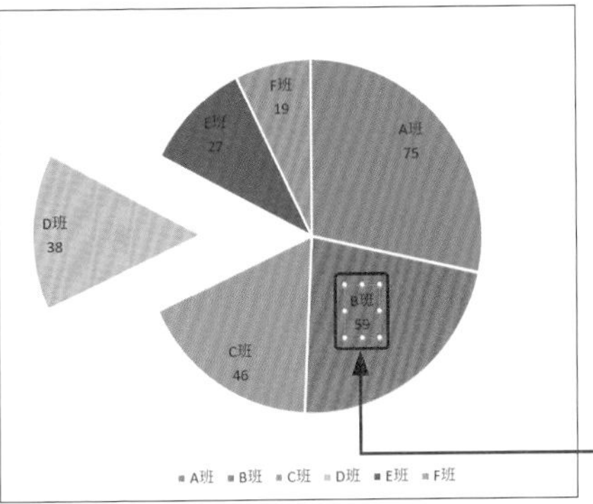

4 データラベルの位置を調整できます。

50 補助グラフを追加する

円グラフはデータ系列の割合を視覚的に見ることができますが、割合が小さなデータ系列が見づらい場合は、そのデータ系列を補助グラフにまとめて表示すると便利です。

1 補助円グラフ付き円グラフを作成する

Keyword

補助グラフ

補助グラフとは、複数のデータ要素を補助的に表すグラフのことです。元データの下部にあるデータが自動的に補助データとして表示されます。

1 グラフの元になるデータを降順に並べ替えておきます（P.135参照）。

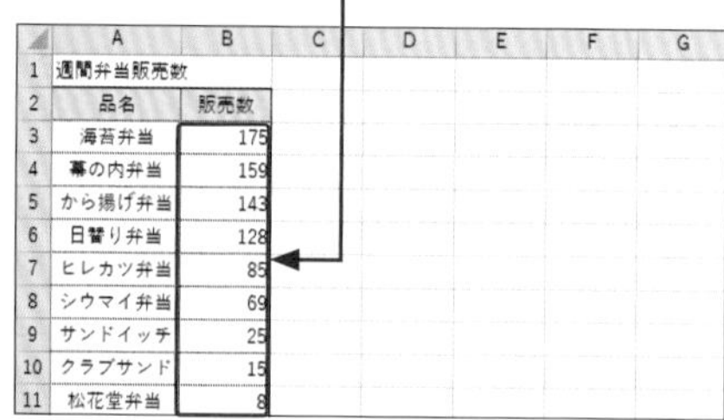

	A	B
1	週間弁当販売数	
2	品名	販売数
3	海苔弁当	175
4	幕の内弁当	159
5	から揚げ弁当	143
6	日替り弁当	128
7	ヒレカツ弁当	85
8	シウマイ弁当	69
9	サンドイッチ	25
10	クラブサンド	15
11	松花堂弁当	8

2 グラフにするセル範囲を選択して、

3 <挿入>タブをクリックし、

4 <円またはドーナツグラフの挿入>（Excel 2010の場合は<円>）をクリックして、

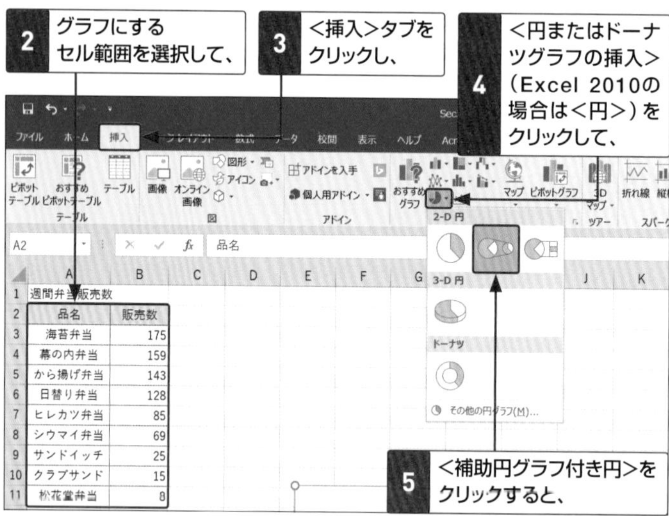

5 <補助円グラフ付き円>をクリックすると、

6 補助円グラフ付き円グラフが作成されます。

7 データラベルを表示します（Sec.41参照）。

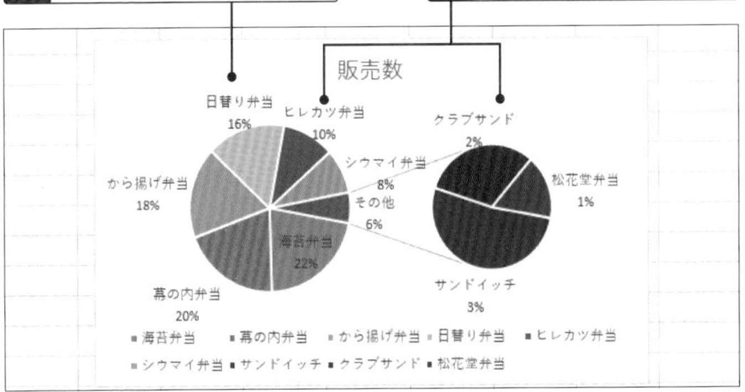

2 補助縦棒付き円グラフを作成する

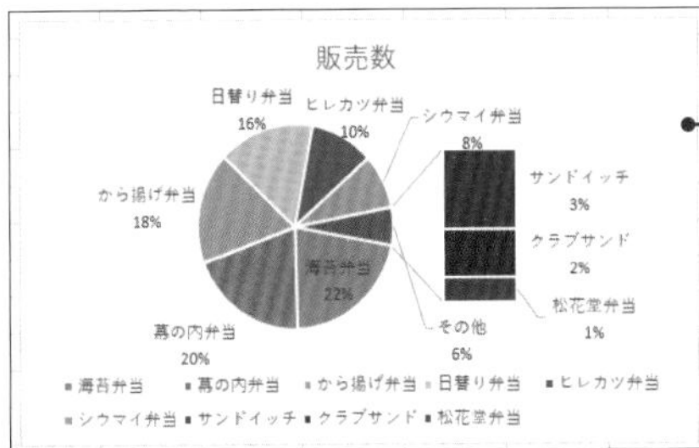

1 前ページの手順5で＜補助縦棒付き円＞をクリックすると、補助縦棒付き円グラフが作成されます。

2 データラベルを表示します。

Hint

補助グラフのサイズを調整する

補助グラフのサイズを調整するには、円グラフ上で右クリックして＜データ系列の書式設定＞をクリックし、＜補助プロットのサイズ＞のスライダーを左右にドラッグして調整します。

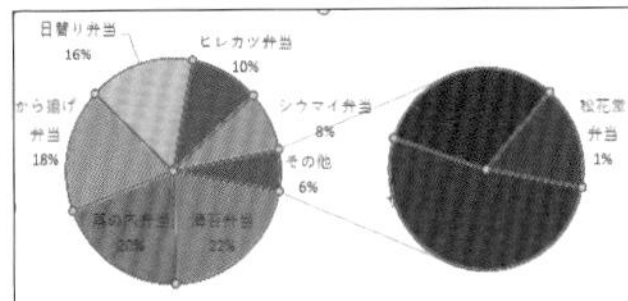

データ系列の書式設定
系列のオプション
系列のオプション
使用する軸
主軸（下/左側）(P)
第2軸（上/右側）(S)
系列の分割(P) 位置
補助プロットの値(E) 3
円グラフの切り離し(X) 0%
要素の間隔(W) 100%
補助プロットのサイズ(S) 90%

第5章 情報をわかりやすく伝える

51 複数のグラフを組み合わせる

単位や種類が異なる２種類のデータの関係性などを分析する場合は、複合グラフを利用すると便利です。作成方法は、Excel 2019／2016／2013／Office365と2010で異なります。

1 Excel 2019／2016／2013／Office365で作成する

ここでは、「気温」をマーカー付き折れ線グラフ、「降水量」を縦棒グラフにした複合グラフを作成します。

1 グラフにするセル範囲を選択します。

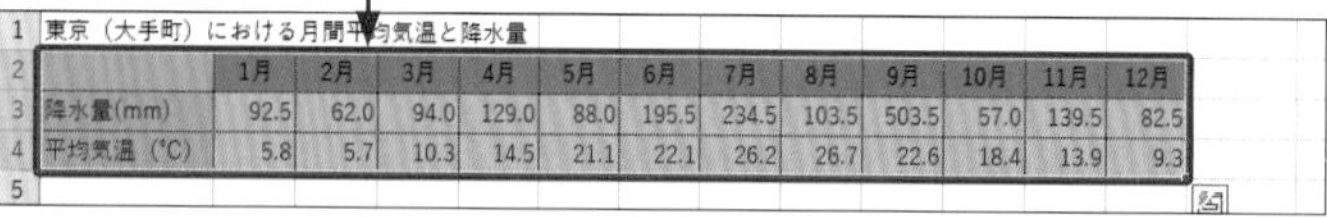

東京（大手町）における月間平均気温と降水量

	1月	2月	3月	4月	5月	6月	7月	8月	9月	10月	11月	12月
降水量(mm)	92.5	62.0	94.0	129.0	88.0	195.5	234.5	103.5	503.5	57.0	139.5	82.5
平均気温（℃）	5.8	5.7	10.3	14.5	21.1	22.1	26.2	26.7	22.6	18.4	13.9	9.3

2 <挿入>タブをクリックして、

3 <複合グラフの挿入>をクリックし、

4 <ユーザー設定の複合グラフを作成する>をクリックすると、

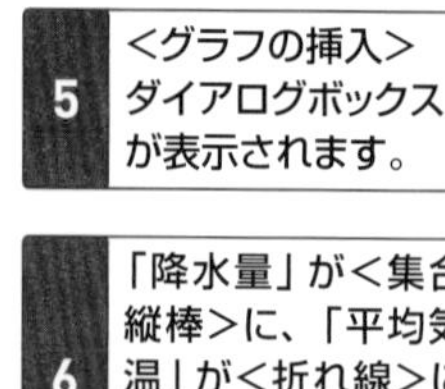

5 <グラフの挿入>ダイアログボックスが表示されます。

6 「降水量」が<集合縦棒>に、「平均気温」が<折れ線>になっていることを確認し、

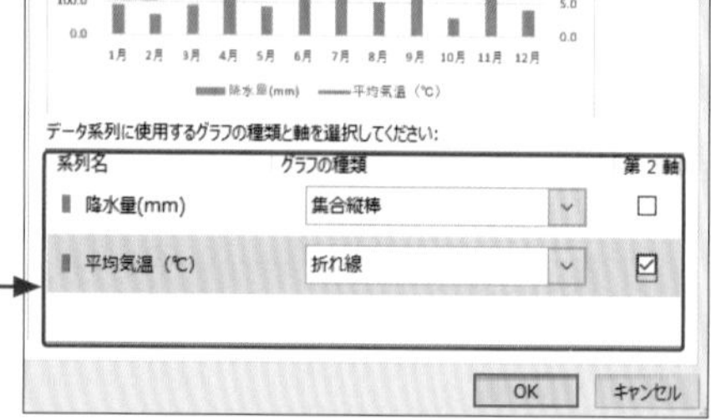

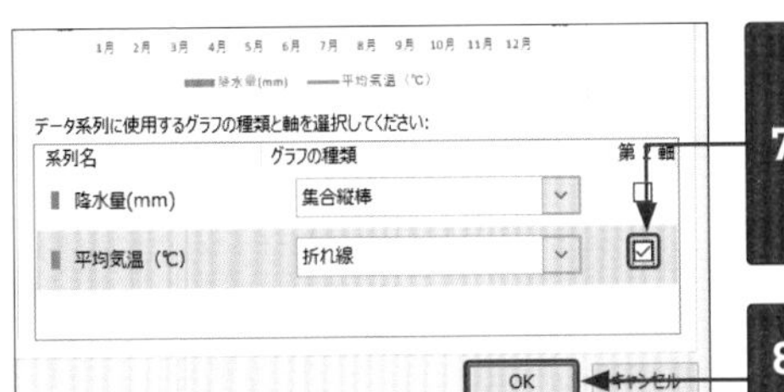

7 「平均気温」の数値に合わせた第2軸を表示するために、ここをクリックしてオンにします。

8 <OK>をクリックすると、

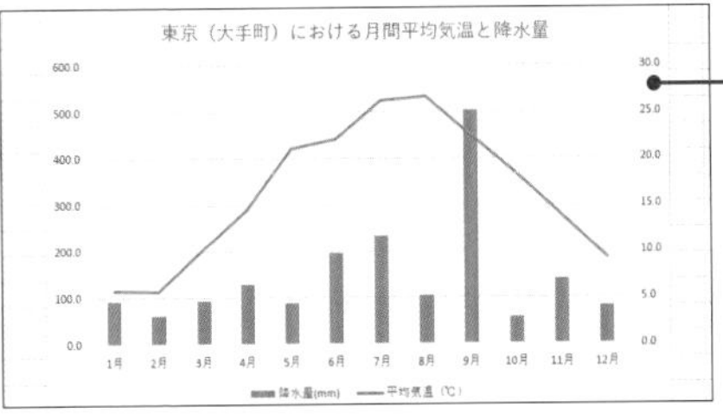

9 縦棒とマーカー付き折れ線の複合グラフが作成されます。

10 グラフタイトルを入力して、軸ラベルを追加します(Sec.17、26参照)。

2 Excel 2010で作成する

一部の系列のグラフの種類を変更する

1 前ページの手順 1 の表から集合棒グラフを作成します。

2 グラフの種類を変更するデータ系列をクリックして、

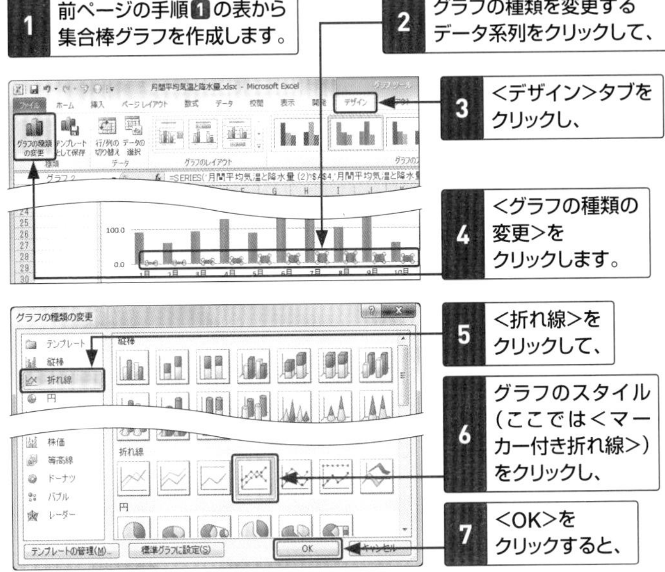

3 <デザイン>タブをクリックし、

4 <グラフの種類の変更>をクリックします。

5 <折れ線>をクリックして、

6 グラフのスタイル(ここでは<マーカー付き折れ線>)をクリックし、

7 <OK>をクリックすると、

8 選択したデータ系列だけがマーカー付き折れ線グラフに変更され、複合グラフが作成できます。

この場合、すべてのグラフで縦軸は共通です。

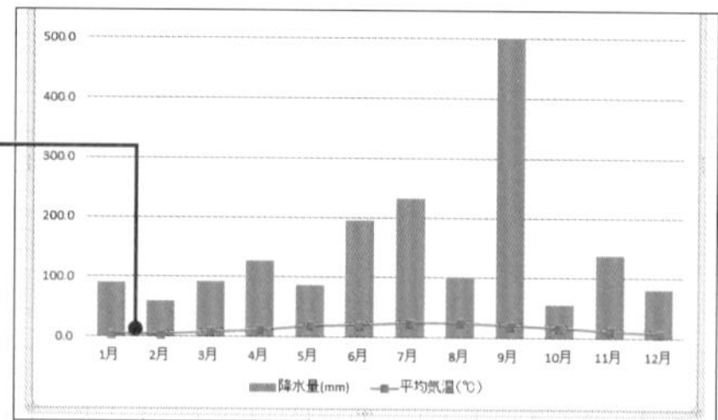

第2軸を表示する

1 第2軸にしたいデータ系列をクリックして、

2 <書式>タブをクリックし、

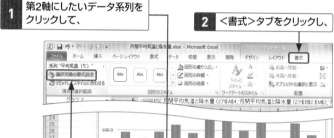

3 <選択対象の書式設定>をクリックします。

4 <第2軸(上／右側)>をクリックしてオンにし、

5 <閉じる>をクリックすると、

6 選択したデータ系列に合わせた第2軸が表示されます。

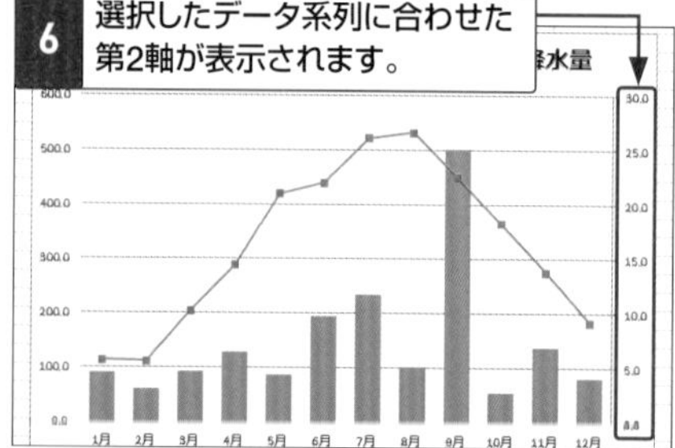

Memo

第2軸の表示

この例のように、降水量と気温など、1つの複合グラフの中に値の範囲が大きく異なるデータがある場合は、第2軸を表示すると見やすくなります。

第6章

応用的なグラフを作成する

面グラフを作成する

面グラフは、折れ線グラフの下部を塗りつぶして面状にしたグラフで、面の広さで値の大きさを視覚的に把握できます。時間の経過に伴う総量と構成比率の推移を表すときなどに利用します。

1 積み上げ面グラフを作成する

1 グラフにするセル範囲を選択して、

2 <挿入>タブをクリックし、

3 <折れ線／面グラフの挿入>（Excel 2013では<面グラフの挿入>、Excel 2010では<面>）をクリックして、

4 <積み上げ面>をクリックすると、

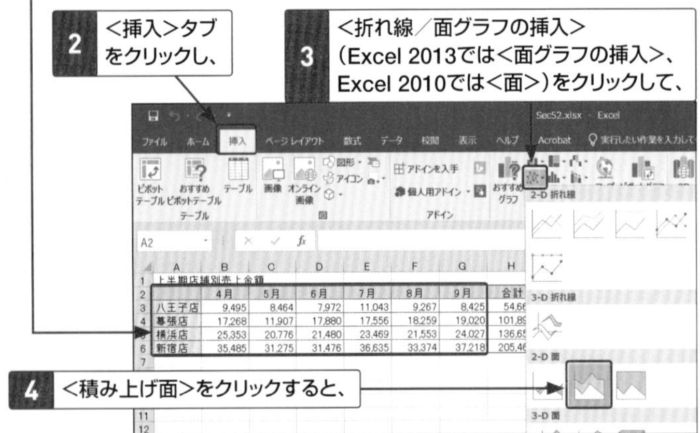

	A	B	C	D	E	F	G	H
1	上半期店舗別売上金額							
2		4月	5月	6月	7月	8月	9月	合計
3	八王子店	9,495	8,464	7,972	11,043	9,267	8,425	54,66
4	幕張店	17,268	11,907	17,880	17,556	18,259	19,020	101,89
5	横浜店	25,353	20,776	21,480	23,469	21,553	24,027	136,65
6	新宿店	35,485	31,275	31,476	36,635	33,374	37,218	205,46

Memo

積み上げ面グラフ

通常の面グラフでは、データの並び順序によっては奥のデータ系列が隠れてしまうことがあります。このため、積み上げ面グラフがよく使われています。

5 積み上げ面グラフが作成されます。

6 グラフタイトルを入力します。

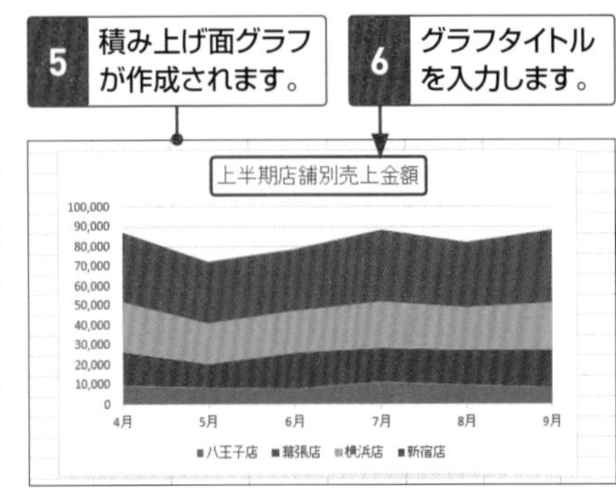

2 3-D面グラフを作成する

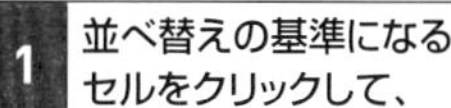

1 並べ替えの基準になるセルをクリックして、

2 <ホーム>タブの<並べ替えとフィルター>をクリックし、

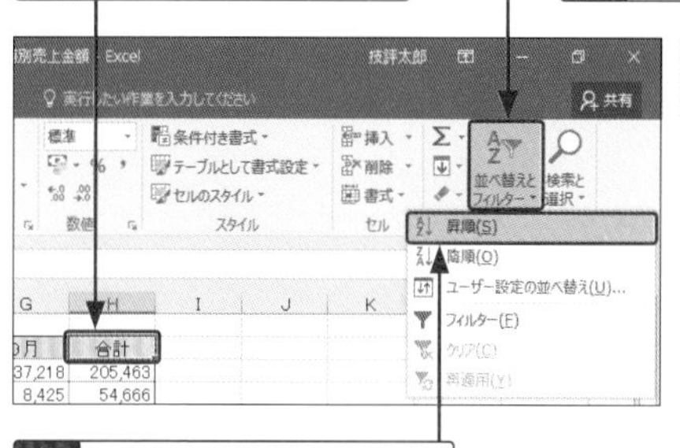

3 <昇順>をクリックします。

Memo

元データを昇順に並べ替える

グラフにした際に、奥のデータ系列にある値が隠れて見えなくなるのを防ぐため、元データを昇順に並べ替えます。

4 グラフにするセル範囲を選択して、

5 <挿入>タブをクリックし、

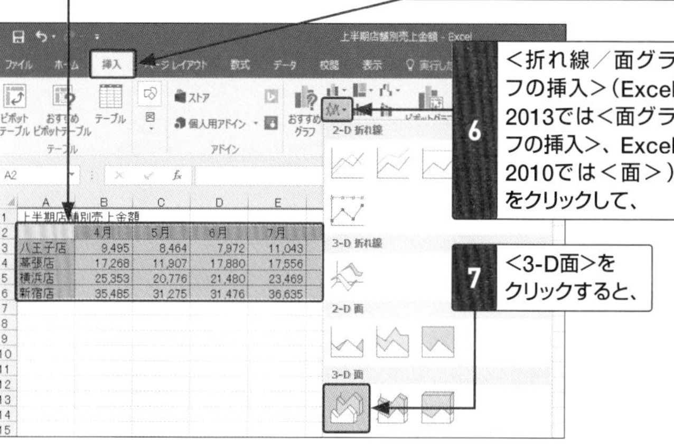

6 <折れ線／面グラフの挿入>（Excel 2013では<面グラフの挿入>、Excel 2010では<面>）をクリックして、

7 <3-D面>をクリックすると、

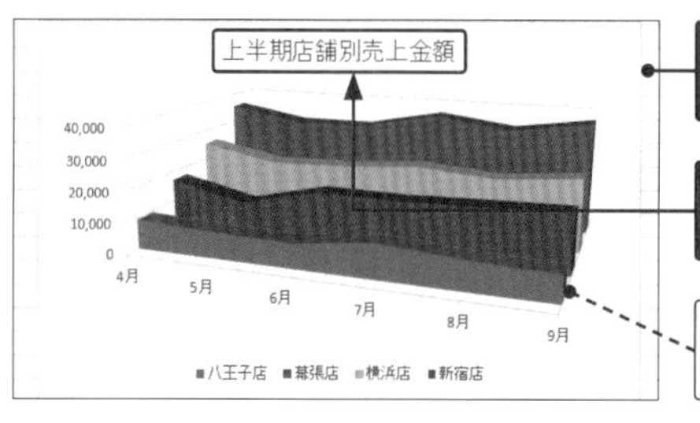

8 3-D面グラフが作成されます。

9 グラフタイトルを入力します。

<奥行き（系列）軸>ラベルを削除しています。

53 積み上げ棒グラフを作成する

合計値を比較する際に便利な積み上げ棒グラフは、データラベルを表示すると個々の値を比較できます。また、区分線を表示すると、データ要素間の増加や減少などを把握しやすくなります。

1 100%積み上げ横棒グラフを作成する

1 グラフにするデータ範囲を選択して、

上半期支社別業績

	4月	5月	6月	7月	8月	9月	合計
東京支社	10,457	21,275	31,476	16,635	33,374	37,218	150,435
東北支社	27,268	11,907	37,880	17,556	18,259	29,902	142,772
関西支社	25,353	20,776	21,480	13,469	31,533	14,047	126,658
九州支社	34,940	28,464	27,972	25,043	32,670	34,225	183,314

2 <挿入>タブをクリックし、

3 <縦棒／横棒グラフの挿入>（Excel 2013では<横棒グラフの挿入>）をクリックして、

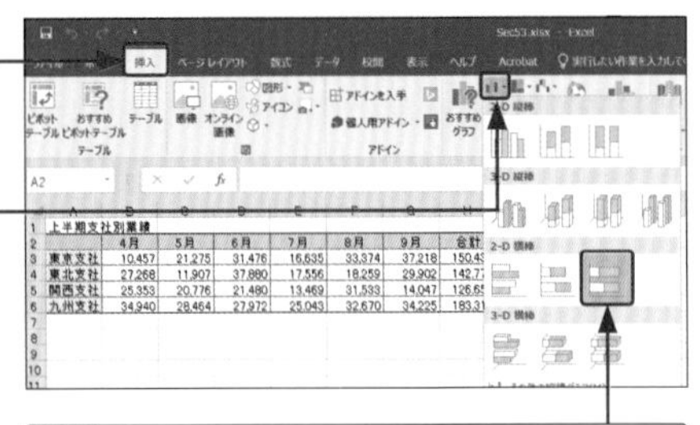

4 <100%積み上げ横棒>をクリックすると、

5 100%積み上げ横棒グラフが作成されます。

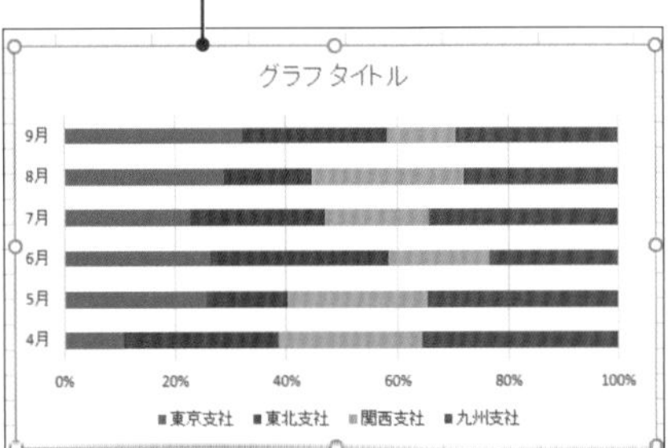

> **Memo**
>
> **Excel 2010の場合**
>
> Excel 2010の場合は、表にするデータ範囲を選択して、<挿入>タブの<横棒>をクリックし、<100％積み上げ横棒>をクリックします。また、<軸のオプション>ダイアログボックスで軸の設定を行います。

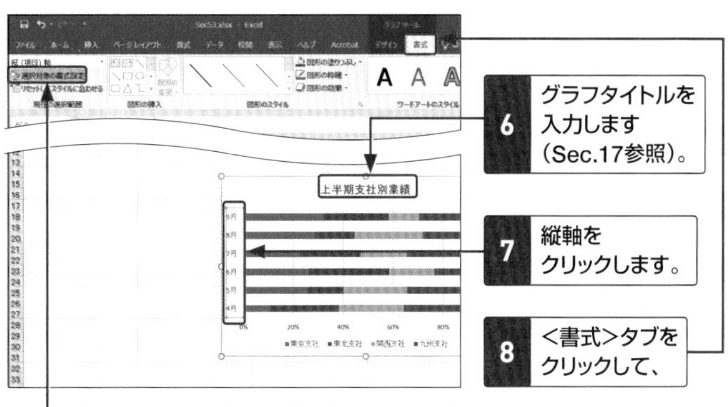

6 グラフタイトルを入力します(Sec.17参照)。

7 縦軸をクリックします。

8 <書式>タブをクリックして、

9 <選択対象の書式設定>をクリックすると、

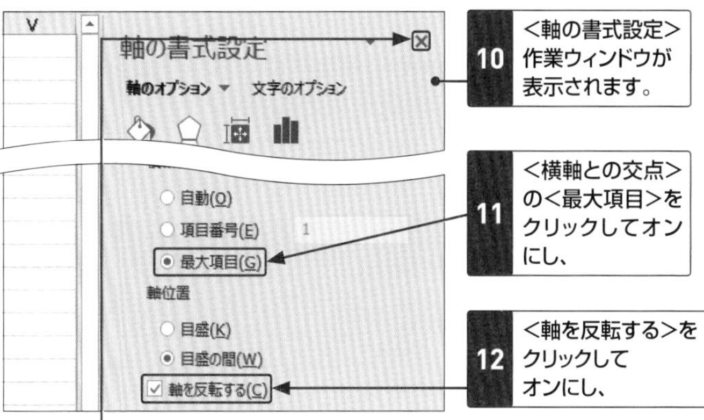

10 <軸の書式設定>作業ウィンドウが表示されます。

11 <横軸との交点>の<最大項目>をクリックしてオンにし、

12 <軸を反転する>をクリックしてオンにし、

13 <閉じる>をクリックすると、

14 元データの表と同じ並び順のグラフになります。

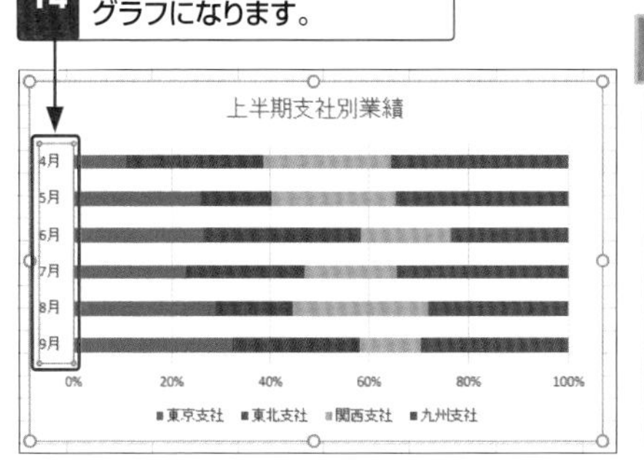

Keyword

100%積み上げ棒グラフ

100%積み上げ棒グラフは、各項目の総量を100%として、それぞれのデータの構成比を積み重ねて表すグラフです。

2 データラベルを表示する

1 グラフをクリックして、

2 ＜グラフ要素＞をクリックします。

3 ＜データラベル＞にマウスポインターを合わせて、ここをクリックし、

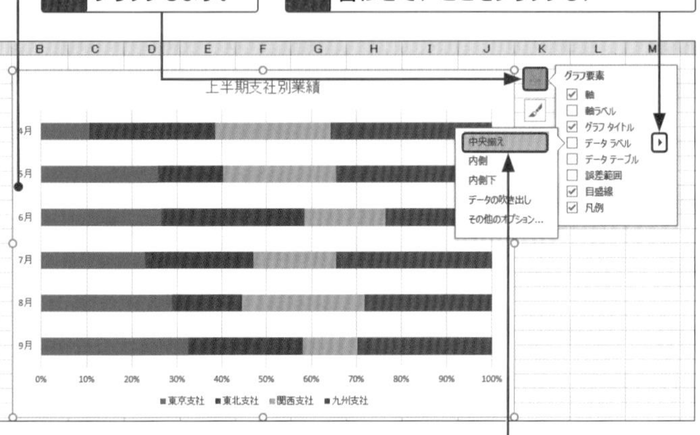

4 データラベルを表示する位置（ここでは＜中央揃え＞）をクリックすると、

5 データラベルが、データ系列の中央にパーセンテージで表示されます。

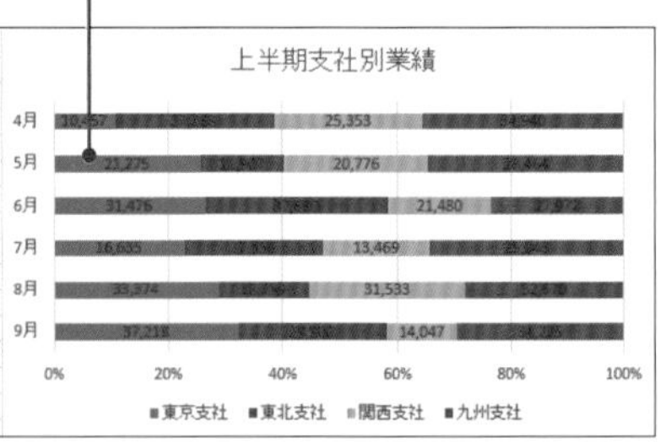

6 グラフの外のセルをクリックすると、グラフ要素メニューが閉じます。

Hint

データラベルが見づらいときは

データラベルの文字がグラフの色に溶け込んで見づらいときは、文字の色を白に変更しましょう。

Memo

Excel 2010の場合

Excel 2010の場合は、＜レイアウト＞タブをクリックして、＜データラベル＞から表示位置を選択します。

3 区分線を表示する

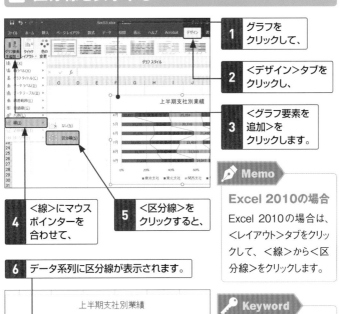

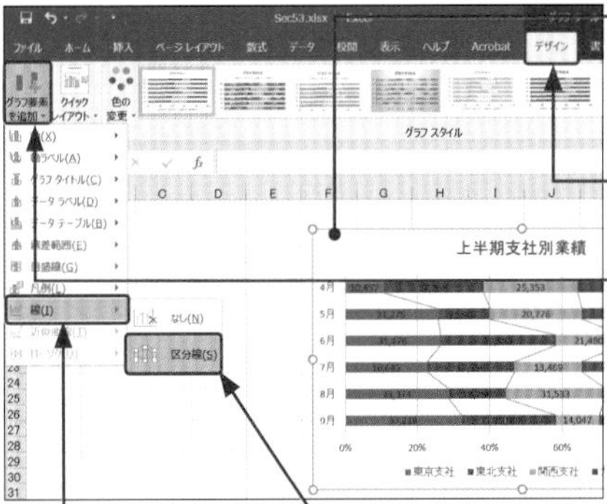

1 グラフをクリックして、

2 <デザイン>タブをクリックし、

3 <グラフ要素を追加>をクリックします。

4 <線>にマウスポインターを合わせて、

5 <区分線>をクリックすると、

6 データ系列に区分線が表示されます。

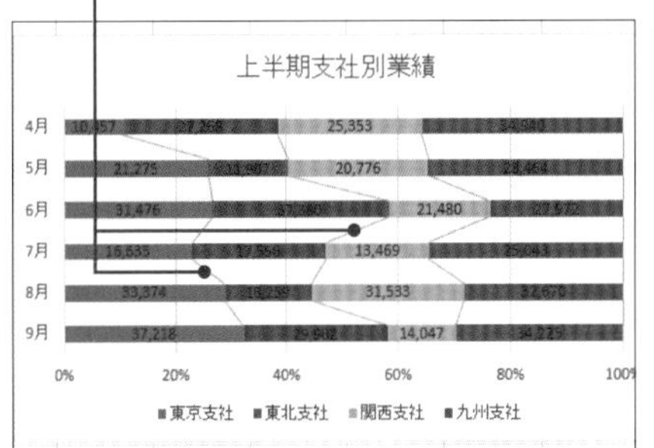

Memo

Excel 2010の場合

Excel 2010の場合は、<レイアウト>タブをクリックして、<線>から<区分線>をクリックします。

Keyword

区分線

区分線とは、積み上げグラフの同じデータ要素の境界を結ぶ線のことです。データ要素間の増減を比較・把握するのに利用します。

StepUp

積み上げ棒グラフの利用

各項目の総量（データの合計）と構成比を同時に比較したいときは、積み上げ棒グラフを作成します。右のグラフは、P.176の手順 **1** の表から作成した横棒グラフです。

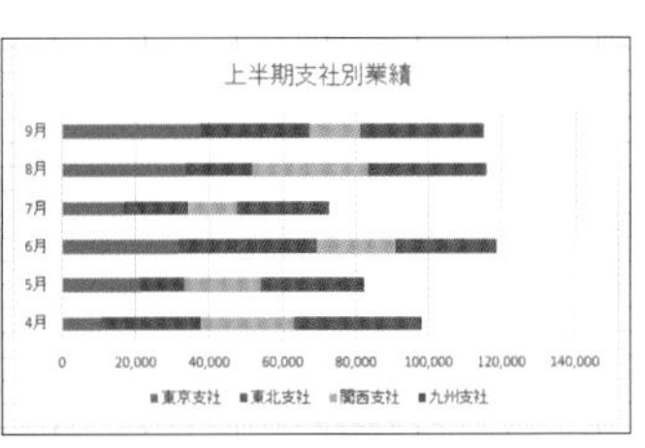

第6章 応用的なグラフを作成する

54 立体的な棒グラフを作成する

プレゼンテーションで利用するグラフは外見も重要です。グラフを立体的にすると見た目がよくなります。また、グラフの順番を入れ替えたり回転させたりすると、グラフが見やすくなります。

1 3-D縦棒グラフを作成する

1 グラフにするデータ範囲を選択して、

2 <挿入>タブをクリックします。

3 <縦棒／横棒グラフの挿入>（Excel 2013では<縦棒グラフの挿入>、Excel 2010では<縦棒>）をクリックして、

4 <3-D縦棒>をクリックすると、

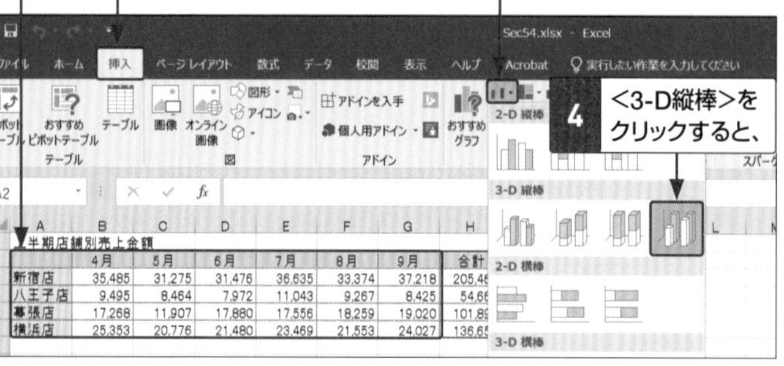

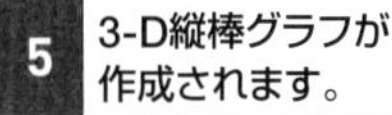

5 3-D縦棒グラフが作成されます。

6 グラフタイトルを入力します（Sec.17参照）。

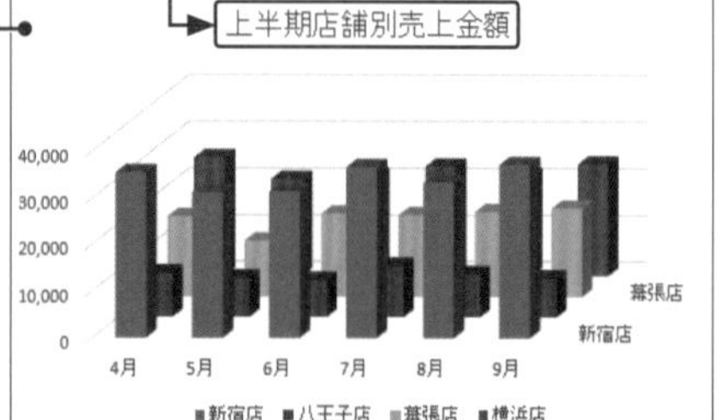

3-Dグラフ

3-Dグラフは、棒グラフや折れ線グラフ、面グラフ、円グラフなどで作成できます。

2 データ系列の順番を入れ替えて見やすくする

1 グラフをクリックして、

2 <デザイン>タブをクリックし、

3 <データの選択>をクリックします。

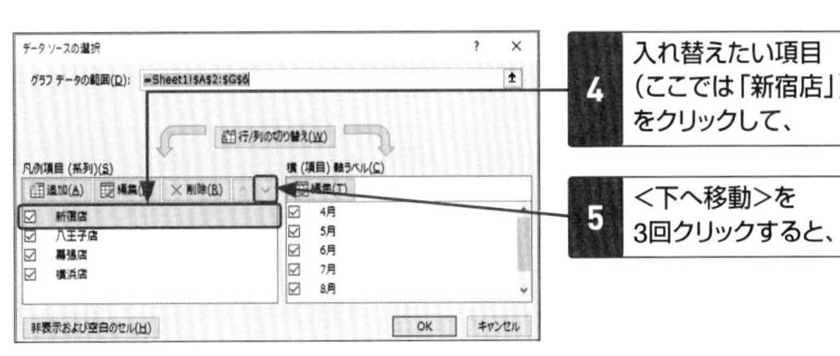

4 入れ替えたい項目（ここでは「新宿店」）をクリックして、

5 <下へ移動>を3回クリックすると、

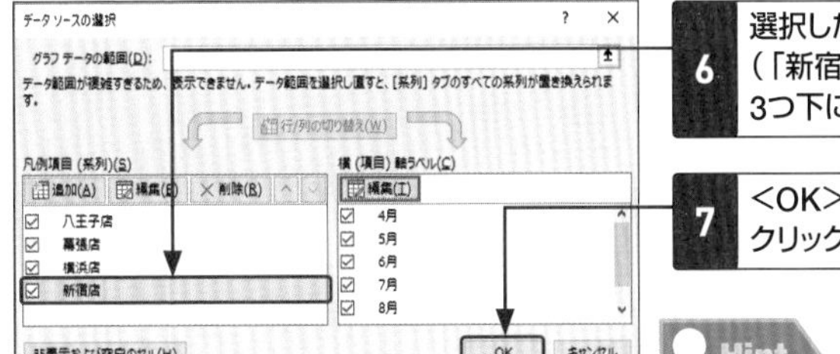

6 選択した項目（「新宿店」）が3つ下に移動します。

7 <OK>をクリックすると、

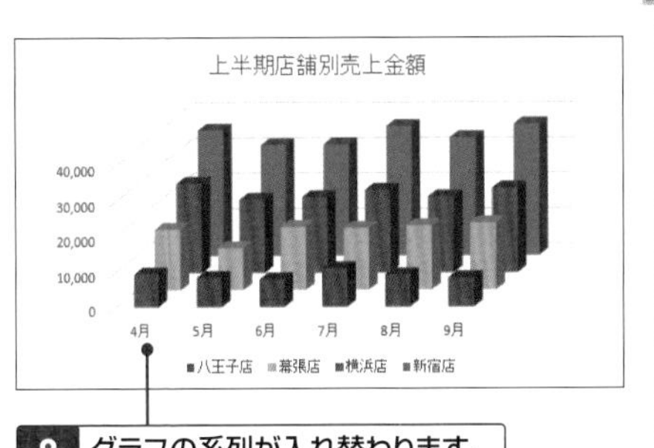

8 グラフの系列が入れ替わります。

Hint

データ系列の順番を入れ替える

ここでは、グラフを作成したあとでデータ系列を入れ替えています。グラフを作成する前に元データを昇順で並べておくと、あとから並べ替える手間が省けます。

3 グラフの角度を調整して見やすくする

1 グラフをクリックします。

2 <書式>タブをクリックして、

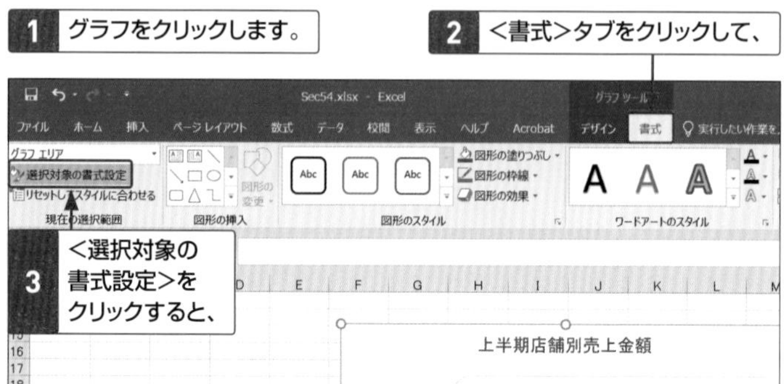

3 <選択対象の書式設定>をクリックすると、

4 <グラフエリアの書式設定>作業ウィンドウ（Excel 2010ではダイアログボックス）が表示されます。

5 <グラフのオプション>の<効果>をクリックして、

6 <3-D回転>をクリックします。

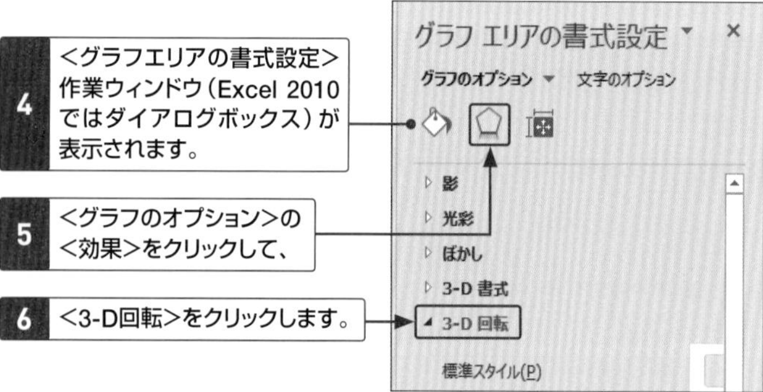

Memo

「X方向」と「Y方向」

X方向は横方向、Y方向は縦方向を示します。

7 X方向の角度を調整し、

8 Y方向の角度を調整します。

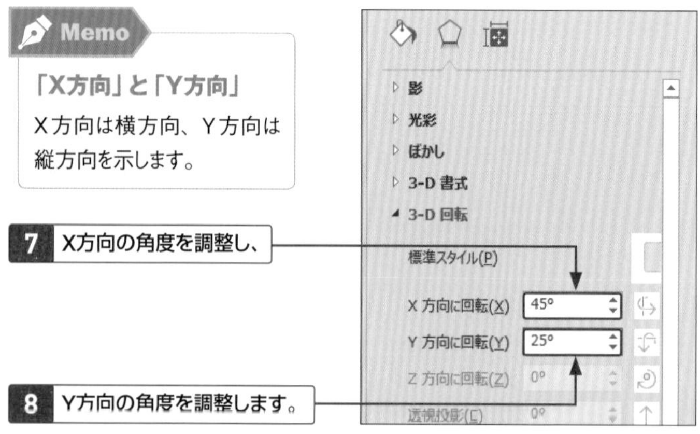

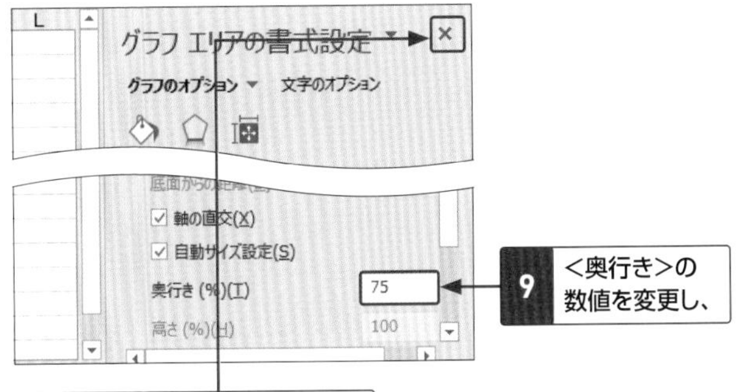

9 <奥行き>の数値を変更し、

10 <閉じる>をクリックすると、

11 グラフが指定した角度で回転され、奥行きが変更されて、グラフ全体が見やすくなります。

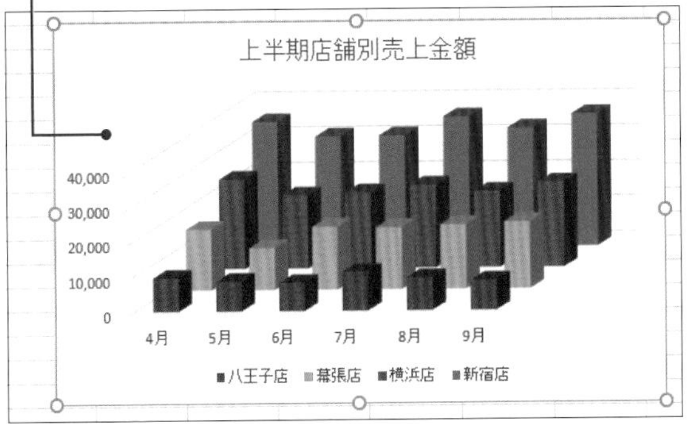

Hint

既定の角度に戻すには

グラフの角度を元に戻すには、<グラフエリアの書式設定>作業ウィンドウ（Excel 2010ではダイアログボックス）の<効果>の<3-D回転>をクリックし、<既定の回転>をクリックして、<リセット>をクリックします。なお、奥行きを戻すには手順**9**の方法で「100」に設定し直す必要があります。

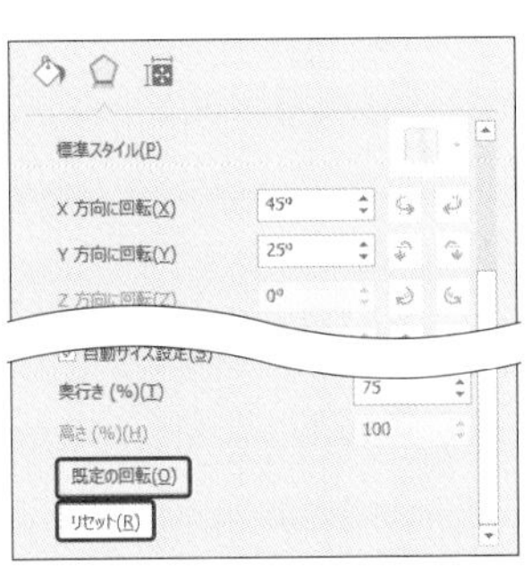

第6章 応用的なグラフを作成する

55 立体的な円グラフを作成する

3-D円グラフは、円グラフを立体的に表示したもので、プレゼンテーションなど見た目を重視する場合によく用いられます。3-D円グラフの角度を回転させると、強調したいデータを手前に表示できます。

1 3-D円グラフを作成する

1 グラフにするデータ範囲を選択して、

2 <挿入>タブをクリックします。

3 <円またはドーナツグラフの挿入>（Excel 2010では<円>）をクリックして、

4 <3-D円>をクリックすると、

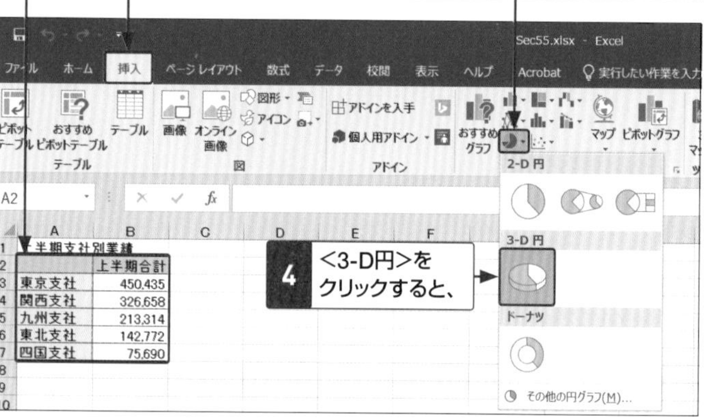

5 3-D円グラフが作成されます。

6 グラフのサイズを調整して、データラベルを表示します（Sec.41参照）。

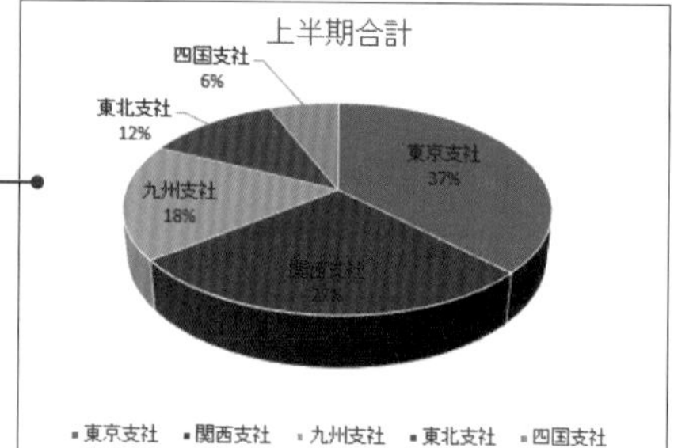

2 グラフの角度を調整する

1 グラフをクリックします。

2 <書式>タブをクリックして、

3 <選択対象の書式設定>をクリックすると、

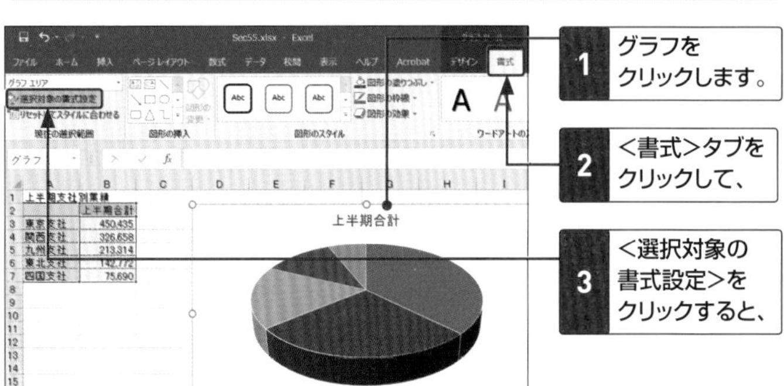

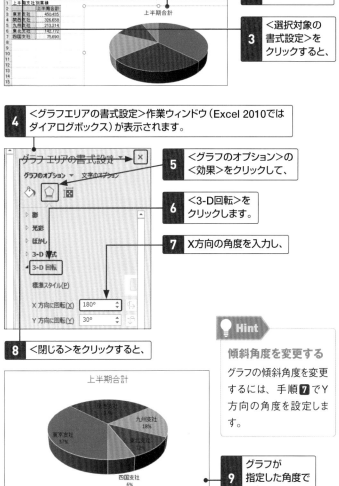

4 <グラフエリアの書式設定>作業ウィンドウ（Excel 2010ではダイアログボックス）が表示されます。

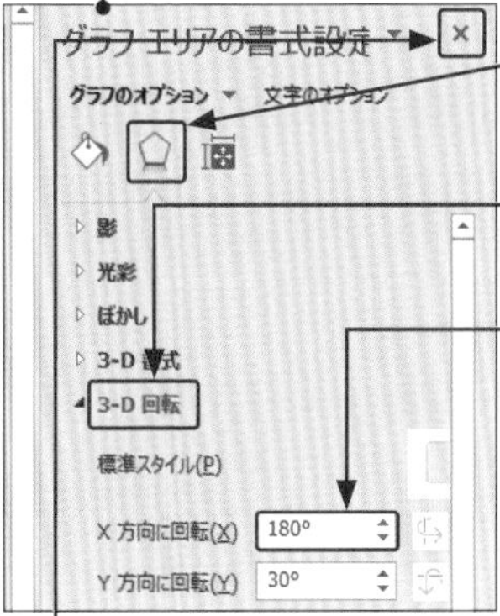

5 <グラフのオプション>の<効果>をクリックして、

6 <3-D回転>をクリックします。

7 X方向の角度を入力し、

8 <閉じる>をクリックすると、

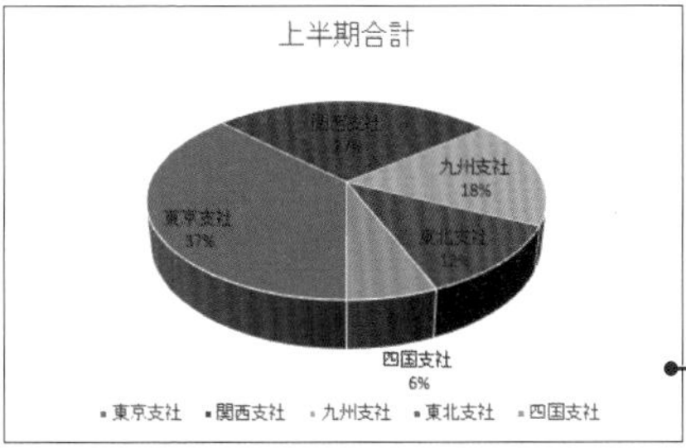

9 グラフが指定した角度で回転されます。

Hint

傾斜角度を変更する

グラフの傾斜角度を変更するには、手順 7 でY方向の角度を設定します。

56 ドーナツグラフを作成する

ドーナツグラフは、複数のデータ系列の構成比を同時に表示したいときに利用します。ほかのグラフと同様にデータラベルなどの表示や大きさの変更、データ系列の入れ替えができます。

1 ドーナツグラフを作成する

1 グラフの元になる表を作成します。

円の外側と内側にするデータを、それぞれ別の列に用意します。

	A	B	C
1	第1四半期 駅弁販売数		
2		販売数	小計
3	4月	93,336	
4	5月	88,786	
5	6月	79,301	
6	東京駅		261,423
7	4月	49,286	
8	5月	43,640	
9	6月	63,331	
10	品川駅		156,257

2 グラフにするデータ範囲を選択して、

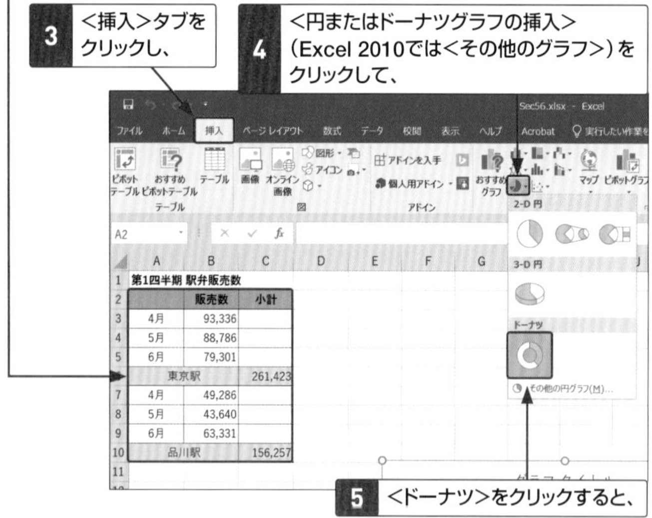

6 基本のドーナツグラフが作成されます。

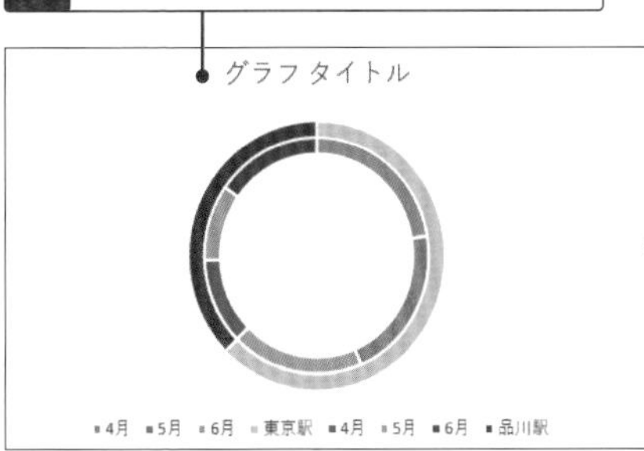

> **Memo**
>
> **ドーナツグラフの系列**
>
> ドーナツグラフは、1つのデータ系列から作成することも、複数のデータ系列から作成することもできます。

2 データラベルを表示する

1 グラフをクリックして、

2 <デザイン>タブをクリックします。

3 <クイックレイアウト>をクリックして、

4 <レイアウト1>をクリックすると、

5 グラフにデータラベルが表示されます。

6 グラフタイトルを入力して（Sec.17参照）、グラフのサイズを調整します。

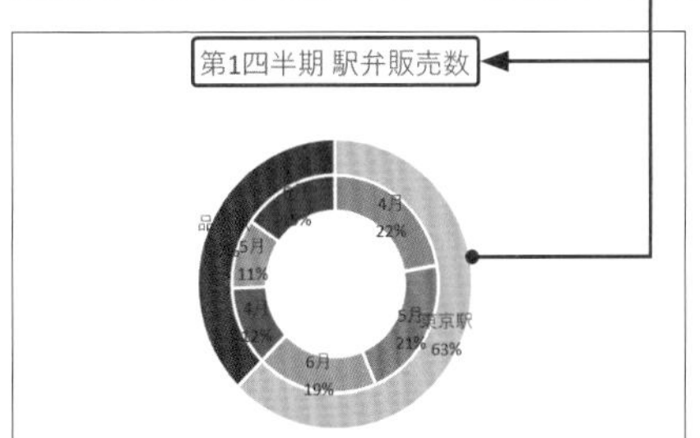

> **Memo**
>
> **Excel 2010の場合**
>
> Excel 2010の場合は、<デザイン>タブの<グラフレイアウト>から<レイアウト1>を選択します。

3 データ系列の順番を入れ替える

1 グラフをクリックして、

2 <デザイン>タブをクリックし、

3 <データの選択>をクリックします。

4 順番を入れ替えたい項目（ここでは<販売数>）をクリックして、

5 <下へ>をクリックすると、

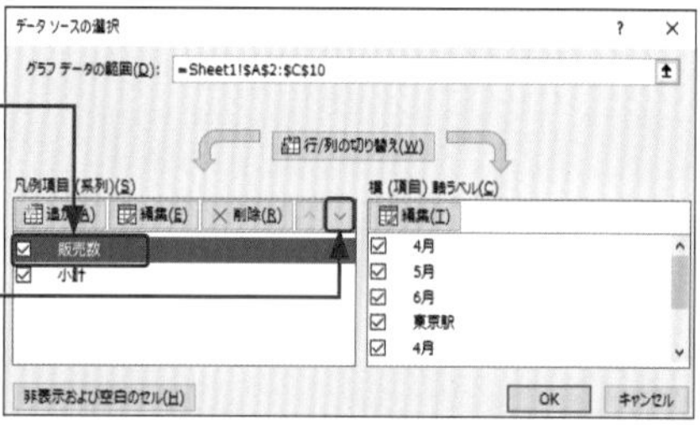

6 選択した項目が下に移動します。

7 <OK>をクリックすると、

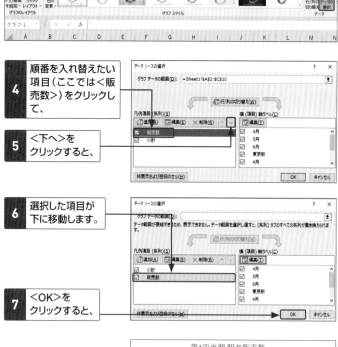

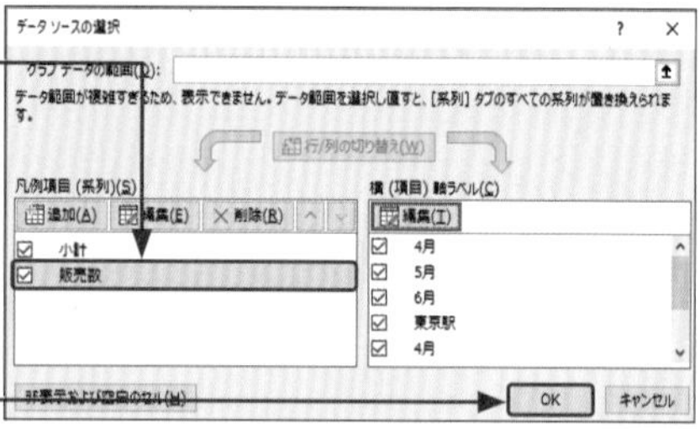

8 外側の円と内側の円が入れ替わります。

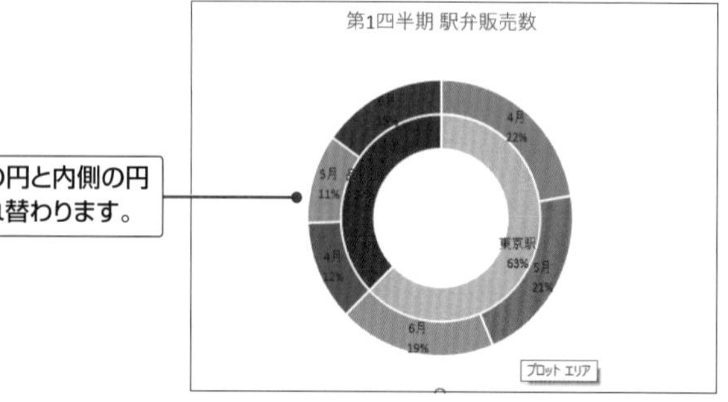

第6章 応用的なグラフを作成する

4 ドーナツの穴の大きさを調整する

1 任意のデータ系列をクリックして、

2 <書式>タブをクリックし、

3 <選択対象の書式設定>をクリックします。

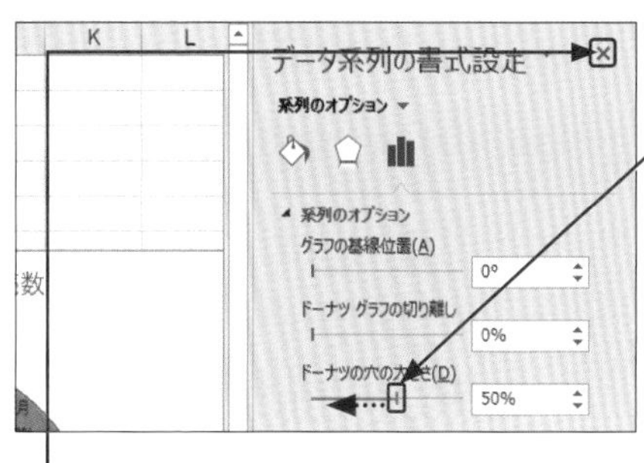

4 <ドーナツの穴の大きさ>のスライダーを左方向（または右方向）にドラッグして、

5 <閉じる>をクリックすると、

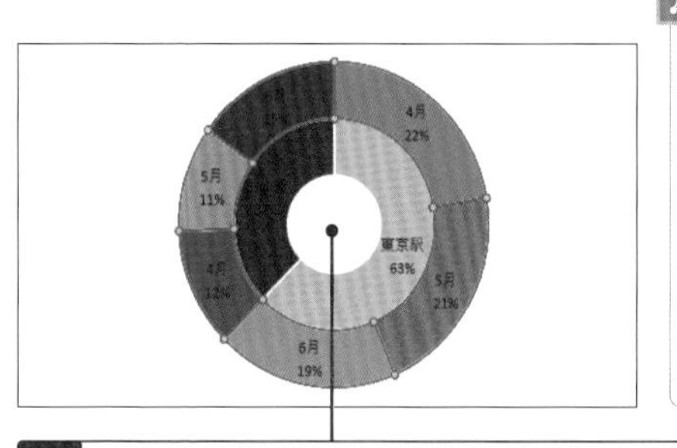

6 ドーナツグラフの穴が小さく（または大きく）なります。

Memo

ドーナツの穴の大きさ

ドーナツグラフの穴の大きさは、グラフに表示するデータラベルなどによって自動的に調整されます。

第6章 応用的なグラフを作成する

57 サンバースト図を作成する

サンバースト図は、データの階層構造をドーナツ状に表すグラフです。階層の各レベルを円で表し、内側の階層が上位になります。カテゴリーと各データ間の階層レベルを比較するときに利用します。

1 サンバースト図を作成する

1 グラフの元になる表を作成します。

元の表には、カテゴリーと項目、それに対応する値(ここでは「種別」、「商品名」、「金額」)を入力します。

情報機器売上額比較

種別	商品名	金額
パソコン	デスクトップ	485,600
パソコン	ノート	125,800
周辺機器	外付けHDD	102,400
周辺機器	インクジェットプリンター	96,800
消耗品	インクカートリッジ	78,600
消耗品	コピー用紙	27,420

2 グラフにするセル範囲を選択して、

3 <挿入>タブをクリックし、

4 <階層構造グラフの挿入>をクリックして、

5 <サンバースト>をクリックすると、

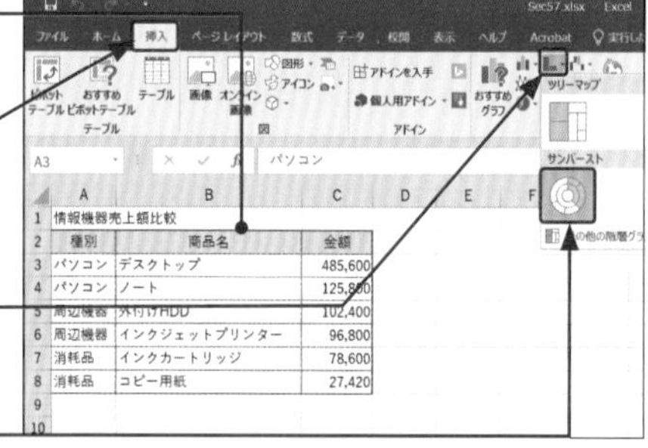

6 サンバースト図が作成されます。

7 グラフを拡大して、グラフタイトルを入力します(Sec.17参照)。

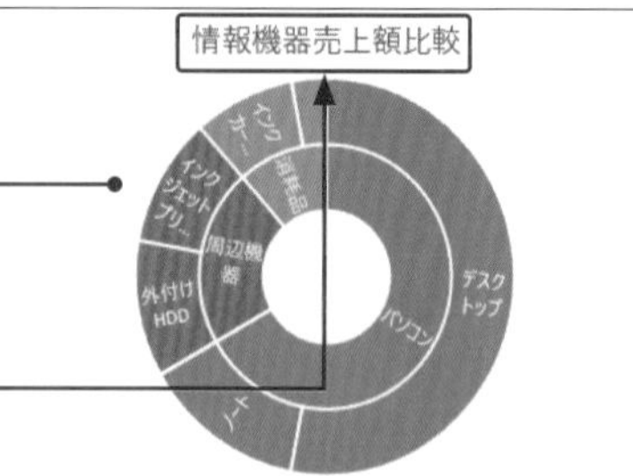

2 データラベルを表示する

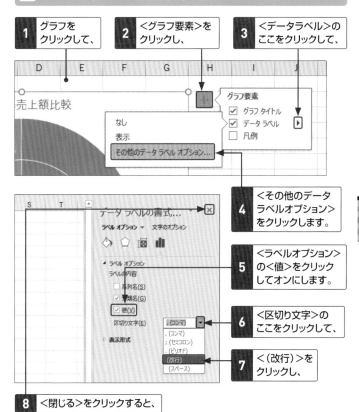

1 グラフをクリックして、

2 <グラフ要素>をクリックし、

3 <データラベル>のここをクリックして、

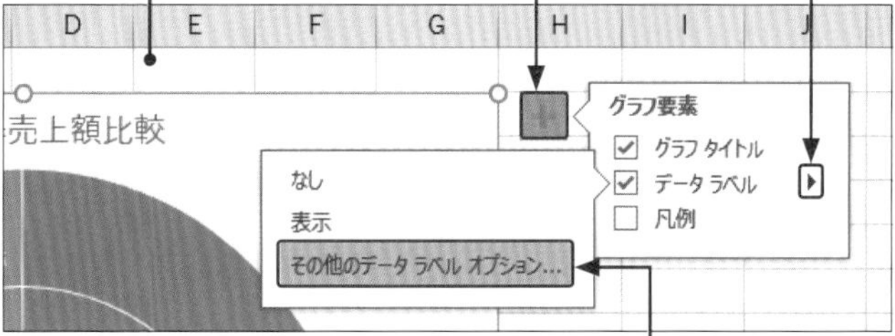

4 <その他のデータラベルオプション>をクリックします。

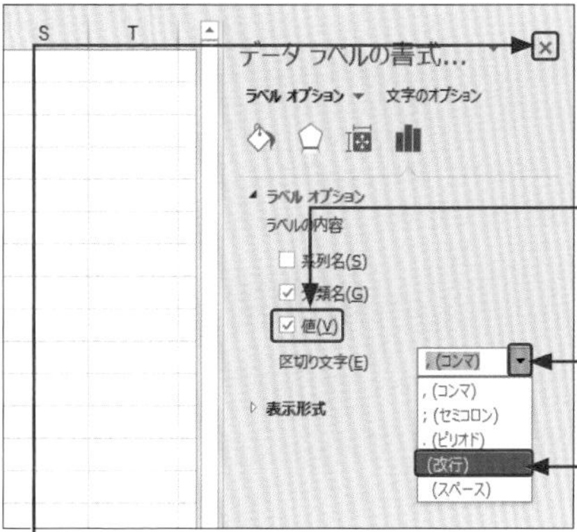

5 <ラベルオプション>の<値>をクリックしてオンにします。

6 <区切り文字>のここをクリックして、

7 <(改行)>をクリックし、

8 <閉じる>をクリックすると、

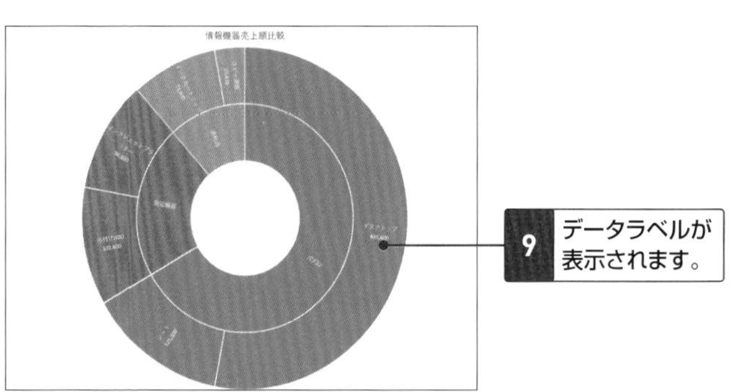

9 データラベルが表示されます。

Section **58**

レーダーチャートを作成する

レーダーチャートは、グラフの中心から放射状に延びた軸に沿って各データの値をプロットするグラフです。このグラフは、値の大きさや全体のバランス、傾向を分析する場合などに利用されます。

1 マーカー付きレーダーチャートを作成する

1 グラフにするセル範囲を選択します。

2 <挿入>タブをクリックして、

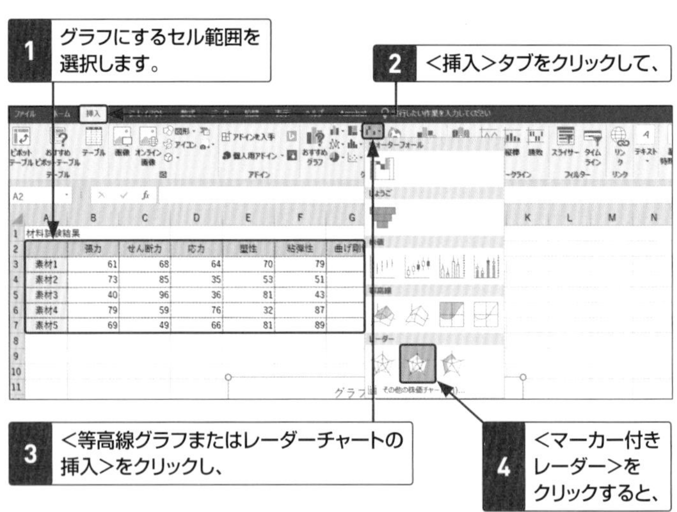

3 <等高線グラフまたはレーダーチャートの挿入>をクリックし、

4 <マーカー付きレーダー>をクリックすると、

5 マーカー付きレーダーチャートが作成されます。

6 グラフタイトルを入力して（Sec.17参照）、

7 凡例の位置を調整します（Sec.24参照）。

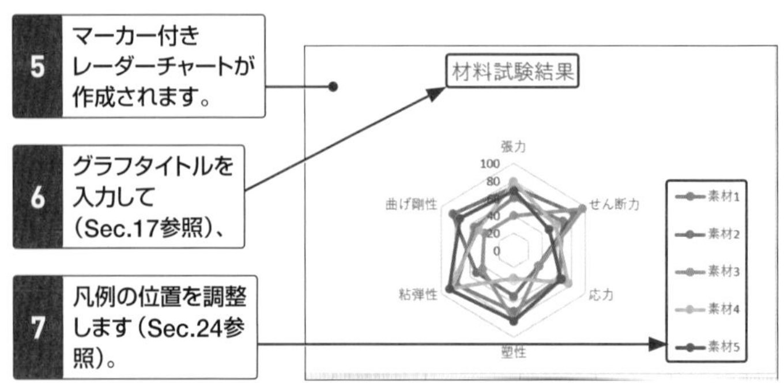

2 レーダー軸を編集する

ここでは、軸の目盛間隔を変更します。

1 レーダー軸をクリックします。

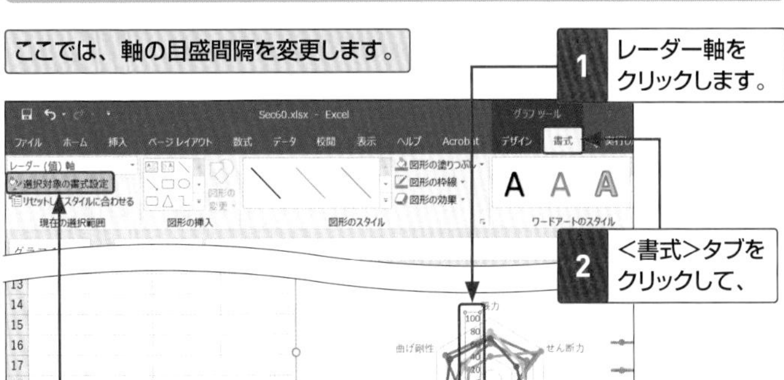

2 <書式>タブをクリックして、

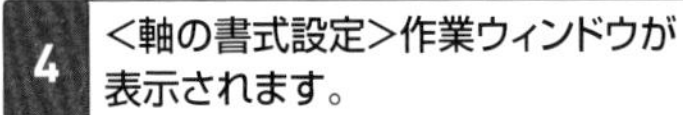

3 <選択対象の書式設定>をクリックすると、

4 <軸の書式設定>作業ウィンドウが表示されます。

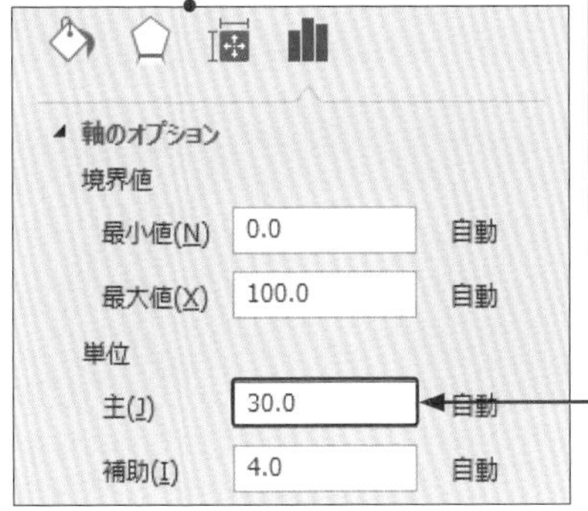

5 <単位>の<主>に、目盛の間隔を入力して、

6 <閉じる>をクリックすると、

7 目盛の間隔が変更されます。

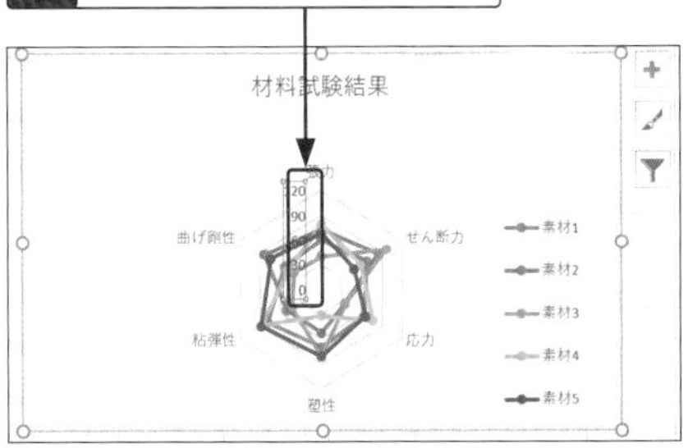

Memo

Excel 2010の場合

Excel 2010の場合は、<軸の書式設定>ダイアログボックスの<目盛間隔>で<固定>をクリックしてオンにし、数値を入力します。

Keyword

レーダー軸

レーダー軸とは、レーダーチャートの中心点から放射状に伸ばした軸のことです。

59 ツリーマップ図を作成する

ツリーマップ図は、データの階層構造を示すグラフで、同じカテゴリーのデータをそれぞれの値の大きさに応じた長方形で示します。データ全体の大きさと各データの大きさを視覚的に比較できます。

1 ツリーマップ図を作成する

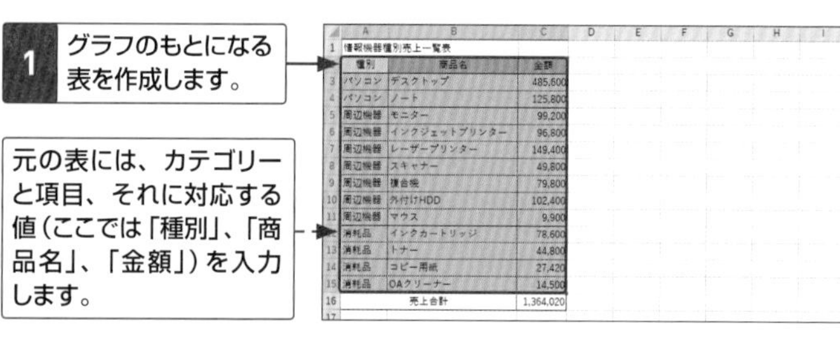

	A	B	C
1	情報機器種別売上一覧表		
2	種別	商品名	金額
3	パソコン	デスクトップ	485,600
4	パソコン	ノート	125,800
5	周辺機器	モニター	99,200
6	周辺機器	インクジェットプリンター	96,800
7	周辺機器	レーザープリンター	149,400
8	周辺機器	スキャナー	49,800
9	周辺機器	複合機	79,800
10	周辺機器	外付けHDD	102,400
11	周辺機器	マウス	9,900
12	消耗品	インクカートリッジ	78,600
13	消耗品	トナー	44,800
14	消耗品	コピー用紙	27,420
15	消耗品	OAクリーナー	14,500
16		売上合計	1,364,020

1 グラフのもとになる表を作成します。

元の表には、カテゴリーと項目、それに対応する値（ここでは「種別」、「商品名」、「金額」）を入力します。

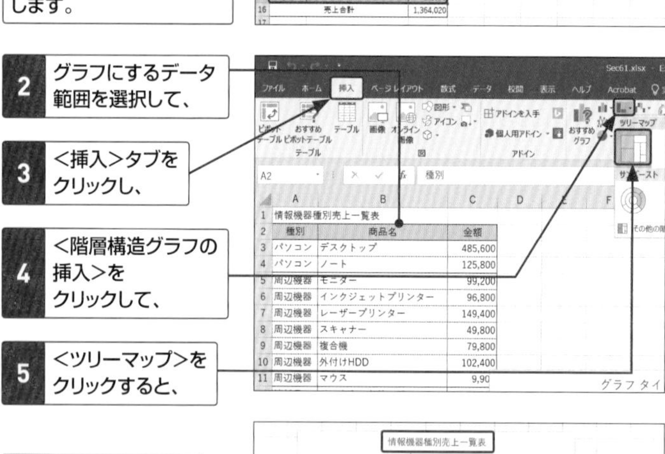

2 グラフにするデータ範囲を選択して、

3 ＜挿入＞タブをクリックし、

4 ＜階層構造グラフの挿入＞をクリックして、

5 ＜ツリーマップ＞をクリックすると、

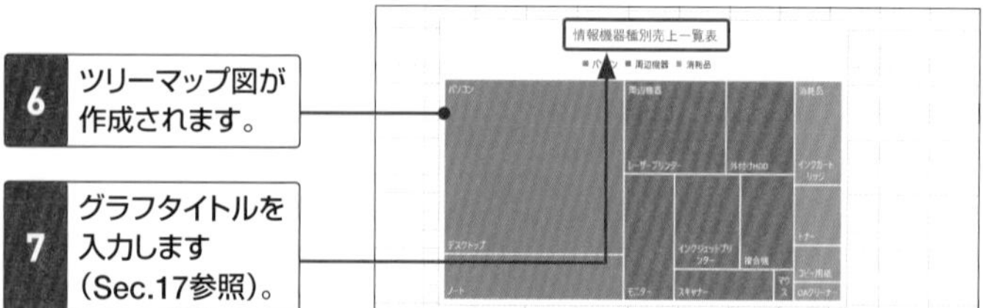

6 ツリーマップ図が作成されます。

7 グラフタイトルを入力します（Sec.17参照）。

第6章 応用的なグラフを作成する

2 データラベルを表示する

1 グラフをクリックして、

2 ＜グラフ要素＞をクリックし、

3 ＜データラベル＞のここをクリックして、

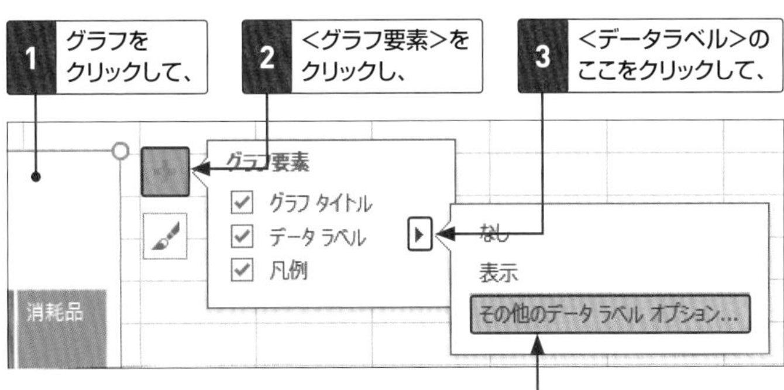

4 ＜その他のデータラベルオプション＞をクリックします。

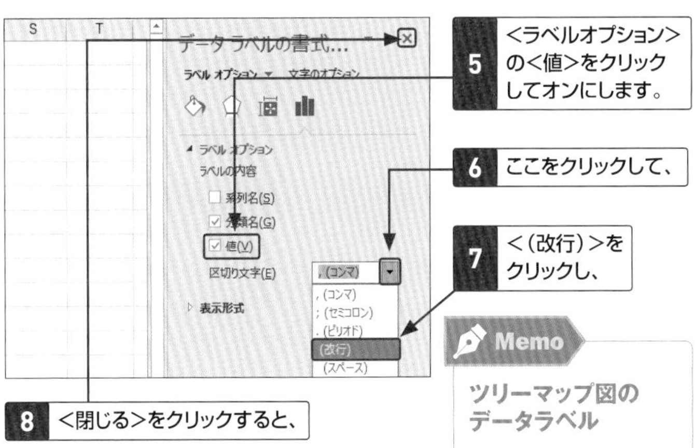

5 ＜ラベルオプション＞の＜値＞をクリックしてオンにします。

6 ここをクリックして、

7 ＜(改行)＞をクリックし、

8 ＜閉じる＞をクリックすると、

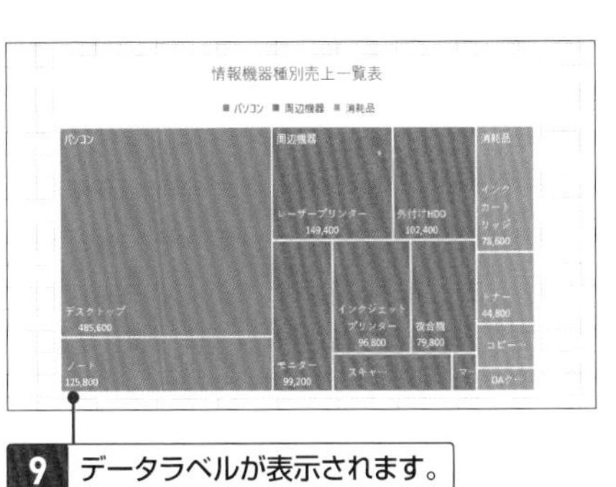

9 データラベルが表示されます。

Memo

ツリーマップ図のデータラベル

ツリーマップ図は、データの大きさをそれぞれの値に応じた長方形の面積で表示するので、データの大きさを比較できますが、グラフからデータの値を読み取ることができません。このため、必要に応じでデータラベルの「値」を表示します。

60 ウォーターフォール図を作成する

ウォーターフォール図は、値の増減が示される累計を示すグラフです。データの正／負の値により、どのように増減するのかを視覚的に確認しやすく、経営状況の把握などに利用されます。

1 ウォーターフォール図を作成する

1 グラフの元になる表を作成します。

ここでは、収益、原価、粗利益、管理費、純利益の順で金額を入力します。なお、括弧で表示している金額はマイナスの値で、セルの書式設定で負の値の際の表示形式を「(1,234)」に設定しています。

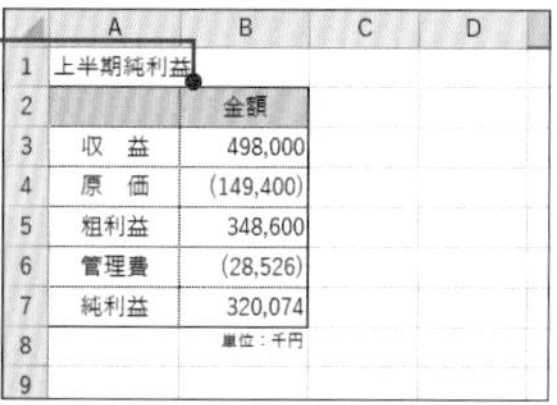

	A	B	C	D
1	上半期純利益			
2		金額		
3	収　益	498,000		
4	原　価	(149,400)		
5	粗利益	348,600		
6	管理費	(28,526)		
7	純利益	320,074		
8		単位：千円		
9				

2 グラフにするデータ範囲を選択して、

3 <挿入>タブをクリックし、

4 <ウォーターフォール図または株式チャートの挿入>をクリックして、

5 <ウォーターフォール>をクリックすると、

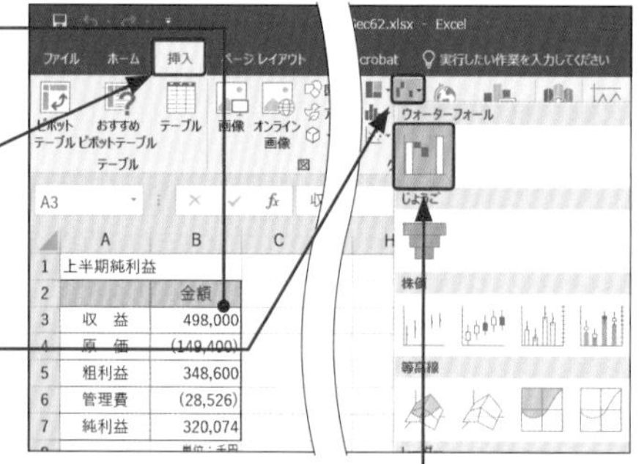

6 ウォーターフォール図が作成されます。

7 グラフタイトルを入力します（Sec.17参照）。

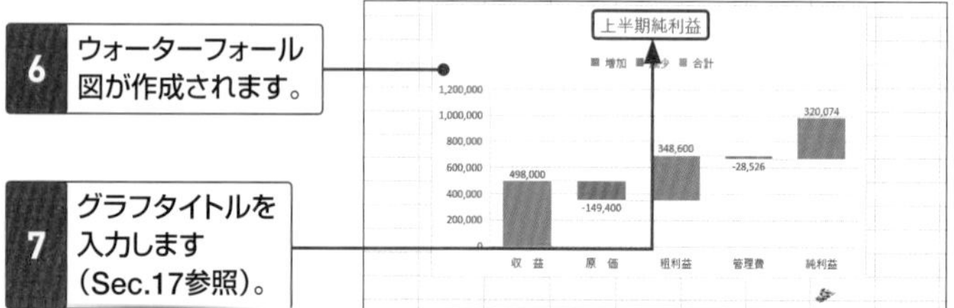

2 純利益を合計として表示する

1 純利益のデータ系列をクリックして、

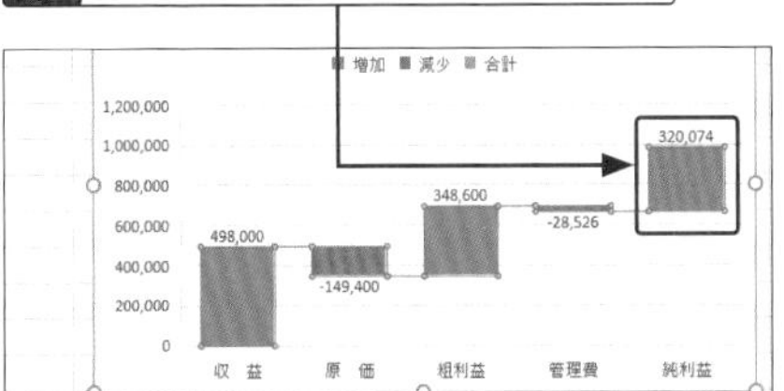

2 再度クリックすると、純利益のデータ系列だけが選択されます。

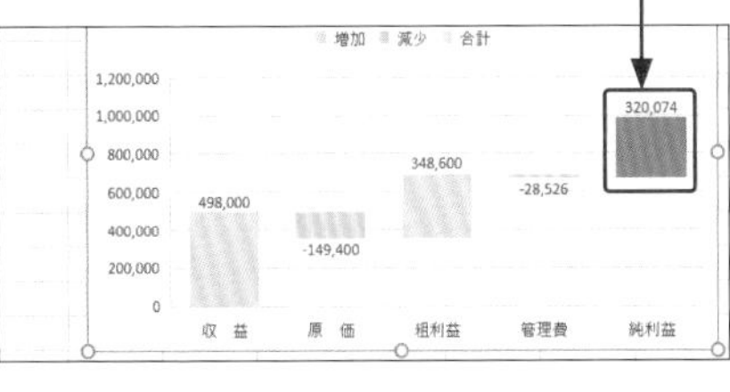

> **Hint**
>
> **合計として表示する**
>
> 元データから作成したウォーターフォール図は、それぞれのデータが増減をしながら連続したグラフになるため、純利益の額だけを把握するのには不向きです。このため、純利益を合計として表示し、値を読み取りやすくします。

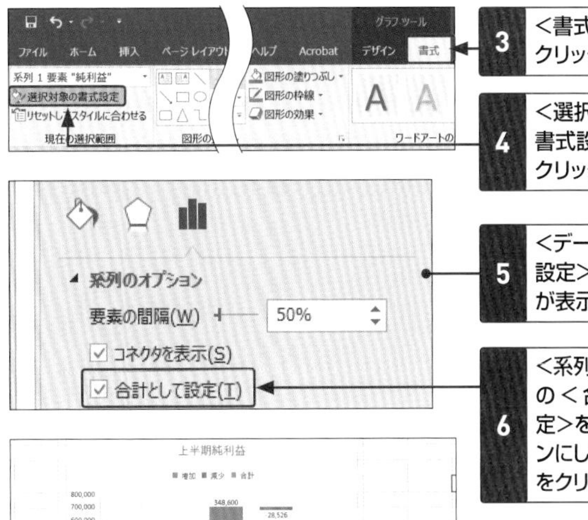

3 <書式>タブをクリックして、

4 <選択対象の書式設定>をクリックすると、

5 <データ要素の書式設定>作業ウィンドウが表示されます。

6 <系列のオプション>の<合計として設定>をクリックしてオンにして、<閉じる>をクリックします。

7 純利益が合計として表示されます。

Section 61

絵グラフを作成する

絵グラフは、データマーカーにイラストなどを表示したグラフで、イラストの個数でデータの値を表すこともできます。画像の表示方法には、引き伸ばし、積み重ね、拡大縮小と積み重ねがあります。

1 元になる棒グラフを作成する

Keyword

絵グラフ

絵グラフとは、イラストなどの画像を使って値を表すグラフのことです。

1 グラフの元になる表を作成して、

	A	B	C	D	E	F
1	年間住宅販売戸数					
2		販売戸数				
3	東北支社	351				
4	東京支社	499				
5	東海支社	525				
6	大阪支社	394				
7	福岡支社	393				
8						
9						

2 縦棒グラフを作成します（Sec.11参照）。

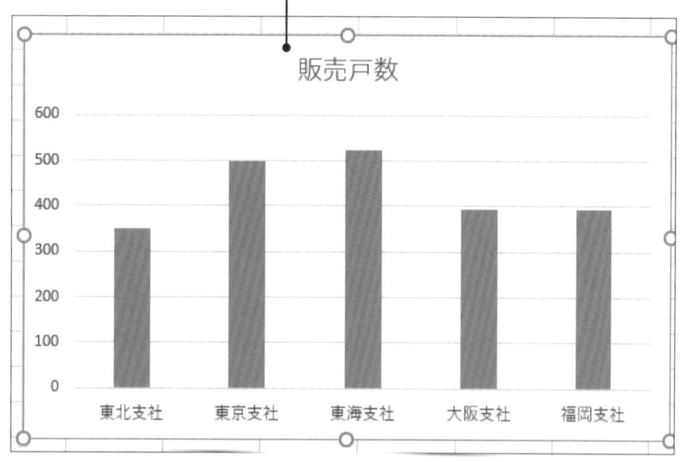

2 データマーカーにイラストを表示する

1 データ系列をクリックします。

2 <書式>タブをクリックし、

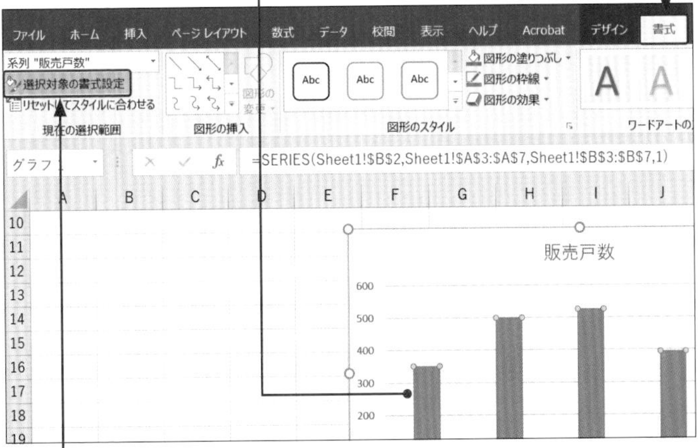

3 <選択対象の書式設定>をクリックすると、

4 <データ系列の書式設定>作業ウィンドウ（Excel 2010の場合はダイアログボックス）が表示されます。

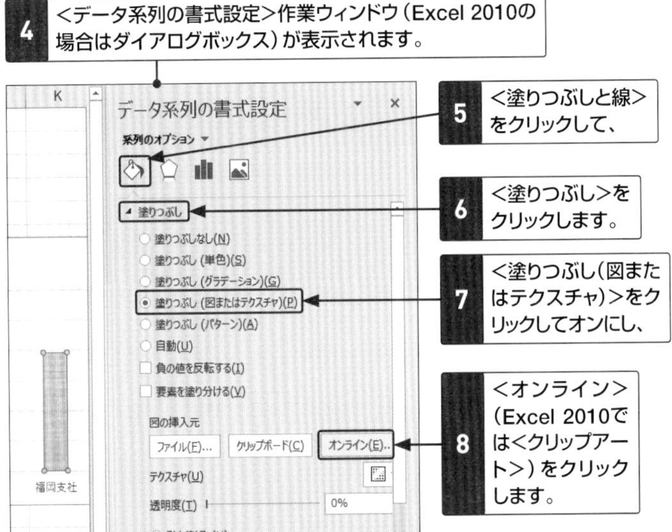

5 <塗りつぶしと線>をクリックして、

6 <塗りつぶし>をクリックします。

7 <塗りつぶし（図またはテクスチャ）>をクリックしてオンにし、

8 <オンライン>（Excel 2010では<クリップアート>）をクリックします。

9 <Bingイメージ検索>に検索したいイラストのキーワードを入力して、

10 Enter を押します。

Memo

Excel 2010の場合

Excel 2010の場合は、手順9で<図の選択>ダイアログボックスが表示されます。

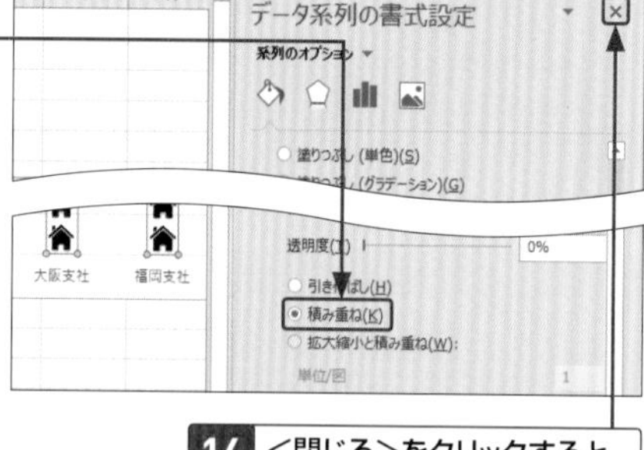

11 イラストが検索されるので、使用したいものをクリックして、

12 <挿入>（Excel 2010では<OK>）をクリックします。

13 <積み重ね>をクリックしてオンにし、

Hint

画像を消去するには

表示した画像を消去するには、データ系列を右クリックして、<リセットしてスタイルに合わせる>をクリックします。

14 <閉じる>をクリックすると、

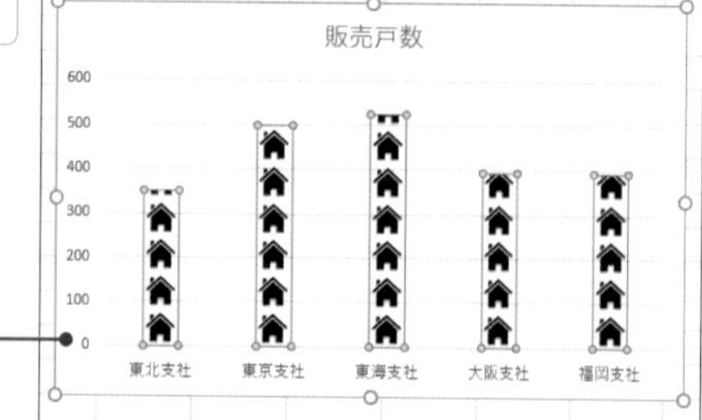

15 イラストを積み重ねた絵グラフが作成されます。

画像の表示方法

データマーカーに画像を表示する方法は、3通りあります。前ページでは、<積み重ね>を利用しましたが、<引き伸ばし>と<拡大縮小と積み重ね>を選択すると、下図のようになります。

<引き伸ばし>を選択した場合

画像がデータマーカーのサイズに合わせて拡大／縮小されます。

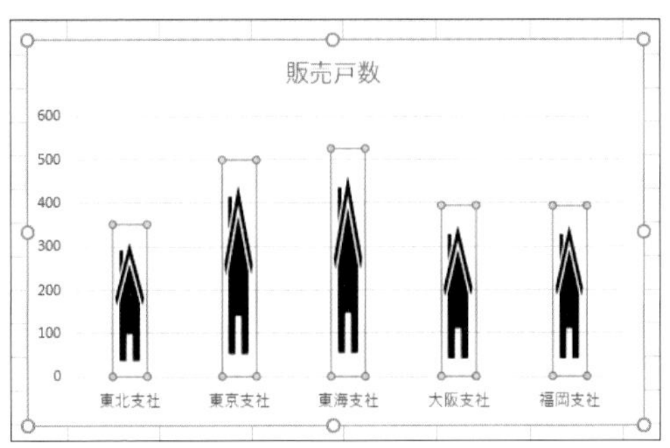

<拡大縮小と積み重ね>を選択した場合

画像の1個当たりの値を設定し、画像サイズを自動調整して積み重ねます。画像の1個当たりの値は、<データ系列の書式設定>作業ウィンドウの<単位／図>で設定します。ただし、データ系列の値が大きい場合に設定値を小さくすると、画像が見づらくなるので注意しましょう。

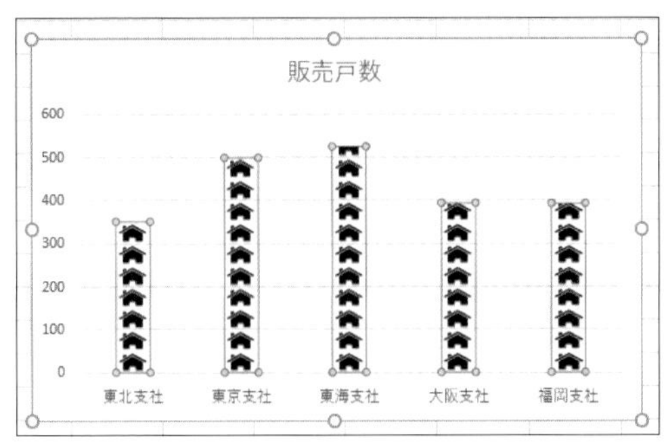

62 散布図を作成する

散布図は、2つのデータ系列の数値間の関連性を点（データマーカー）の分布で表すグラフです。散布図は、データマーカーの分布から全体の傾向や相関関係を把握する場合などに利用されます。

1 基本となる散布図を作成する

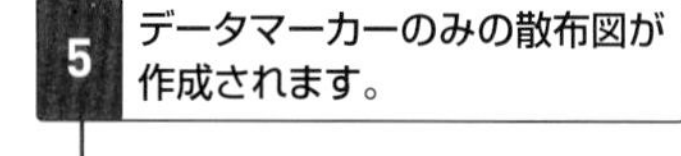

5 データマーカーのみの散布図が作成されます。

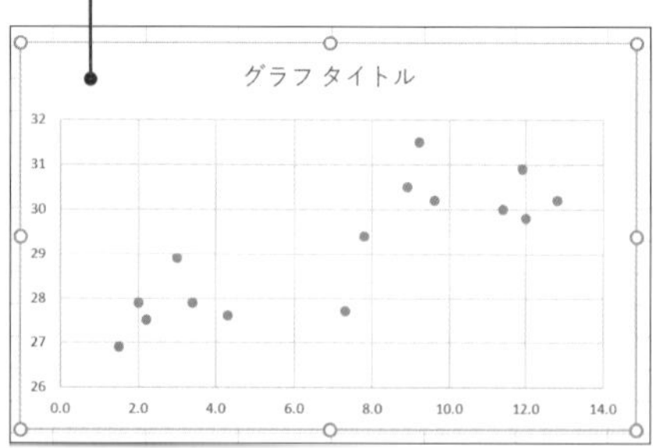

Hint データの選択範囲に注意

範囲を選択する際は、データのみを選択します。表の左端の項目名（ここでは「年月日」）を含めて選択すると、散布図を正しく作成できません。

2 レイアウトを変更する

1 グラフをクリックします。

2 <デザイン>タブをクリックして、

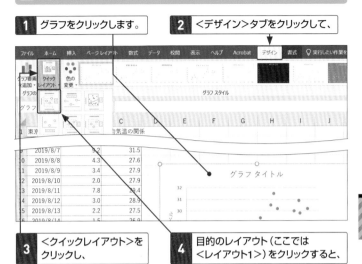

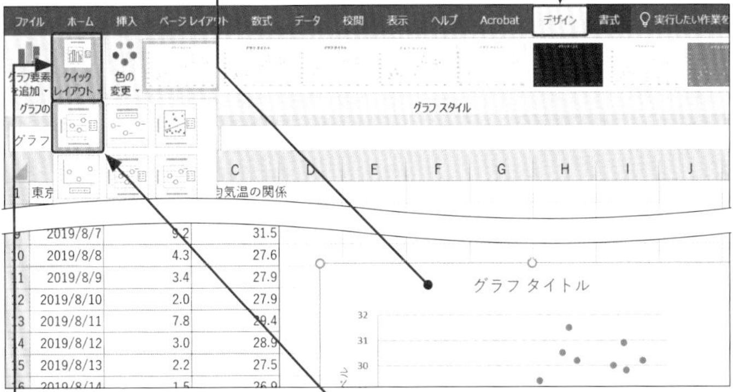

3 <クイックレイアウト>をクリックし、

4 目的のレイアウト（ここでは<レイアウト1>）をクリックすると、

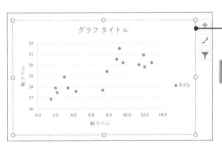

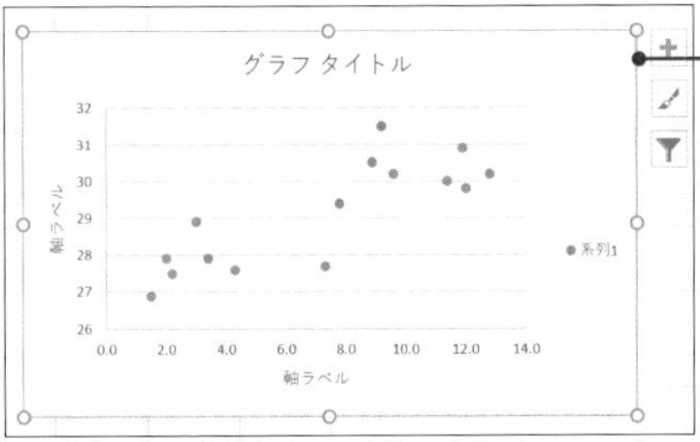

5 グラフのレイアウトが変更されます。

6 グラフタイトルを変更して（Sec.17参照）、

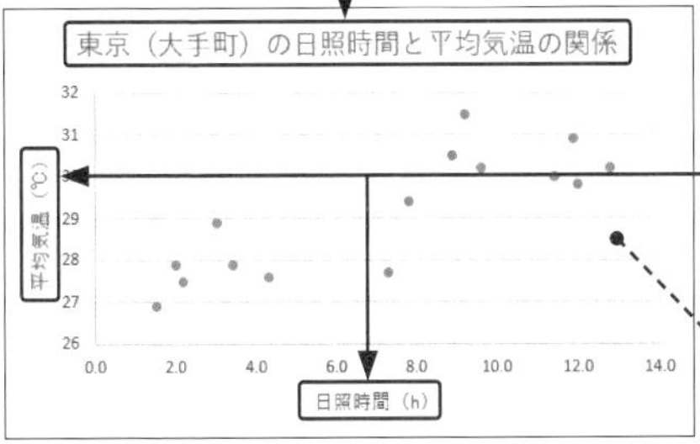

7 軸ラベルを入力します（Sec.26参照）。

ここでは、クイックレイアウトで表示した凡例を削除しています。

Memo Excel 2010の場合

Excel 2010の場合は、<デザイン>タブの<グラフのレイアウト>から、変更するレイアウトを選択します。

第6章 応用的なグラフを作成する

63 バブルチャートを作成する

バブルチャートは、散布図に円の面積という要素を加えたグラフです。2つの値を縦軸と横軸で表して、3つ目の値をバブル(円)の大きさで表します。プレゼンテーションなどで利用すると効果的です。

1 3-D効果付きバブルチャートを作成する

Memo

バブルチャートの元データ

バブルチャートの元データの表は、横軸、縦軸、量(バブル)の順で作成します。また、大きいバブルの背後に小さいバブルが隠れてしまうことがあるので、あらかじめ量(バブル)のデータを大きい順(降順)に並べ替えておきます。

1 グラフの元になるデータを作成して、バブルにする値(ここでは「受講者数」)を降順に並べておきます。

	A	B	C	D	E
1	教室別受講者数総計				
2		施設面積（㎡）	講座数	受講者数（人）	
3	新宿教室	254,500	125	532,457	
4	渋谷教室	182,000	108	364,492	
5	横浜教室	165,000	97	315,585	
6	品川教室	98,000	52	156,795	
7	幕張教室	380,000	75	108,435	
8	大宮教室	75,000	38	89,386	
9					

2 グラフにするセル範囲を選択します。

3 <挿入>タブをクリックして、

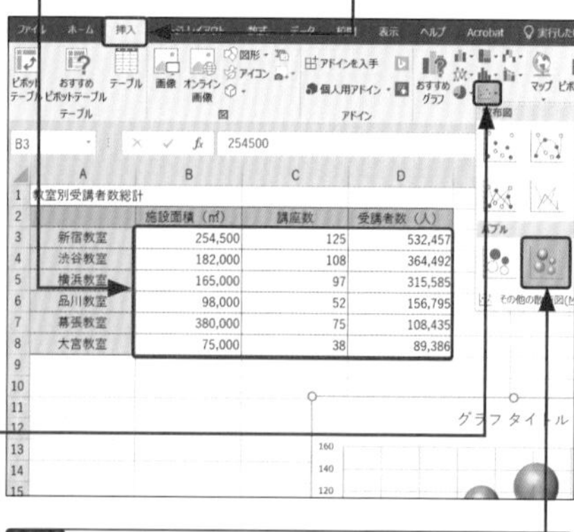

4 <散布図(X、Y)またはバブルチャートの挿入>(Excel 2010では<その他のグラフ>)をクリックし、

5 <3-D効果付きバブル>をクリックすると、

6 3-Dバブルチャートが作成されます。

7 グラフタイトルを入力し（Sec.17参照）、

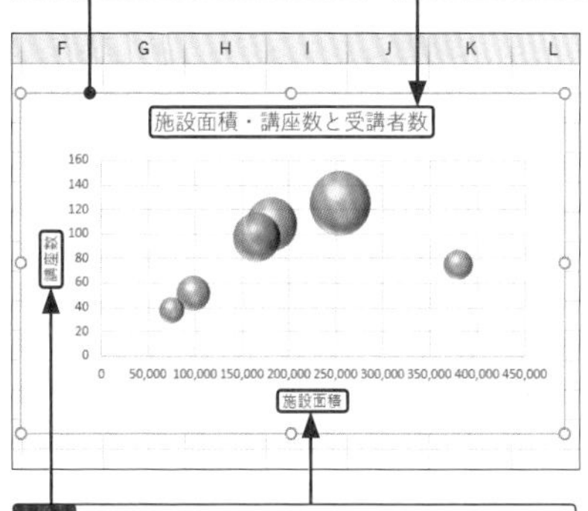

8 軸ラベルを表示します（Sec.26参照）。

Hint

データの選択範囲に注意

バブルチャートにする範囲を選択する際は、データのみを選択します。表の見出しなどを含めて選択すると、バブルチャートが正しく作成できません。

2 バブルの配色を変更する

1 グラフをクリックします。

2 <デザイン>タブをクリックして、

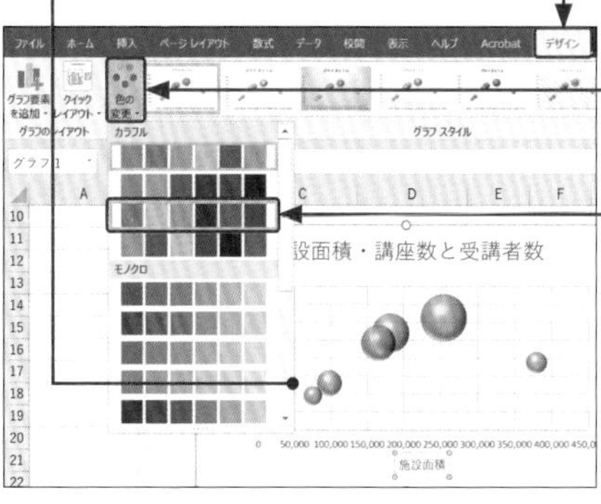

3 <色の変更>をクリックし、

4 設定したい色を選択すると、

5 バブルの配色が変更されます。

Memo

Excel 2010の場合

Excel 2010の場合は、<デザイン>タブの<グラフスタイル>で、バブルの色を変えることができます。

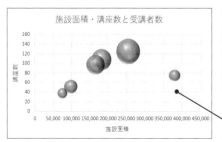

3 バブルのサイズを変更する

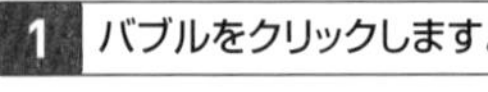

1 バブルをクリックします。

2 <書式>タブをクリックして、

3 <選択対象の書式設定>をクリックすると、

Memo バブルのサイズ

バブルは、初期設定ではデータの大小を面積で表します。手順5で選択している<バブルの幅>では、データの大小を直径で表します。

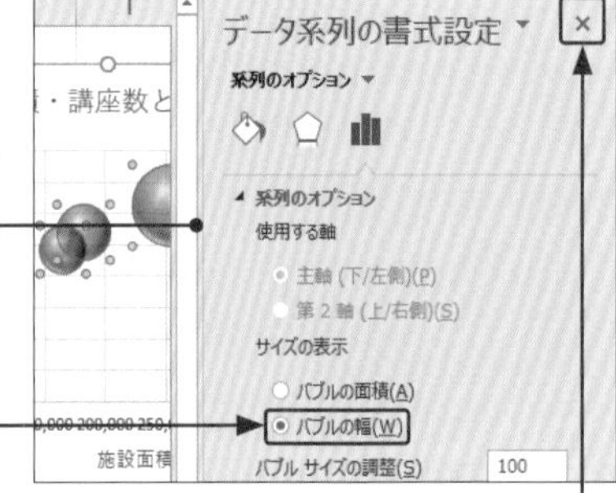

4 <データ系列の書式設定>作業ウィンドウが表示されます。

5 <バブルの幅>をクリックしてオンにし、

6 <閉じる>をクリックすると、

7 大きいバブルと小さいバブルの差が明確になります。

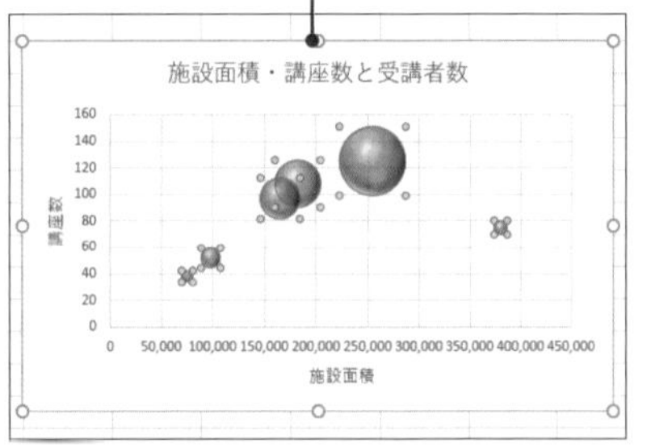

Hint バブルサイズの調整

バブルサイズを拡大したり縮小したりするには、<系列のオプション>作業ウィンドウの<バブルサイズの調整>で設定します。

4 データラベルを元データから表示する

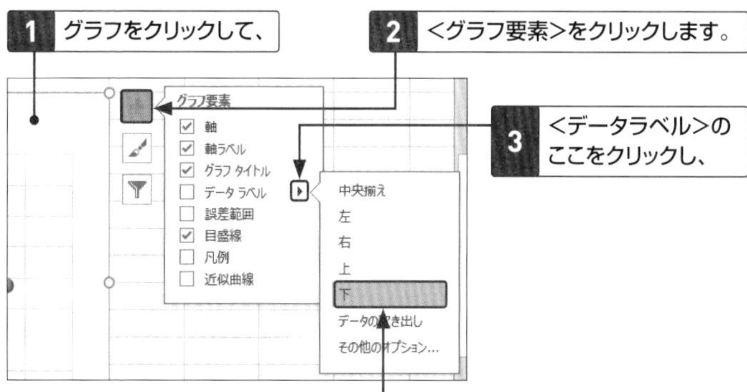
1 グラフをクリックして、
2 <グラフ要素>をクリックします。
3 <データラベル>のここをクリックし、
グラフ要素
軸
軸ラベル
グラフ タイトル
データ ラベル
誤差範囲
目盛線
凡例
近似曲線
中央揃え
左
右
上
下
その他のオプション...
4 データラベルを表示する位置（ここでは<下>）をクリックすると、

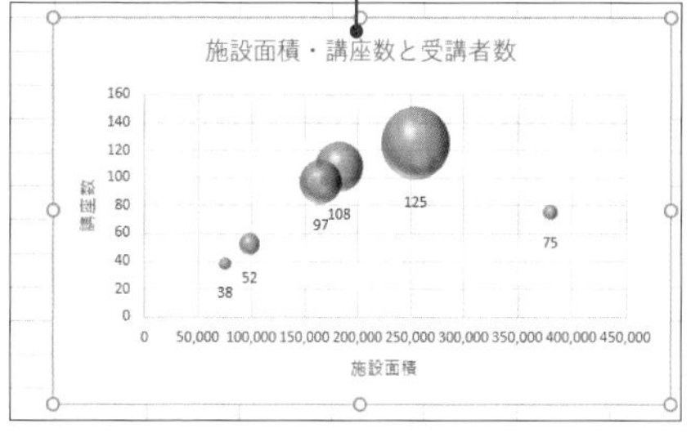
5 バブルの下にデータラベルが表示されます。
施設面積・講座数と受講者数
施設面積

> **Memo**
>
> **Excel 2010の場合**
>
> Excel 2010の場合は、<レイアウト>タブをクリックして、<データラベル>をクリックし、<下>をクリックします。

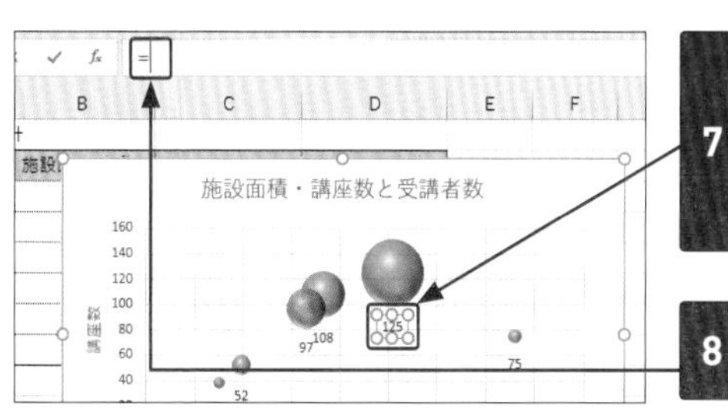
6 グラフの外のセルをクリックすると、グラフ要素メニューが閉じます。
施設面積・講座数と受講者数
7 データラベルをクリックして、再度クリックし、そのラベルだけを選択します。
8 数式バーに半角で「=」と入力して、

9 表示したい文字の入力されているセル（ここでは「A3」）をクリックします。

10 Enter を押すと、

A3 =Sheet1!$A$3

	A	B	C	D
1	教室別受講者数総計			
2		施設面積（㎡）	講座数	受講者数（人）
3	新宿教室	254,500	125	532,457
4	渋谷教室	182,000	108	364,492
5	横浜教室	165,000	97	315,585
6	品川教室	98,000	52	156,795
7	幕張教室	380,000	75	108,435
8	大宮教室	75,000	38	89,386

施設面積・講座数と受講者数

11 セル内の文字がデータラベルとして表示されます。

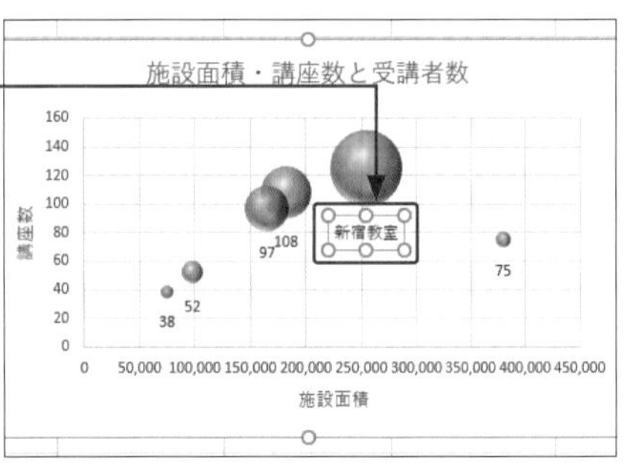

Memo

ラベルの位置の調整

ラベルが重なって読みづらい場合は、ラベルの位置を個別に調整します。

12 ほかのバブルのデータラベルも、手順7～11の方法で表示します。

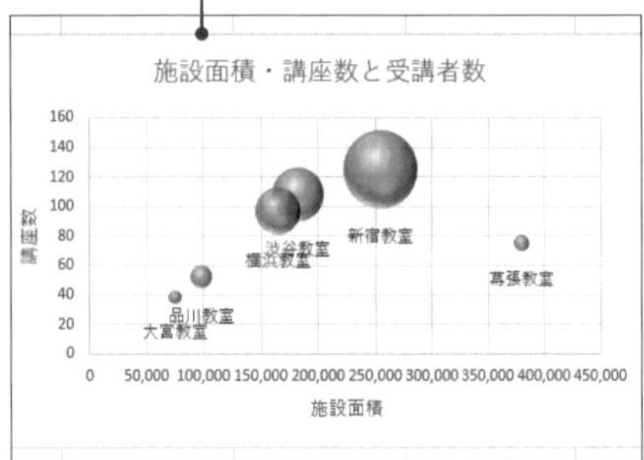

Hint

データラベルを直接入力する

文字を入力するデータラベルを選択して、表示されている文字をドラッグして選択し、文字を入力すると、ラベルを直接入力できます。

第7章

グラフを資料作成で活用する

Wordに グラフを貼り付ける

Excelで作成したグラフは、形式を指定してWordの文書に貼り付けることができます。形式は5種類ありますが、ここでは元データとグラフをリンクさせたデータリンク形式で貼り付けます。

1 データをリンクしてグラフを貼り付ける

Wordを起動して、グラフを貼り付ける文章を開いておきます。

1 Wordに貼り付けたいグラフをクリックします。

2 <ホーム>タブをクリックして、

3 <コピー>をクリックします。

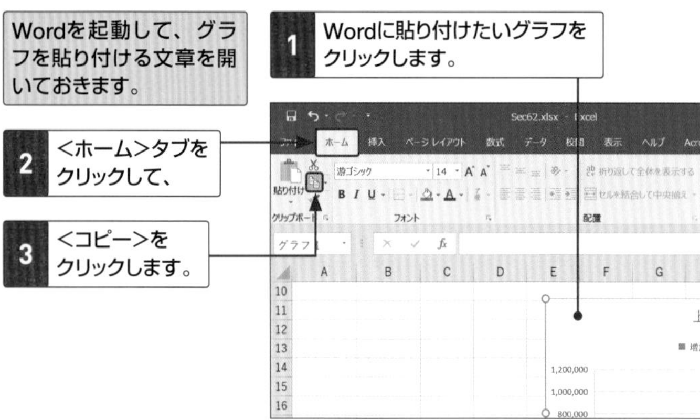

4 Wordの文書画面に切り替えて、グラフを貼り付ける位置をクリックします。

5 <ホーム>タブをクリックして、

6 <貼り付け>をクリックし、

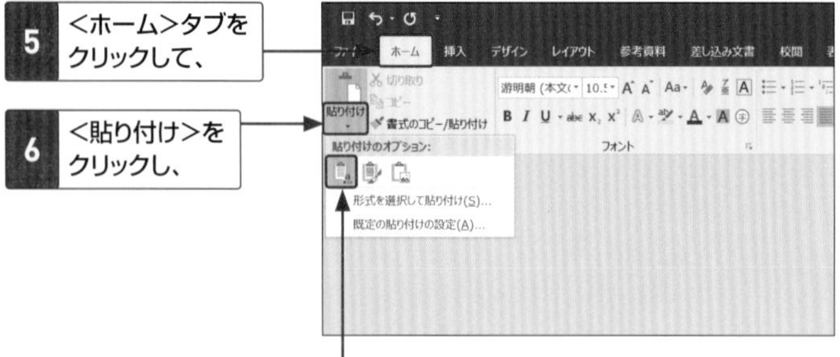

7 貼り付ける形式(P.211MEMO参照)をクリックすると、

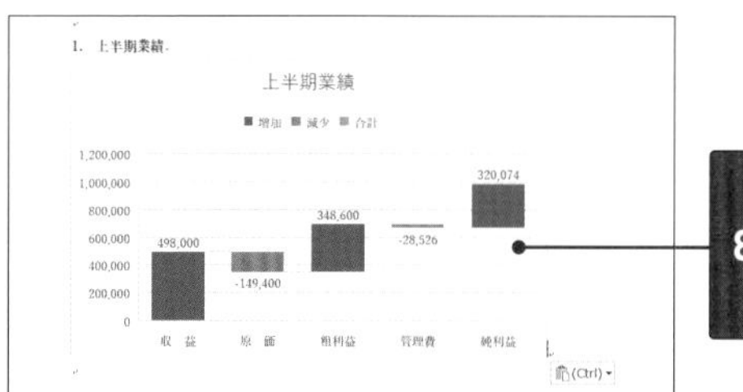

8 P.210手順**7**で選択した形式で、Excelで作成したグラフが貼り付けられます。

9 グラフをクリックして、

10 ＜レイアウトオプション＞をクリックし、

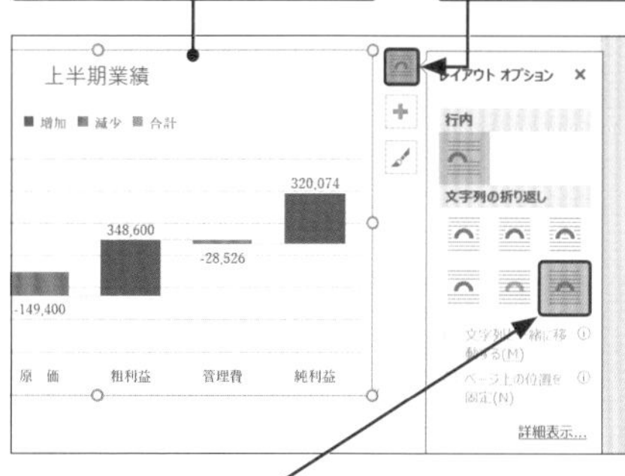

11 ＜前面＞をクリックして、

12 位置やサイズを調整します。

Memo

Word 2010の場合

Word 2010の場合は、グラフをクリックして＜書式＞タブをクリックし、＜文字列の折り返し＞の＜前面＞をクリックして、位置やサイズを調整します。

Memo

貼り付ける形式

Excelで作成したグラフをWordの文書やPowerPointのスライドに貼り付けるときの形式には、次の5種類があります。

- 貼り付け先のテーマを使用しブックを埋め込む
- 元の書式を保持しブックを埋め込む
- 貼り付け先テーマを使用しデータをリンク
- 元の書式を保持しデータをリンク
- 図

「ブックを埋め込む」とは、Excelのファイルとリンクせずに埋め込むことです。貼り付けた先でグラフを編集しても、グラフの元になったコピー元のExcelには反映されません。「データリンク」は、Excelのファイルとリンクして同一のグラフが読み込まれます。「図」は、グラフを画像として貼り付けるので、データの修正はもちろん、書式やデザインの変更はできません。

2 グラフを編集する

1 グラフをクリックします。

2 <デザイン>タブをクリックして、

3 <データの編集>をクリックします。

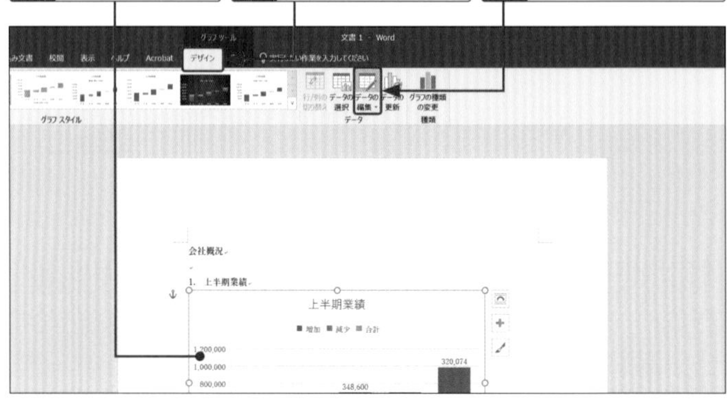

4 Excelが起動して、元データのファイルが表示されます。

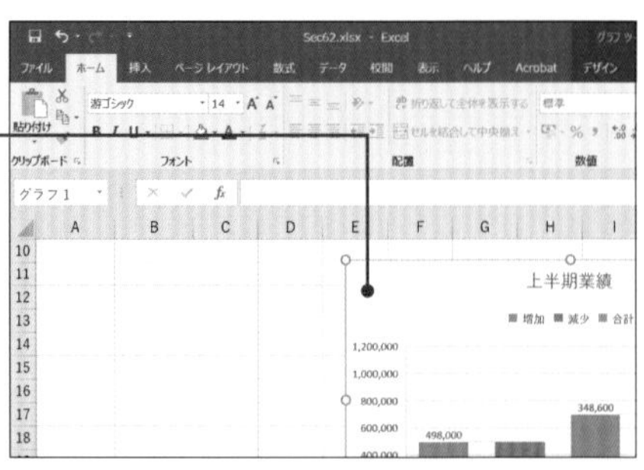

Memo

グラフの編集

データをリンクしてグラフを貼り付けた場合は、手順5でデータを編集すると、コピー元のExcelファイルにも編集の内容が反映されます。

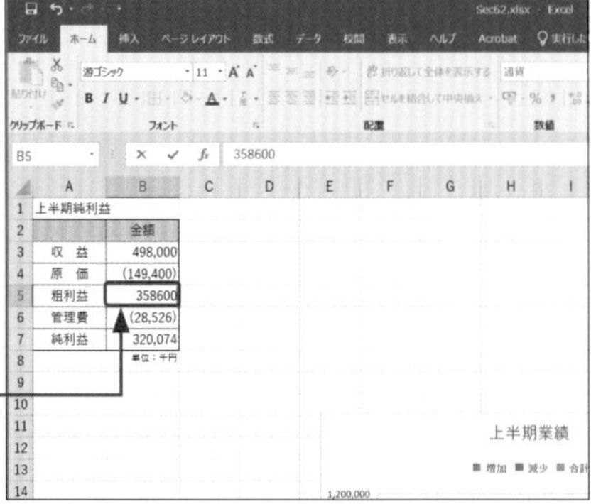

5 データを編集（ここでは、セル「B5」の数値を「348,600」から「358,600」に変更）すると、

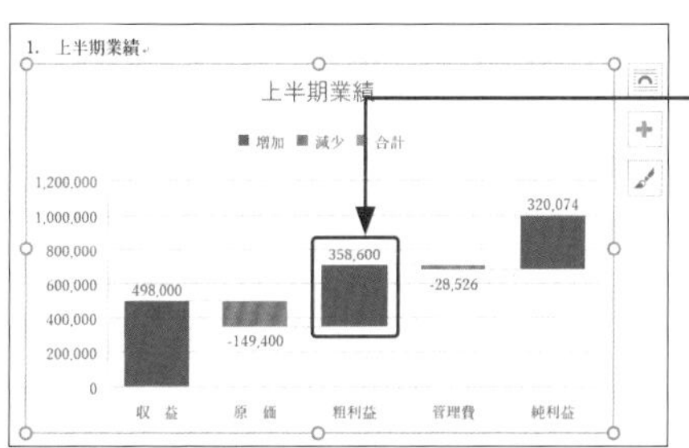

6 Wordのグラフに編集の内容が反映されます。

7 Excelの画面の<上書き保存>をクリックして、<閉じる>をクリックし、Excelを閉じます。

3 Wordのスタイルを適用する

1 <挿入>タブの右にある<デザイン>タブ(Word 2010では<ページレイアウト>タブ)をクリックして、

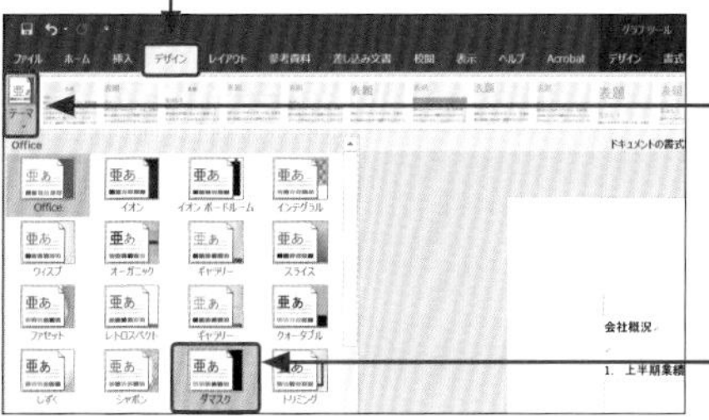

2 <テーマ>をクリックし、

3 使用したいテーマ(ここでは<ダマスク>)をクリックすると、

4 グラフを含む文書全体のスタイルが変更されます。

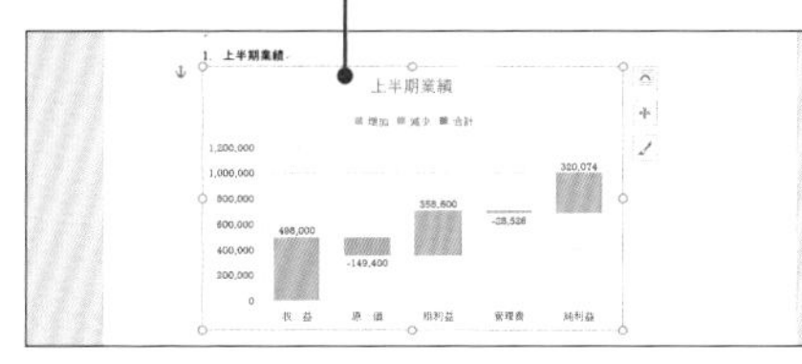

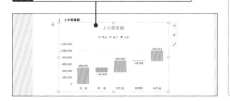

> **Memo**
>
> ### グラフのスタイル
>
> 元の書式を保持してグラフを貼り付けた場合(P.211Memo参照)、グラフのスタイルは変更されません。

> **Hint**
>
> ### グラフのスタイルのみを変更する
>
> Word全体のスタイルを変更すると、使用するスタイルによってはグラフに不具合が生じる場合があります。このようなときは、<デザイン>タブの<スタイル>からスタイルを選択して、スタイルのみを変更するとよいでしょう。

65 PowerPointにグラフを貼り付ける

Excelで作成したグラフをPowerPointのスライドに貼り付けるには、Excelでグラフをコピーし、形式を指定して貼り付けます。ここでは、ブックを埋め込んで貼り付けます。

1 ブックを埋め込んでグラフを貼り付ける

PowerPointを起動して、グラフを貼り付けるプレゼンテーションを開いておきます。

1 PowerPointに貼り付けたいグラフをクリックします。

2 <ホーム>タブをクリックして、

3 <コピー>をクリックします。

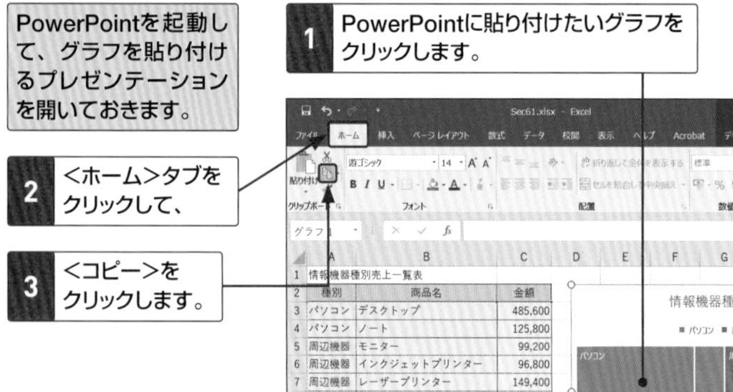

4 PowerPointに切り替えて、グラフを貼り付けるスライドをクリックします。

5 <ホーム>をクリックして、

6 <貼り付け>をクリックし、

7 <貼り付け先のテーマを使用しブックを埋め込む>をクリックすると、

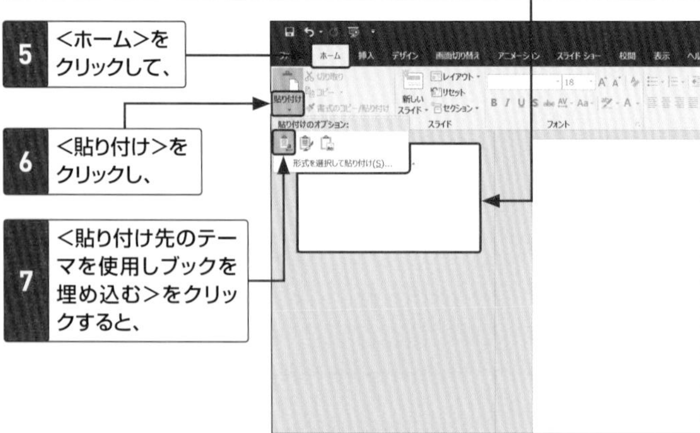

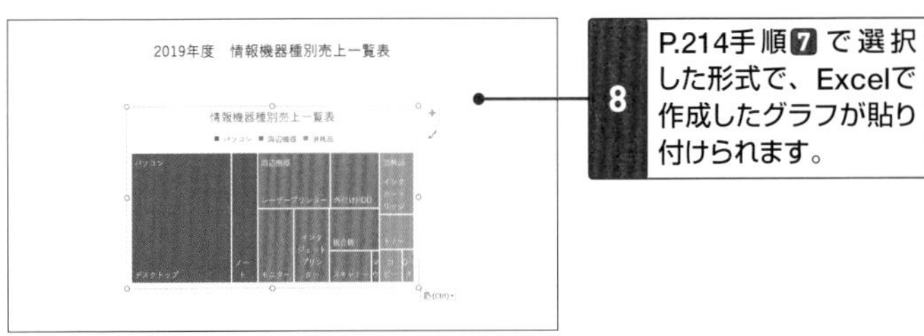

8 P.214手順**7**で選択した形式で、Excelで作成したグラフが貼り付けられます。

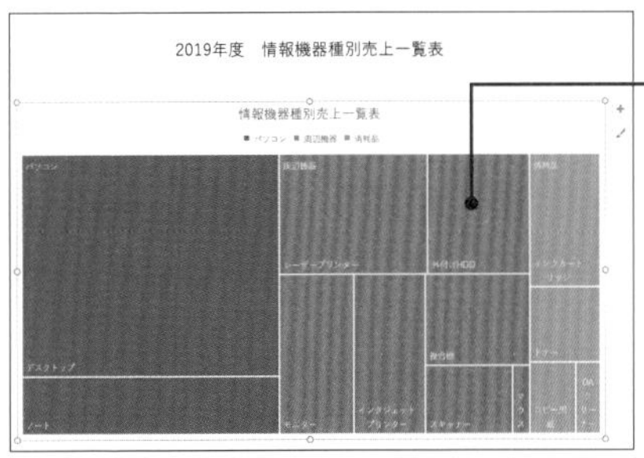

9 グラフをクリックして、位置やサイズを調整します。

グラフのデザインは、PowerPointのテーマに合わせて自動的に変更されます。

Memo

元の書式を保持して貼り付けたい場合

元の書式を保持してグラフを貼り付ける場合（P.211Memo参照）、Excelで設定した書式のまま貼り付けられます。

StepUp

形式を選択して貼り付ける

手順**7**で<形式を選択して貼り付け>をクリックすると、<形式を選択して貼り付け>ダイアログボックスが表示されます。このダイアログボックスで形式を選択し、貼り付けることもできます。

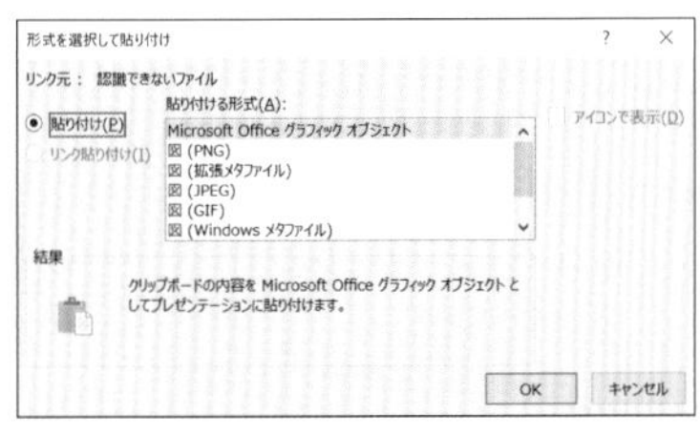

2 グラフを編集する

1 グラフをクリックして、

2 ＜デザイン＞タブをクリックし、

3 ＜データの編集＞をクリックします。

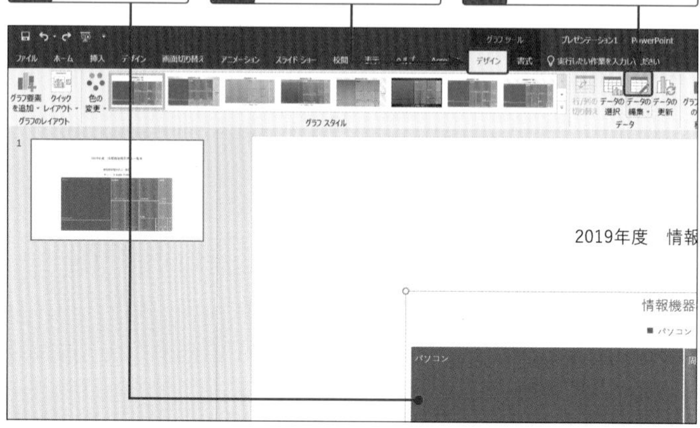

4 Excelが起動して、元データのファイルが表示されます。

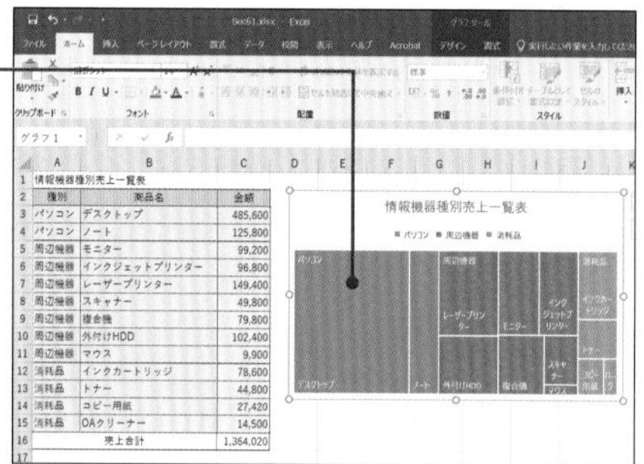

Memo

グラフの編集

ブックを埋め込んだグラフを貼り付けた場合は、手順5でデータを編集しても、コピー元のExcelには反映されません。

5 データを編集(ここでは、セル「C6」の数値を「96,800」から「99,800」に変更)すると、

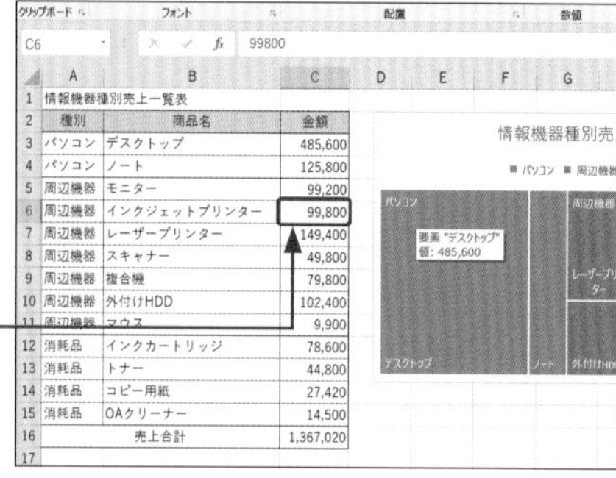

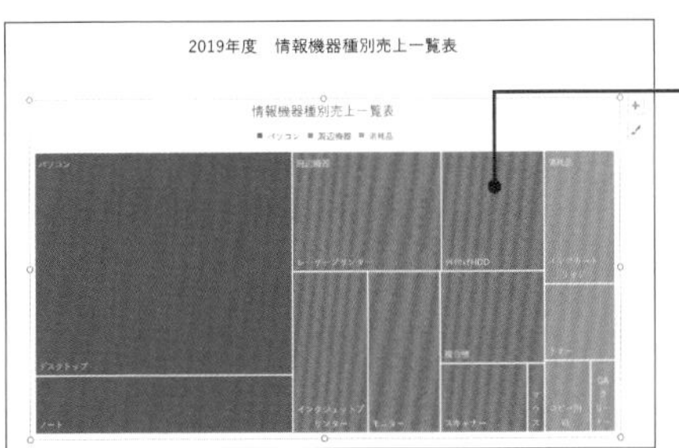

6 PowerPointのグラフに編集が反映されます。

7 Excelの画面の<上書き保存>をクリックして、<閉じる>をクリックし、Excelを閉じます。

3 PowerPointのスタイルを適用する

1 <挿入>タブの右にある<デザイン>タブ（PowerPoint 2010では<ページレイアウト>タブ）をクリックして、

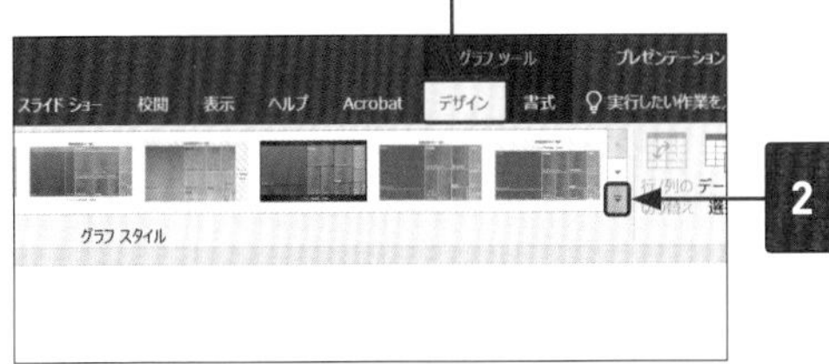

2 <その他>をクリックし、

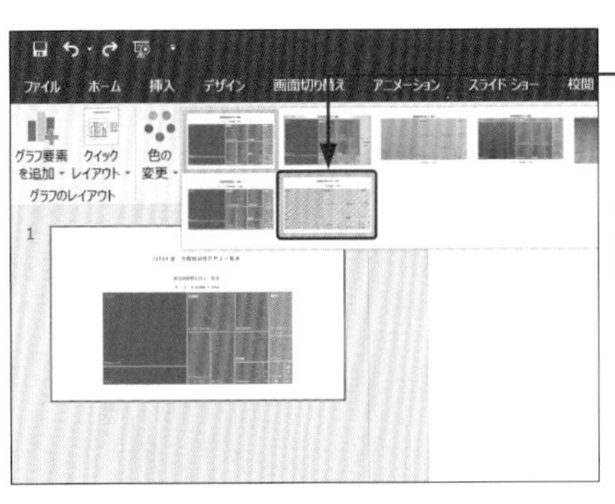

3 使用したいテーマをクリックすると、

> **Memo**
>
> **スタイルの適用**
>
> 元の書式を保持してグラフを貼り付けた場合（P.211Memo参照）、グラフのスタイルは変更されません。

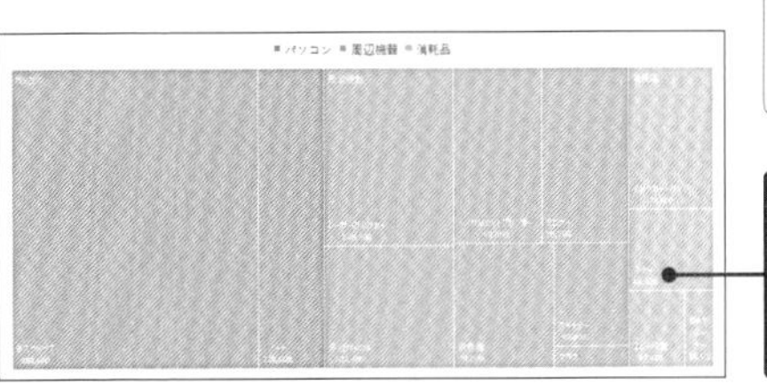

4 グラフを含むスライド全体のスタイルが変更されます。

66 グラフを印刷する

グラフを印刷する前に印刷プレビューで仕上がりを確認すると、印刷ミスを防止できます。また、グラフによって用紙の向きやサイズ、余白などの設定を行うことで、効果的に印刷できます。

1 印刷プレビューを表示する

ここでは、グラフのみの印刷プレビューを表示します。

1 グラフをクリックして、

2 <ファイル>タブをクリックします。

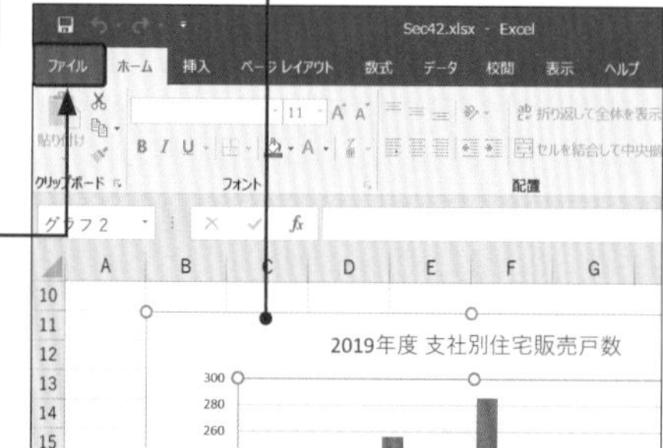

3 <印刷>をクリックすると、

4 <印刷>画面の右側に印刷プレビューが表示されます。

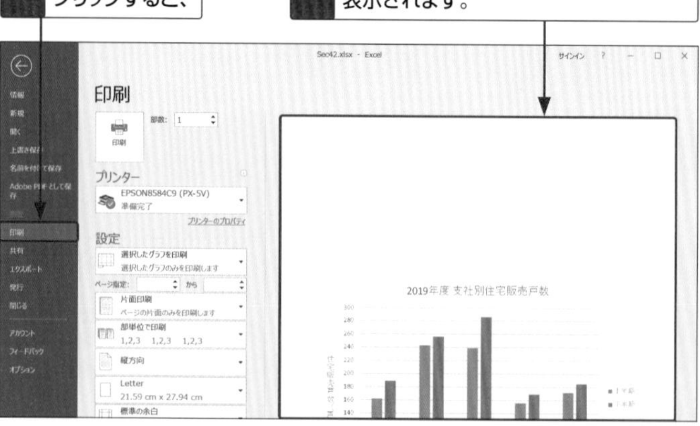

2 印刷プレビューを拡大する

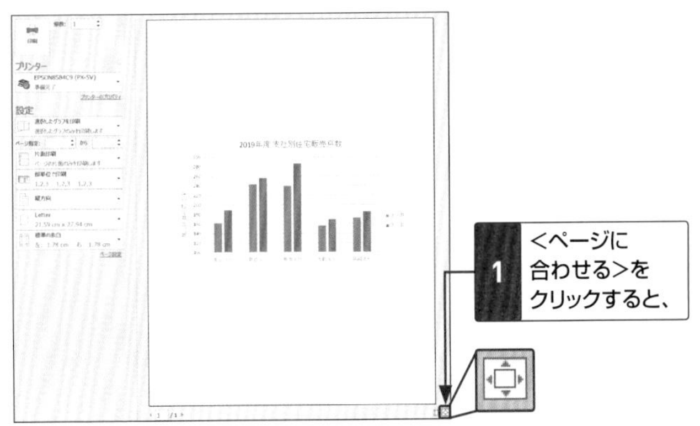

プリンター
設定
1
<ページに
合わせる>を
クリックすると、

右側と下側のスクロールバーで表示位置を調整します。

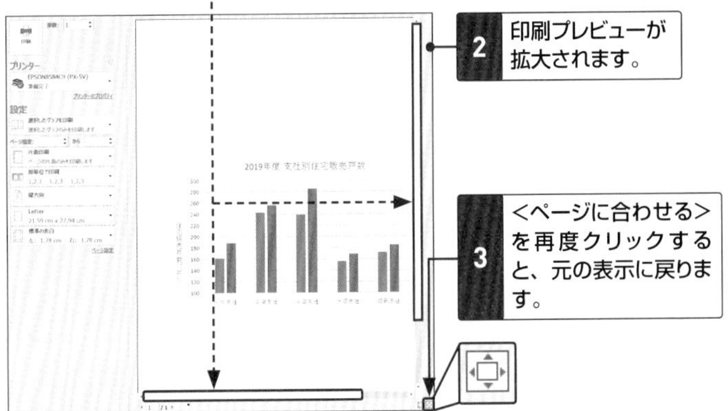

プリンター
設定
2
印刷プレビューが
拡大されます。
3
<ページに合わせる>
を再度クリックする
と、元の表示に戻りま
す。

StepUp

複数ページのイメージを確認する

印刷が複数ページにまたがる場合は、プレビュー画面の左下にある<次のページ>や<前のページ>をクリックして、ページを移動させます。

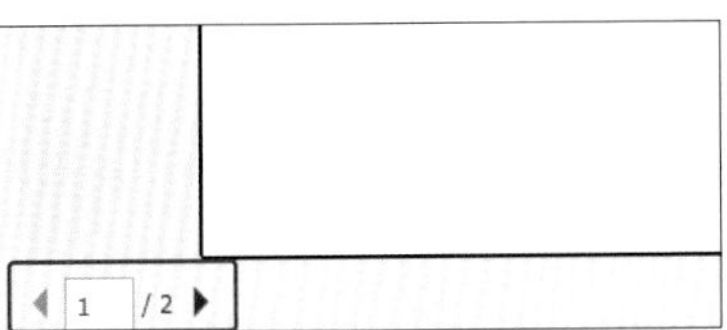

1
/ 2

3 印刷の向きや用紙を設定して印刷する

1 グラフをクリックして、＜ファイル＞タブをクリックし、＜印刷＞をクリックします。

2 ここをクリックして、表示される一覧から印刷の向きを選択します。

3 ここをクリックして、表示される一覧から用紙サイズを選択します。

4 ここをクリックして、表示される一覧から設定したい余白を選択します。

ここでは、印刷の向きは＜横方向＞、用紙サイズは＜Letter＞、余白は＜広い余白＞を選択します。

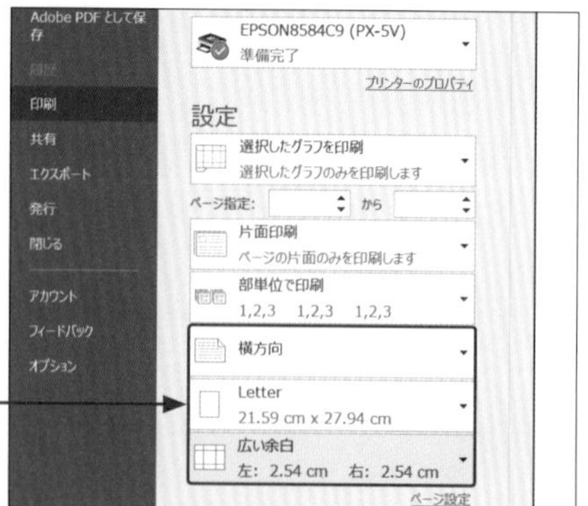

5 選択した内容を確認します。

Memo

余白の大きさを変更する

画面下の＜ページ設定＞をクリックし、＜余白＞をクリックすると、余白を任意の大きさに変更することができます。

6 設定した内容が印刷プレビューに表示されるので、確認します。

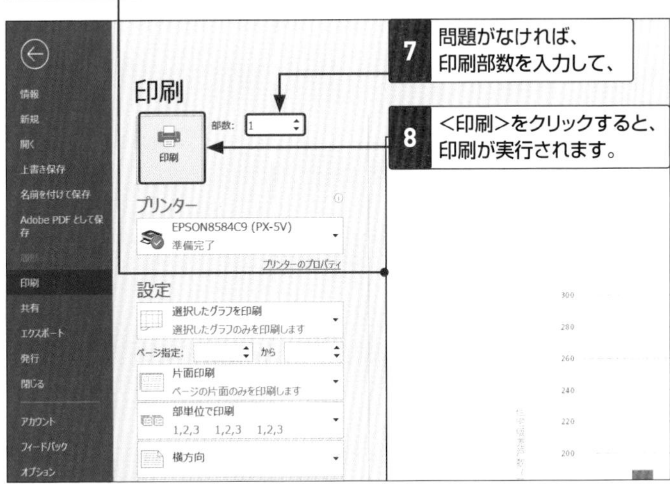

StepUp

グラフを白黒で印刷する

<ページ設定>をクリックして、<ページ設定>ダイアログボックスを表示します。<グラフ>タブの<白黒印刷>をクリックしてオンにすると、グラフを白黒で印刷できます。
また、プリンター名の下にある<プリンターのプロパティ>をクリックすると、プリンターのプロパティダイアログボックスが表示されます。ここで、カラーモードを「モノクロ」に設定して白黒印刷にすることもできます。なお、プリンターのプロパティは、使用するプリンターによって設定方法が異なります。

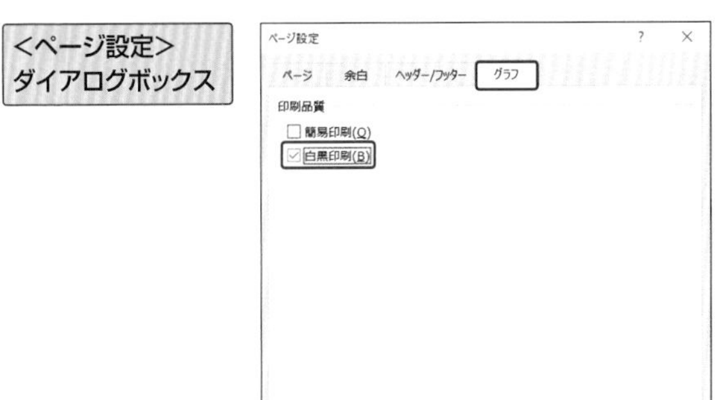

INDEX 索引

は行

ま行

や行

ら行

■ お問い合わせの例

FAX

1 お名前
技評　太郎

2 返信先の住所またはFAX番号
03-××××-××××

3 書名
今すぐ使えるかんたんmini
Excel グラフ 基本&便利技
[2019/2016/2013/
Office365対応版]

4 本書の該当ページ
147ページ

5 ご使用のOSとソフトウェアのバージョン
Windows 10 Pro
Excel 2019

6 ご質問内容
手順4の画面が表示されない

今すぐ使えるかんたんmini
Excel グラフ 基本&便利技
[2019/2016/2013/Office 365対応版]

2020年 1月29日 初版　第1刷発行

著者●技術評論社編集部
発行者●片岡 巌
発行所●株式会社　技術評論社
　東京都新宿区市谷左内町21-13
　電話　03-3513-6150　販売促進部
　　　　03-3513-6160　書籍編集部
装丁●田邉 恵里香
本文デザイン●Kuwa Design
DTP●技術評論社制作業務課
担当●早田 治
製本／印刷●図書印刷株式会社

定価はカバーに表示してあります。

落丁・乱丁がございましたら、弊社販売促進部までお送りください。交換いたします。

ISBN978-4-297-10989-9 C3055

Printed in Japan

お問い合わせについて

本書に関するご質問については、本書に記載されている内容に関するもののみとさせていただきます。本書の内容と関係のないご質問につきましては、一切お答えできませんので、あらかじめご了承ください。また、電話でのご質問は受け付けておりませんので、必ずFAXか書面にて下記までお送りください。
なお、ご質問の際には、必ず以下の項目を明記していただきますようお願いいたします。

1 お名前
2 返信先の住所またはFAX番号
3 書名
（今すぐ使えるかんたんmini
Excel グラフ 基本&便利技 [2019/2016/2013/Office365対応版]）
4 本書の該当ページ
5 ご使用のOSとソフトウェアのバージョン
6 ご質問内容

なお、お送りいただいたご質問には、できる限り迅速にお答えできるよう努力いたしておりますが、場合によってはお答えするまでに時間がかかることがあります。また、回答の期日をご指定なさっても、ご希望にお応えできるとは限りません。あらかじめご了承くださいますよう、お願いいたします。
ご質問の際に記載いただきました個人情報は、回答後速やかに破棄させていただきます。

問い合わせ先

〒162-0846
東京都新宿区市谷左内町21-13
株式会社技術評論社　書籍編集部
「今すぐ使えるかんたんmini
Excel グラフ 基本&便利技 [2019/2016/2013/Office365対応版]」
質問係

FAX番号　03-3513-6167

URL：https://book.gihyo.jp/116